关于我国科研项目经费审计问题的研究

陈晓明 编著

西北工业大学出版社

西 安

【内容简介】 本书内容包括总论、我国科研项目经费的相关定义、会计师事务所审计人员应了解国内外科研经费投入情况、中国科研创新发展新态势、会计师事务所审计人员的历史使命,对国家重大专项经费审计案例的调研分析、对国家重点研发计划项目(课题)研发经费审计的调研分析,对中央科技工业单位委托科研项目经费审计问题的调研分析、对中央(地方)财政资金和其他来源资金工程建设企业科研项目经费审计问题的调研分析,对中央(地方)财政资金或其他来源资金软体系统开发项目科研经费审计问题的调研分析、对财政资金资励(补助)科研项目经费审计问题的调研分析、改进会计师事务所对中央(地方)财政资金和其他资金研发项目经费审计体系的建议。

本书可作为科技工作者、科技工作管理者、税务管理人员和统计人员等相关人员工作的参考用书。

图书在版编目(CIP)数据

关于我国科研项目经费审计问题的研究 / 陈晓明编著. —西安:西北工业大学出版社,2023.3
ISBN 978-7-5612-8668-5

Ⅰ. ①关… Ⅱ. ①陈… Ⅲ. ①科研经费-审计-研究-中国 Ⅳ. ①G322

中国国家版本馆 CIP 数据核字(2023)第 055328 号

GUANYU WOGUO KEYAN XIANGMU JINGFEI SHENJI WENTI DE YANJIU
关 于 我 国 科 研 项 目 经 费 审 计 问 题 的 研 究
陈晓明 编著

责任编辑:黄 佩	策划编辑:黄 佩
责任校对:李文乾 党 莉	装帧设计:李 飞

出版发行:西北工业大学出版社
通信地址:西安市友谊西路 127 号   邮编:710072
电   话:(029)88491757,88493844
网   址:www.nwpup.com
印 刷 者:陕西金德佳印务有限公司
开   本:787 mm×1 092 mm   1/16
印   张:16.25
字   数:406 千字
版   次:2023 年 3 月第 1 版   2023 年 3 月第 1 次印刷
书   号:ISBN 978-7-5612-8668-5
定   价:72.00 元

如有印装问题请与出版社联系调换

前　言

核心关键技术是目前制约我国重大技术领域和经济社会可持续发展的重大问题。我国作为一个发展中的经济大国,党中央、国务院高度重视科技创新研发活动,出台了项目研究开发资金管理有关系列文件,包括中共中央办公厅、国务院办公厅印发的《关于进一步完善中央财政科研项目资金管理等政策的若干意见》(中办发〔2016〕50号)、国务院印发的《关于改进加强中央财政科研项目和资金管理的若干意见》(国发〔2014〕11号)、国务院印发的《关于深化中央财政科技计划(专项、基金等)管理改革方案的通知》(国发〔2014〕64号)等一系列优化科研环境与科研经费管理的政策文件和改革措施,有力地激发了科研人员的创造性和创新活力,促进了我国科技事业的蓬勃发展。但在科研经费管理方面,包括审计方面,仍然存在诸多问题,如政策落实不到位,项目经费管理(含审计)刚性偏大,经费拨付机制不完善,间接费用比例偏低,经费报销难,审计人员政策不熟悉,专家水平参差不齐等。为有效解决这些问题,更好地贯彻落实党中央、国务院决策部署,进一步激励科研人员多出高质量科技成果、为实现高水平科技自立自强目标做出更大贡献,笔者调研了多家会计师事务、分析了多份审计报告。

对于不同的技术领域和不同的企事业单位上报的研发经费的数据,笔者侧重于辨析研发经费不同的外延和内涵,尤其在研发经费奖励政策方面,厘定研发项目和研发经费内容,通过正确的会计核算,公平公正地促进企事业单位加大科研经费投入,破解技术发展与经济发展难题,构建强大坚实的科技支撑体系。

笔者总结二十多年来的审计经验,汇集成今天科研项目经费管理和审计的成果,在科技活动管理方面建言献策,是一次努力的尝试,希望通过这一尝试,进一步活跃科技管理方面的学术氛围,更好地促进科研活动发展和科技成果的转化与应用,为我国探索科技管理尤其审计新思想、新道路提供有力的支撑。

本书内容包括总论、我国科研项目经费的相关定义、会计师事务所审计人员应了解国内外科研经费投入情况、中国科研创新发展新态势、会计师事务所审计人员的历史使命,对国家重大专项经费审计案例的调研分析、对国家重点研发计划项目(课题)研发经费审计的调研分析,对中央科技工业单位委托科研项目经费审计问题的调研分析、对中央(地方)财政资金和其他来源资金工程建设企业科研项目经费审计问题的调研分析,对中央(地方)财政资金或其他来源资金软体系统开发项目科研经费审计问题的调研分析、对财政资金资励(补助)科研项目经费审计问题的调研分析、改进会计师事务所对中央(地方)财政资金和其他资金研发项目经费审计体系的建议。本书可作为科技工作者、科技工作管理者、税务管理人员和统计人员等相关人员工作的参考用书。

　　在编写本书过程中,笔者参考了大量资料,在此向这些作者表示感谢。

　　由于笔者水平有限,书中难免存在疏漏之处,请读者批评指正。

陈晓明
2022 年 4 月 1 日

目　　录

第 1 章　总论 ……………………………………………………………… 1

　1.1　研究的问题 ……………………………………………………… 1
　1.2　研究的背景 ……………………………………………………… 1
　1.3　研究的目的 ……………………………………………………… 3
　1.4　研究的假设 ……………………………………………………… 5
　1.5　研究的方法 ……………………………………………………… 5
　1.6　研究的意义 ……………………………………………………… 6

第 2 章　我国科研项目经费的相关定义 ………………………………… 8

　2.1　研发活动模式 …………………………………………………… 8
　2.2　科研项目经费统计、财务核算及其他相关政策理解的问题 … 9
　2.3　《企业会计准则第 6 号——无形资产》中的研发经费的定义 … 10
　2.4　《企业会计准则第 14 号——收入》中的研发经费的确认 …… 12
　2.5　税务机关加计扣除政策及相关研发经费的相关定义 ………… 15
　2.6　统计口径下研发经费的相关边界 ……………………………… 20
　2.7　高新技术企业认定中的研发费用定义 ………………………… 23
　2.8　科研项目研发费用与其他相关概念的区别与联系 …………… 27

第 3 章　会计师事务所审计人员应了解国内外科研经费投入情况 … 29

　3.1　调查问卷 ………………………………………………………… 29
　3.2　世界科技强国科研经费投入量对比 …………………………… 29
　3.3　世界科技强国科研经费研发强度的差异 ……………………… 31
　3.4　中美研发经费来源的差异 ……………………………………… 31
　3.5　中美研发经费投入的差异 ……………………………………… 33
　3.6　中美研发经费在不同研发活动类型中的分配情况 …………… 35
　3.7　中美研发经费中的人力成本情况 ……………………………… 36

第 4 章　中国科研创新发展新态势 ……………………………………… 38

　4.1　基础理论研究方面 ……………………………………………… 38

4.2　科技创新方面……………………………………………………………… 39
　　4.3　我国科技工作者努力攻克世界难题，取得了骄人成绩 ………………… 41
　　4.4　我国正在缩小与科技发达国家科研经费投入的差距…………………… 42
　　4.5　我国科技创新面临的新形势、新挑战和新使命 ………………………… 43

第5章　会计师事务所审计人员的历史使命 ………………………………………… 46
　　5.1　要求审计人员政治素养好……………………………………………… 46
　　5.2　优化科研经费审计环境………………………………………………… 47
　　5.3　审计人员应全面掌握文件精神，努力提高业务水平 …………………… 47
　　5.4　帮助企事业单位科技工作管理者精确掌握政策和法规 ………………… 48
　　5.5　帮助企业建立符合国家政策，适合本单位实际的科研管理制度 ……… 49
　　5.6　帮助或促进相关单位设立相应的科研管理机构和人员 ………………… 49
　　5.7　帮助会计师事务所更好地了解技术创新性与核心竞争力 ……………… 49
　　5.8　审计人员应帮助企事业单位解决存在的普遍问题和特殊问题 ………… 50
　　5.9　审计人员应帮助项目单位严把科研项目立项关 ………………………… 51
　　5.10　审计人员应帮助企事业单位科技管理者统筹项目资源 ……………… 51
　　5.11　协力项目单位提升企业科技创新能力 ………………………………… 52
　　5.12　协力项目单位加强项目预算和财务管理 ……………………………… 52

第6章　对国家重大专项经费审计案例的调研分析 ………………………………… 54
　　6.1　调查问卷分析…………………………………………………………… 54
　　6.2　开展初步业务活动(第一步骤)………………………………………… 55
　　6.3　计划审计工作(第二步骤)……………………………………………… 58
　　6.4　风险评估(第三步骤)…………………………………………………… 60
　　6.5　控制测试(第四步骤)…………………………………………………… 66
　　6.6　实施实质性审计程序(第五步骤)……………………………………… 69
　　6.7　出具专项审计报告(第六步骤)………………………………………… 74
　　6.8　按照相关规定，出具专项审计报告(示例) …………………………… 77

第7章　对国家重点研发计划项目(课题)研发经费审计的调研分析……………… 113
　　7.1　调查问卷 ……………………………………………………………… 113
　　7.2　某国家重点研发计划项目经费审查意见表 ………………………… 114
　　7.3　通过检查、调研发现审计人员存在的问题 …………………………… 119

第8章　对中央科技工业单位委托科研项目经费审计问题的调研分析…………… 142
　　8.1　中央科技工业单位委托科研项目经费的概念 ……………………… 142
　　8.2　中央科技工业单位委托科研项目分类 ……………………………… 142
　　8.3　科技工业单位委托科研项目的分类 ………………………………… 143

8.4 科研经费管理要求 …………………………………………………………… 143
8.5 委托项目科研经费资金来源渠道 …………………………………………… 144
8.6 中央科技工业单位委托科研项目经费概(预)算和价格构成 ……………… 144
8.7 中央科技工业单位委托科研项目经费管理特点 …………………………… 144
8.8 委托科研项目价格的特点 …………………………………………………… 145
8.9 中央科技工业单位委托科研项目概(预)算审核依据、原则、方法和程序 …… 145
8.10 项目概(预)算方案编制的审核 …………………………………………… 146
8.11 项目全面实施预算绩效管理 ……………………………………………… 154
8.12 年度决算和项目决算 ……………………………………………………… 154
8.13 成本核算与财务验收 ……………………………………………………… 163

第9章 对中央(地方)财政资金和其他来源资金工程建设企业科研项目经费审计问题的调研分析 …………………………………………………………… 166

9.1 工程建设企业科研项目活动引领政策 ……………………………………… 166
9.2 新基建内容 …………………………………………………………………… 168
9.3 新基建的重要社会意义和经济意义 ………………………………………… 169
9.4 我国工程建设企业科研活动发展情况 ……………………………………… 169
9.5 地方政府加紧行动,项目引领新基建实施 ………………………………… 170
9.6 创新领域差异,研发应用有别 ……………………………………………… 171
9.7 我国工程建设企业创新活动研发经费的投入 ……………………………… 171
9.8 工程建设行业企业技术创新成果 …………………………………………… 172
9.9 工程建设企业研发活动开展的相关模式 …………………………………… 177
9.10 工程建设企业研发项目活动案例 ………………………………………… 178
9.11 工程建设企业创新发展活动和科研经费存在的主要问题 ……………… 192
9.12 工程建设企业研发经费确认、计量、核算、归集 ………………………… 195

第10章 对中央(地方)财政资金或其他来源资金软件系统开发项目科研经费审计问题的调研分析 ……………………………………………………………… 204

10.1 我国工业软件发展情况 …………………………………………………… 204
10.2 税收优惠政策中有关软件系统研发费用 ………………………………… 205
10.3 软件开发的类别 …………………………………………………………… 206
10.4 软件开发范式 ……………………………………………………………… 207
10.5 软件计价有关情况 ………………………………………………………… 207
10.6 软件计价及计价原则 ……………………………………………………… 208
10.7 软件计价范围与计价方法 ………………………………………………… 208
10.8 审计步骤 …………………………………………………………………… 212

10.9 　软件研制概（预）算计价流程和要求…………………………………… 212
10.10　研发单位软件订购计价其他有关要求………………………………… 218
10.11　软件系统研发经费的归集、核算………………………………………… 218

第 11 章　对财政资金奖励（补助）科研项目经费审计问题的调研分析 …………… 221

11.1 　了解和学习、掌握相关政策文件和规定………………………………… 221
11.2 　审计人员拟定审计方案…………………………………………………… 230
11.3 　审计目标…………………………………………………………………… 236
11.4 　计划实施的实质性程序…………………………………………………… 236
11.5 　了解企业研发项目从立项到验收的主要业务环节……………………… 237
11.6 　获取充分的审计证据……………………………………………………… 238
11.7 　审计人员了解和掌控项目开发的风险预警指标体系…………………… 238
11.8 　出具审计报告……………………………………………………………… 241

第 12 章　改进会计师事务所对中央（地方）财政资金和其他资金研发项目经费审计体系的建议 ………………………………………………………………… 245

12.1 　建立健全对会计师事务所的审计监督机制……………………………… 245
12.2 　强化"政府宏观指导＋主管部门日常监管＋内部审计监督＋社会机构审计"互相监督模式 ……………………………………………… 245
12.3 　把提升我国的竞争力和创新活力作为科研经费审计工作基点………… 246
12.4 　加强过程管理和项目执行程序管理审计………………………………… 246
12.5 　提高管理理念，优化审计环境 …………………………………………… 246
12.6 　配合管理部门从国家治理的高度选择项目视角开展审计……………… 246
12.7 　审计范围应覆盖各个研究主体…………………………………………… 247
12.8 　加强对会计师事务所和审计人员的指导………………………………… 247
12.9 　管理部门充分发挥内审和其他审计机构的互相监督作用……………… 248
12.10　建立健全科研项目（课题）绩效考评体系和会计师事务所审计质量考评体系 ……………………………………………………………… 248

参考文献 ……………………………………………………………………………… 250

后记 …………………………………………………………………………………… 251

第 1 章 总　　论

1.1　研究的问题

我国的研发经费投入总量、研发强度、支出结构等可以反映国家对科学技术研究的重视程度、重点投资方向及资助重点。党的第十六届五中全会明确提出，要把增强自主创新能力提到国家战略的高度，致力于建设创新型国家，要把提高自主创新能力作为调整经济结构、转变增长方式的中心环节。

会计师事务所和审计人员作为国家创新体系服务支撑的重要力量，如何为科技创新研发至成果转化完整链条提供有效的服务，更好地促进科技活动发展，是一个值得关注的问题。审计人员对科研经费进行审计，是关乎研发成果质量的重要一环，尤其是中央（地方）财政资金科研经费审计，是研发经费使用效果的重要保证，更是科技发展的重要保证，能进一步促进研发活动。

会计师事务所的审计，不仅仅是项目单纯的结题审计，还应该包括项目概算审计，课题预算审计，项目（课题）的过程审计、跟踪审计，是项目（课题）的全面服务咨询指导和全过程监督检查。

1.2　研究的背景

党中央、国务院高度重视科技事业发展，2006年颁布了《国家中长期科学和技术发展规划纲要（2006—2020）》，2012年召开了全国科技创新大会，颁布了《中共中央、国务院关于深化科技体制改革加快国家创新体系建设的意见》，党的十八大提出了创新驱动发展战略，把科技创新摆在国家发展全局的核心位置，我国科技事业正处在一个新的历史起点上。新时期、新形势、新任务赋予科技创新重大历史责任，要求我们必须对科技体制进行改革。而项目和资金管理改革是推动科技体制改革的切入点和突破口，事关我国科技事业发展的全局。党的十九届五中全会指出："坚持创新在我国现代化建设全局中的核心地位，把科技自立自强作为国家发展的战略支撑。"新一轮科技革命和产业变革正在重构全球创新版图，无论是国家发展还是区域竞争，创新都被推向了越来越重要的位置。中国作为世界第二大经济体，其研发经费投入受到世界各国学者的高度关注。

近年来,我国对科技的投入持续大幅度增长,为科技事业快速发展提供了有力保障。"十一五"期间全国研发投入年均增长率超过23%,"十二五"以来持续高速增长,2013年达到11 906亿元,其中企业研发支出占76%以上。全国研发支出占GDP的比重也不断上升,2013年达到2.09%。与此同时,中央财政对科学技术的支持也保持高速增长,从2006年的774亿元,增加到2013年的2 460亿元,年均增长率约18%,我国科技事业取得长足发展,科技实力大幅提升,整体创新能力明显增强,基础前沿和战略高技术领域取得一批世界级成果,部分科研领域已经达到世界水平,如中微子振荡模式、量子科学、铁基超导、生命科学、载人航天、载人深潜、卫星导航、超级计算机等原创成果世界领先。高速铁路、特高压输变电等对战略性新兴产业发展发挥了重要的支撑引领作用。

根据国家统计局公布,2021年我国研究与试验发展经费投入(以下简称"研发投入")约为2.79万亿元,延续了"十三五"以来两位数的增长态势,同时高于"十四五"规划提出的年均增长不低于7%的预期目标。在研发投入保持较快增长的同时,研发投入与GDP之比也持续提升,达到了2.44%。

研发投入强度持续创新高,成为我国创新活力更佳、科技创新能力持续增强的有力保障。在国际上,研发活动的规模和强度指标反映一国的科技实力和核心竞争力,用于研发活动的经费支出则体现着对科技创新活动的重视程度和支持力度。世界知识产权组织2021年发布的全球创新指数显示,我国科技创新能力在132个经济体中位列第12位,自2013年起,9年间提升了23个位次。

在研发投入保持稳定较快增长的同时,我们也要看到,与世界科技强国相比,我国研发投入在规模、结构和效能等方面仍有不足。发挥科技创新第一动力的引领作用,离不开高质量的研发投入。因此,未来应加快推进科技政策落实落地,完善多元化投入机制,通过市场需求引导包括研发经费在内的创新资源有效配置,形成推进科技创新的强大合力。

提升研发投入强度,一方面,需要全国多层次的从事研发活动的主体,涵盖研究机构、高等院校和科技企业等各类企事业单位;另一方面,随着研发活动链条的延伸,协同创新广度和深度不断拓展,新型研发机构以及由龙头企业牵头、高校院所支撑、各创新主体相互协同的创新联合体等,又极大丰富了研发主体的范围。研发投入规模和强度的加大,需要研发主体真实科研行动。近年来,企业研发费用加计扣除、改革科研经费管理和项目管理等激励政策不断完善,进一步激发了高科技企业等研发主体的投入热情。高效的研发投入和高效的研发产出形成良性循环,为科技攻关打赢关键核心技术攻坚战提供着坚实保障。

发挥研发投入的支撑作用,离不开结构优化和效率优先。基础研究的主要目的是为取得新发现,获得新知识,作为科技创新的基础,它所代表的原始创新能长久传导到技术创新、应用创新。2021年我国研发经费投入中,基础研究经费为1 696亿元,比2020年增长15.6%,研发经费比重达到6.09%。基础研究经费比重的逐步加大,是国家高度重视基础研究,有力支撑基础研究的实际作为,推动着空间探测、核物理、量子科学、生物工程等多个原始创新领域取得新突破。提升研发投入效能,需要进一步深化科研经费管理改革,赋予科学家更大经费支配权,确保钱花在"刀刃"上,确保科研项目取得成效。

从中央到地方各级政府都设立了政府专项资金、财政贴息、科技计划项目、人才计划项目、评奖、认证等项目,中央财政科学技术支出保持高速增长,年均增长率18%以上。随着财政资金支持力度的加大以及政府科技宣传的普及,越来越多的企事业单位积极开展科研项目立项,参与科技项目申报。

随着我国经济的快速发展以及对科技创新重视程度的日益提高,我国的研发经费快速增加,与美国的差距也快速缩小,很多智库和媒体认为我国研发投入正在日益逼近美国,甚至预测未来几年将超过美国。经济竞争、产业竞争、国力竞争,深刻表现为一场前所未有的科技创新战。科技创新作为现代化建设主要战略支撑,深刻影响着国家前途命运,影响着人民的福祉,影响着世界发展格局。随着科教兴国战略、人才强国战略、创新驱动发展战略的实施,我国科技实力、经济实力、国防实力、综合国力跃上了一个新的台阶。我国经济体量已经跃居世界第二,全国研发经费与国内生产总值的比例已达到2.23%,居于世界前列,连续数年发明专利授权量世界排名第一,科技进步贡献率接近60%,多个产业进入世界第一梯队。

2020年,全年科研经费投入增长10.30%,是GDP增长的5倍。我国科技创新正在从量的积累走向质的飞跃,从点的突破迈向系统能力提升的阶段。我国比以往任何时候都更加接近国际舞台的中心,更加积极融入全球科技创新网络,为解决人类面临的重大问题,贡献中国智慧,中国力量,中国方案。

会计师事务所作为科研项目计划的主要参与者和支持者,其委派的财务专家和审计人员应了解并知悉国际科研发展动态和科研经费投入状况。财务审计专家在拟定项目大纲和拟定概算时,就应参与其中,真正发挥财务审计专家的咨询指导作用。在预算方案审定中,会计师事务所相关专家和审计人员就应对研发项目竞标者积极发表意见,为竞标审核预算,计划预算支出,把握经费预算各科目支出的测算依据及支出的必要性和相关性,结合技术研究任务目标要求和技术研究路线进行经费预算,和研发人员共同把预算方案做好;在项目执行过程中,可以和财务秘书共同把控财务支出,检查支出的手续是否完整,以及内容的合规性,指导参与单位经费的支出;在项目(课题)结题时,坚持支出的目标相关性、政策相符性、经济合理性的原则,按照国家相关科研经费政策法规进行项目(课题)审计。依照以上纵向及横向审计思维和轨迹,会计师事务所审计人员和财务专家要想真正把审计服务做到位,就要结合技术研究领域和研究路线、目标,进行全过程、全方位指导和监督。

1.3 研究的目的

项目(课题)以中央(地方)财政资金和其他来源资金科研经费审计为研究对象,以中国注册会计师协会颁布的《中央财政科技计划项目(课题)结题审计指引》为标准,以相关政策法规内容为参照点,经过整理文献和工作总结,审查账目支出,发现科研经费审计存在的问题,借助实际案例分析、评审和日常进行的调研、验收、检查等手段,提出改进科研经费审计体系的办法,以期能达到下列目的。

(1)研究分析中央(地方)财政和其他来源科研经费体系中会计师事务所审计存在的问

题。笔者结合实际参与的案例、评审的案例、检查的案例、调查的案例,剖析现状,全面总结,找到问题所在,为科研经费审计体系改革奠定基础。

(2)完善会计师事务所科研经费项目(课题)审计、评审评价体系。总结科研项目(课题)审计、评审评价实际工作经验,找出会计师事务所审定指标问题,突出审计重点并同时实现审计、评审评价全覆盖;从目标相关性、政策相符性、经济合理性的角度,优化项目(课题)承担单位的内部控制、财务核算、重点资产管理、档案管理等,以促进项目(课题)承担单位科研管理、科研活动监督、廉政建设、重要遗留问题处理的合规性;把科研生态建设方面也作为审计内容,将定性分析指标转换成定量指标,强调以定量分析为主,利用准确、客观、高效的审计调查取证、分析和评价方法,优化审计方式方法,优化评审标准和评价指标,进而完善中央(地方)财政资金和其他来源科研经费审计、评审评价体系。

(3)基于ROCCIPI理论,结合调查反映的问题,提出改进中央(地方)财政资金科研经费审计、评审评价体系的措施。通过会计师事务所工作的不断规范化、专业化、合理化、科学化,提高审计科研项目(课题)的水平,促进管理水平提升,充分发挥中央(地方)财政资金科研经费的作用,推进我国科研创新活动阶段发挥作用,解决我国部分项目(课题)的卡脖子问题,补齐短板,追赶超越国际先进水平。

(4)由于科研项目需要较强的科技创新综合实力来支撑,各企事业单位科技创新能力、科技管理水平、申报人员职业能力和所处行业领域等不同,其科研项目立项质量、预算执行质量差距较大。不少企事业单位尽管有好的项目,有优秀的人才,但因对政策理解不全面,对相关指南学习不透彻,在执行过程中抑制了科研活动积极性,限制了创新能力的发挥。综合以上论述,本书的研究可以帮助企事业单位解决遇到的问题。笔者的研究目的,就是帮助企事业单位科研人员合规、合理使用科研经费,顺利完成科研目标任务,顺利通过各类资金检查、审计和结题验收;通过分析近年来国家科技计划资金检查发现的违规和不合理使用问题,帮助大家识别科研经费使用中的"红线"和"禁区",配合科研工作者为科研项目(课题)做"体检",治"未病"。

(5)为地方政府和企业科研管理部门更好地对科研活动的管理提供借鉴。地方科研机构必须坚定不移地贯彻执行国家科学技术发展方针,认真解决科技发展规划与经济规划"两张皮"问题,选好科研课题,搞好与生产单位挂钩协作,抓好科研成果的应用推广,把科学技术与经济发展密切结合起来,发挥对当地经济建设的促进作用。笔者对不同研发方式和不同管理方式的研究,为地方政府和企业科研管理部门管理工作提供借鉴,实现优势互补,资源共享。

笔者的调查分析,旨在加强会计师事务所对中央(地方)和其他来源资金科研项目经费的审计,从而促进企事业单位重视科研项目立项、申报、实施工作,加强科研项目管理,提升科研项目实施的成功率,帮助企业获取更多的政府资金以及社会资金支持,推动企业科技创新并获得市场认可,促进科技企业创立和发展。本书通过对审计人员的调研,通过企业在科研项目申报、实施过程中对中央财政资金(地方)和其他来源资金科研项目经费存在的问题进行剖析,加强科研项目管理,提升企业创新能力,帮助企业做好政府沟通及政策研究,提高企业科技项目管理水平,提升企业科技创新能力,促进科技成果产业化。

1.4　研究的假设

(1) 本研究假设项目(课题)研发受托方完全拥有研发项目的核心知识产权,研发项目的委托方不谋求核心知识产权的独家拥有。

(2) 假设每个审计项目都能进入综合绩效评价环节,不存在未进行或未实际开展实质性科研工作现象,更不存在终止的情况。会计师事务所参与项目综合绩效评价,是因为审计报告是项目管理的重要环节和最终经费投入关口。综合绩效评价坚持目标导向,严格按照项目任务书所确定的研究任务和考核指标以及其他实施成效进行综合评价。综合绩效评价工作突出代表性成果和项目实施效果评价,针对不同类别的项目实行分类评价。评价时,技术类、产品类、应用示范类项目主要以代表性成果为主要依据,不把论文作为评价依据和考核指标;对于基础研究类项目,对论文的评价试行代表作制度,代表作数量原则上不超过一定数量,重点评价其学术价值及影响,和与当次科技评价的相关性以及相关人员的贡献等,不把代表作的数量、影响因子、排名等作为评价依据。在资金方面,参考中期检查结论,重点对资金到位与拨付情况、会计核算与资金使用情况、预算执行与调整等情况进行评价,在此基础上确定课题专项资金结余。审计人员结合不同类别项目的评价原则进行审计。评价原则如下:基础研究与应用基础研究类项目重点评价新发现、新原理、新方法、新规律的重大原创性和科学价值,以及解决经济社会发展与国家安全重大需求中关键科学问题的效能、支撑技术和产品开发的效果、代表性论文等科研成果的质量和水平,以国际国内同行评议为主;技术和产品开发类项目重点评价新技术、新方法、新产品、关键部件等,研发结果的创新性、成熟度、稳定性、可靠性,突出成果转化应用情况及其在解决经济社会发展关键问题,支撑引领行业产业发展中发挥的作用,以同行评议、第三方评估,测试、现场演示、用户评价等相结合的方式为主,应用示范类项目绩效评价以规模化应用、行业内推广为导向,重点评价集成性、先进性、经济适用性、辐射带动作用及产生的经济社会效益,更多采取应用推广相关方评价和市场评价方式,如用户使用报告、市场占有率等。不同类别项目其支出内容也不同,同时结合不同技术领域,与资金使用项啮合,评价资金的使用效果。

(3) 边生产边研发的项目,其发生的材料费用未通过销售实现货币资金回笼。本研究中研发项目的研发产品,均未销售。

1.5　研究的方法

(1) 文献研究法。本书主要涉及的文献有三类,第一类是国内外相关研究的专著和文献。第二类是政策性文件,包括国家相关法律、部门规章制度等,比如中共中央办公厅、国务院办公厅印发的《关于进一步完善中央财政科研项目资金管理等政策的若干意见》(中办发〔2016〕50号),财政部、科技部印发的《国家重点研发计划资金管理办法》(财教〔2021〕178号),财政部、科技部、教育部、国家发展改革委《关于进一步做好中央财政科研项目资金管理等政策贯彻落实工作的通知》(财科教〔2017〕6号)、国务院《关于优化科研管理提升科研绩效若干措施的通知》(国发〔2018〕25号)、中共中央办公厅、国务院办公厅印发的《关于进一步加强科研诚信建设的若干意见》、国务院办公厅印发的《关于抓好赋予科研机构和人员更大自主权有关文件贯彻落实工作的通知》(国办发〔2018〕127号)、科技部办公厅印发的《国家重点研发计划项目综合绩效评价工作规范(试行)》(国科办资〔2018〕107号)、科技部、财政部印发的《关于进一步优化国家重点研发计划项目和资金管理的通知》(国科发资〔2019〕45号)、财政部、科技部印发的《国家重点研发计划资金管理办法》(财教〔2021〕178号)、国务院办公厅《关于改革完善中央财政科研经费管理的若干意见》(国办发〔2021〕32号)等。第三类是科技部对备案的全国会计师事务所的系列要求和指导性意见。

(2)案例调查分析法。笔者长期承担科研项目经费审计和项目(课题)验收评审检查工作,熟悉科研项目审计的流程、问题和症结。案例调查分析法将笔者实际工作中的亲身经历和调研单位作为研究对象,系统地收集资料,寻找出具有代表性的处点并进行分析。本书首先总结各报告审计的现状和不足,结合笔者在参与科技、财政部门审计、评审、检查的众多案例,总结各会计师事务所审计人员工作中存在的问题,剖析审计重点内容和审计方法,运用ROCCIPI理论来完善科研经费项目审计体系。

笔者通过评审、检查多家会计师事务所出具的专项审计报告及提供的资料,对中央(地方)财政资金和其他来源资金支持科研项目进行分析,对事务所的纵向和横向全方位的审计流程研究分析,为科研项目及科研团队,提出可行的建议措施。

(3)本书运用到的ROCCIPI理论起初主要被应用于医疗领域,从规则(Rule)、机会(Opportunity)、能力(Capacity)、交流(Communication)、利益(Interest)、过程(Process)和意识(Ideology)七方面客观、周密地提出解决问题的方案,后来其他领域的研究者将其运用到经济学、社会科学等研究上。立足于此,本书提出将其用到中央(地方)财政资金和其他资金来源科研项目经费审计体系,围绕审计制度、评价体系、审计人员能力、信息化技术、主体体系、审计全覆盖、审计方法提出相对应的优化措施。

(4)借鉴法。科研项目资金管理改革必须充分借鉴并吸收发达国家的成功经验和做法,立足国情,针对项目管理、资金使用效益亟待提高等突出问题,进行系统化、全过程的分析研究。

1.6 研究的意义

研究科研项目经费会计师事务所审计问题,是为了更好地发挥会计师事务所财会监督的重要作用。我国监督体系由多层次、多类型的监督行为构建而成,包括党内监督、人大监督、民主监督、行政监督、司法监督、审计监督、财会监督、统计监督、群众监督、舆论监督等多方面,其中,财会监督处于基础性地位,为其他监督提供不可或缺的支撑。单位财务报销审核过程既是履行日常财务工作,也是履行财务监督职能。不同层次和类型的监督是分工和协同的关系,不能相互替代,也不能各行其是,是一个整体中的局部,各个局部构成了监督体系这个整体。任何监督都是为防范风险而构设的,财会监督也是如此。会计造假、财务舞弊、预算松软，都是财会监督不力的表现，这不仅会导致项目完成风险，还会引发严重的廉政风险。在充满各种不确定性的当今社会，财会监督是对冲公共风险构建经济社会发展确定性的基石。改进和加强财会监督，是坚持和完善党和国家监督体系，提升国家风险管控能力的应有之责。将中央（地方）财政资金科研经费会计师事务所审计纳入党和国家监督体系，有助于进一步提升党和国家监督体系的完整性与系统性，提升中央（地方）财政资金科研经费监督的质量效果。会计师事务所参与财政科研项目经费审计，仅是业务方面受托业务，不能代位代职履行国家行政监督职能，其职责中没有赋予行政处罚权，只有建议和披露职责。

会计师事务所执业人员审计中央（地方）财政资金科研项目经费，其本质是受托财会监督。财会监督的本质是构建一种经费使用的确定性。会计师事务所良好恰当地披露问题，是受托财会监督的一种手段，是项目完成风险和财政风险监测、预警的基础性条件，也是防范包括廉政风险在内的公共风险的基础性环节。监督应该包括财政监督和会计监督，过去通常把二者分开来表述，甚至当成财政、会计两个专业领域不同类型的监督。如果合并起来表述，只是流程有差异，却更有利于从整体来把握其内涵和本质，也有利于在实际工作中一体化推进财政监督与会计监督。

凡是涉及科研经费资源配置的地方，便需要会计核算，无论是市场资源、社会资源，还是公共资源，都不例外。会计作为一种专业方法，其所呈现出来的信息有可能是确定性的，也可能基于各种利益动机而造假，这便离不开会计师事务所的审计监督和会计监督，以确保企业、非营利组织与政府部门的资源配置活动信息是真实、全面和准确的。单位会计主体同时是利益主体，作为研发活动的法人主体和责任承担者，既可以利用研发过程中的会计信息为自身管理和内控服务，也要承担起受托责任。会计监督和审计监督正是为此提供制度保证。

从科研项目立项方面研究讨论，确定项目承担单位和其最后完成项目的质量，是对科研经费公共资源的配置优劣的考量。从宏观角度讲，这不仅需要政府会计来反映，还需要政府财政来统筹项目经费的效果。政府账本反映全部政府收支以及资产与负债，体现公共政策与政府活动方向和范围。公共资源配置事关大众利益，且与公共权力的行使直接关联，财政监督也就不可或缺。税收制度、预算制度，已经成为现代社会约束公权的一种有效制度安排，对税制、预算执行的监督，同时也是对公权行使过程的监督。因此，会计师事务所受托对科研经费的审计监督，是一种直接监督也是一种间接监督。财政监督从表象来看是针对"财"，实质上是针对"权"，以确保权为民所用，钱为科研所用。为科研经费分配合理和有效，财政监督共同构建的这种确定性，便成为国家治理科技领域的基础，也是国家治理科研领域效能的保证。

财会审计监督聚焦监督体系研发活动的基础环节，通过与其他监督良性互动，能够更好地发挥党和国家监督体系在科研领域的优势。在党的统一领导和监督引领下，财会监督能够助力相关部门行使监督权，经济主体层面的财会监督则能够为内部和统计监督奠定数据基础，单位财务层面的财会监督可以与外部的审计监督实现衔接与互补，并为行政监督和司法监督提供核查依据，为政府相关部门对高新技术认证和地方政府对企业的研发奖补提供基础和相对保证。

第 2 章　我国科研项目经费的相关定义

2.1　研发活动模式

要了解我国科研项目经费的定义,就要了解我国科研活动的模式,其一般分为自主研发、委托研发、合作研发、集中研发及以上方式的组合。

2.1.1　自主研发

自主研发是指企业主要依靠自己的资源独立进行研发,并在研发项目的主要方面拥有完全独立的知识产权。例如:某企业结合现有客户的生产工艺特点,通过对其生产过程中所产生的工业废液组分进行分析,主动研发废弃物提取、纯化及资源化回收利用的整体解决方案。公司通过科研活动,提升产品科技含量,主动开发客户需求,力争获取老客户持续的采购订单。

2.1.2　委托研发

委托研发是指被委托单位或机构基于企业委托而开发的项目。企业以支付报酬的形式获得被委托单位或机构的成果。例如:基于公司在工业流体分离领域的知名度及良好的口碑,客户主动要求公司为其提供工业流体分离及废水处理的整体解决方案,公司研发部门根据客户的具体需求进行研发项目立项,组织科技人员攻关,开展有针对性的研究开发工作。

2.1.3　合作研发

合作研发是指立项企业通过契约的形式与其他企业共同对同一项目的不同领域分别投入资金、技术、人力等,共同完成研发项目。例如:公司选择污染物排放较大,客户工艺技术具有一定相似性、具备深耕细作可能性的行业,结合客户生产工艺特点及工业废液中可回用物质的价值,根据客户提供的废水小样,对客户生产工艺特点及废水组分进行分析,开展废弃物回收利用、废水达标排放等有针对性的技术研发;主动选题立项,联合相关企业、大专院校研发废弃物资源,回收利用的技术及工艺,待技术方案经小试、中试等实验验证,经过第三方检测化验合格,上级主管部门批准后,再配合销售部门向工业客户联合推广应用。

2.1.4 集中研发

集中研发是指企业集团根据生产经营和科技开发的实际情况,对技术要求高、投资数额大、单个企业难以独立承担,或者研发力量集中在企业集团,由企业集团统筹管理研发的项目进行集中开发。例如:某公司根据特定行业集团公司生产工艺及用料特点,主动介入集团公司其他企业主要生产工艺,集团公司共同出资出人,以开发优化传统生产工艺为核心进行技术研发,开发出成本更低、污染物更少、物料回用更彻底的新型清洁生产工艺。集团公司在研发方面秉承"集中研究,分别开发"的理念,通过采用这种研发模式,使集团公司整体的技术研发逐步步入"研究一批、培育一批、推广一批、成熟一批"的良性循环之中。

科研活动模式不同,研发投入会计、统计口径确认、归集、核算也存在一定的差异。

2.2 科研项目经费统计、财务核算及其他相关政策理解的问题

研发费用准确统计难、核算难的原因在哪里?下面从会计、统计和本书三方面的角度进行简单的分析,具体如下。

2.2.1 企业角度

(1)企业研发活动费用与生产经营活动费用无法区分。当面对同一笔研发支出时,不同的企业会计人员甚至是审计人员的确认依据和结果都有可能不一致。企业会计在归集研发费用时,由于企业研发活动和生产经营活动未有严格区分,到底属于研发活动的费用还是生产经营的费用无法确认,所以不结合研究路线来认定,单靠会计来确认费用,在一定程度上很难区分。

(2)研发活动经费要点和关键证据无法提供。部分企业核算人员对实际参与归集的人员不能抓住研发活动其中要点和关键证据,例如:工资部分,研发人员与生产经营无法区分;材料费生产领用与研发领用不分;等等。

上述问题主要是企业内部的研发费用如何界定和确认的问题。而这些都为准确核算、统计带来了挑战,进而导致部分企业在源头上就存在少归集、错归集、乱归集的现象,最终获取的数据的可靠性极低。

2.2.2 统计角度

企业统计人员会面对各种不同定义口径的研发费用,当需要抓取数据进行填报时,部分企业在进行具体选择时不知所措。此时,企业统计人员需搞清楚研发费用指标的定义和要求,谨慎填写。统计所填研发支出与会计报表研发支出相差很大,又与税务研发加计扣除不一致。如若不妥善解决,便会恶性循环。

从统计角度讲,审计机构审计人员按照统计法规出具专项审计报告时,不同的专业审计机构出具的专项审计报告认定的研发费用不一定完全一致。

通过上述分析,不难发现研发费用金额实现完全精准是根本不可能的,但是更好地规范企业内部的管理和过程环节可以做到相对规范,并规避日常的风险。

2.2.3 本书的角度

本书所论述的科研项目经费,科研经费的投入总额,凡与科研项目研发活动相关的所有支出,都应计列其中,其中与国家科技部所立项目开展研发活动而产生的研发经费一致与企业会计准则、税务机关加计扣除政策的研发费用有内涵与外延上的交集和差异,但与统计口径下的研发费用基本趋同。

研发投入是保证企业技术创新的资金来源,也是提高企业综合实力的重要保障,越来越多的企业重视新产品、新技术的开发,企业对研发的投入逐年提高。研究投入即研究与开发某项目所支付的所有经费,一般是指用于研发活动的设备设施费、材料费、人工费、合同服务费、外购无形资产费、固定资产及有关间接费用等,这和统计一致,而与企业会计准则、税务机关加计扣除政策不一致。

2.3 《企业会计准则第 6 号——无形资产》中的研发经费的定义

新会计准则充分借鉴了《国际会计准则第 38 号——无形资产》,将企业内部研发活动划分为研究和开发,对应两个阶段的支出分别为研究阶段支出和开发阶段支出,并对会计处理做出规定。研究阶段的支出,应当于发生时计入当期损益。开发阶段的支出,同时满足下列五项条件的,才能确认为无形资产:其一,完成该无形资产以使其能够使用或出售在技术上具有可行性;其二,具有完成该无形资产并使用或出售的意图;其三,无形资产产生经济利益的方式,包括能够证明运用该无形资产生产的产品存在市场或无形资产自身存在市场,无形资产将在内部使用的,应当证明其有用性;其四,有足够的技术、财务资源和其他资源支持,以完成该无形资产的开发,并有能力使用或出售该无形资产;其五,归属于该无形资产开发阶段的支出能够可靠地计量。研发活动是一种投资活动,因而也具有投资活动的一般特性——风险性。研究阶段能否获得预期成果,其成果能否为企业进一步开发并带来未来经济收益具有很大的不确定性,因此将这一阶段的支出计入当期损益符合谨慎性原则的要求。而对用于商业性生产或使用的开发项目,企业通常是在研究成果的基础上,先进行可行性测试,然后依据可行性测试的结果做出是否开发的决策。由于盈利是企业生产活动的主要目的,预期不产生利润的开发项目,管理者一般不会选择开发。可见开发阶段比研究阶段更进一步,其为企业带来未来收益的可能性大大增加。因此,若开发阶段支出满足相关标准,就表明这些支出在未来很可能给企业带来经济利益,它们理应被确认为资产。新准则考虑了研究和开发阶段的不同情况,根据其为企业带来未来收益可能性的大小,依据谨慎性原则和客观性原则,将研究阶段的支出计入当期损益,开发阶段的支出有条件地予以资本化。这一修改不仅符合我国日益繁荣的自主创新活动时代背景,还满足了会计信息可靠性和相关性要求。

对研发费用的会计处理问题是国内外会计准则争论的焦点。我国原《企业会计准则——无形资产》规定:"自行开发并依法申请取得的无形资产,其入账价值应按依法取得时发生的注册费、律师费等费用确定;依法申请取得前发生的研究与开发费用,应于发生时确认为当期费用。"显然我国对研发费用是采用全部费用化的会计处理方法,企业日常发生的研发费用通常计入管理费用。而对在研究与开发过程中发生的材料费用、直接参与开发人员的工资及福利费、开发过程中发生的租金及借款费用等,则直接计入当期损益。然而,该准则实施以来,不断受到人们的批评。全部费用化处理除了减少当期利润外,还可能被企业用来平滑利润。这样处理主要是考虑研发活动与企业未来收益的不确定性,强调了谨慎性原则,具有一定的合理性。但将数额巨大的主体性研发费用直接计入当期损益,使无形资产的成本与其实际价值不符,不仅违背客观性原则,而且因不能全面系统反映企业未来一定时期的产品市场潜力和企业发展后劲,不利于投资者判断企业未来前景并据以做出科学明智的决策,因此同样也违背相关性原则。

我国于2006年2月颁布了新会计准则,其中《企业会计准则第6号——无形资产》对研发费用处理做出了明确规定,主要是借鉴国际会计准则的处理方法,对研发费用处理实行有条件资本化。新会计准则在我国政府推进自主创新、实施建设创新型国家的战略背景下出台。关于企业研发费用会计处理的相关变动是顺应国际潮流,注重国际准则协调的理性选择。新会计准则将无形资产的开发分为研究和开发两个阶段。研究阶段是指为获取新的科学或技术知识并理解它们而进行的独创性的、有计划的调查。开发阶段是指在进行商业性生产或使用前,将研究成本或其他知识应用于某项计划或设计,以生产出新的或具有实质性改进的材料、装置、产品等。新会计准则规定,研究阶段的支出应当计入当期损益,即费用化处理,因为在项目的研究阶段,企业不能证明存在将产生未来经济利益的无形资产;而开发阶段的支出,如果满足一定的条件,可进行资本化处理,计入无形资产。对于开发阶段的支出,同时满足前述的五项条件,可以确认为无形资产。

新会计准则实施后,对于研发费用采用有条件资本化,并要求企业设置"研发支出"账户用来反映研发费用,在"研发支出"下分别设置"费用化支出"和"资本化支出"明细科目,用以反映费用化和资本化的研发费用。这种处理方法和国际会计准则规定一致。

目前国际上有关研发费用的会计处理方法主要有三种,即全部费用化、全部资本化和部分资本化。不同的会计处理方法,将直接影响企业的经营业绩。①全部费用化处理,即将研究与开发费用在发生时全部确认为费用,计入当期损益。这种处理方法符合谨慎性原则,核算比较简单,但是费用化会引起当期利润减少,企业管理者为了追求短期利润最大化,就可能会减少研发投入,这将不利于企业创新发展。②实行全部资本化处理,研发费用发生时全部予以资本化,作为长期资产分期摊销,计入相关成本。这种方法符合权责发生制原则,但不符合谨慎性原则,并且可能导致企业高估资产和收益。③研发费用实行部分资本化,这种做法的特点是将符合某些特定条件的研究开发费用予以资本化,其他研发费用则在发生时计入当期损益。国际会计准则委员会对研发费用的会计处理也采用此种方法。此种方法避免了全部费用化和全部资本化的缺点,但是在确定是否资本化时的界限不好把握,容易给管理者操纵利润的机会。

企业对研究开发的项目支出应当单独核算,例如:项目直接发生的研发人员工资、材料费,以及相关设备折旧费等。同时从事多项研究开发活动的,所发生的支出应当按照合理的标准在各项研究开发活动之间进行分配;无法合理分配的,应当计入当期损益。

研发费用部分资本化会计处理和披露。按准则规定,企业研究阶段的支出全部费用化,计入当期损益。

开发阶段的支出符合条件的才能资本化,不符合条件的支出计入当期损益(管理费用)。如果是自行开发无形资产,发生的研发支出未满足资本化条件的,借记"研发支出——费用化支出"科目;满足条件的,借记"研发支出——资本化支出"科目,贷记"原材料""银行存款""应付职工薪酬"等科目。研发开发项目达到预定用途形成无形资产的,应按"研发支出——资本化支出"科目的余额,借记"无形资产"科目,贷记"研发支出——资本化支出"科目。新会计准则规定在资产负债表中增设"开发支出"项目,用来反映企业开发无形资产过程中能够资本化形成无形资产成本的支出部分。根据"研发支出"科目中所属的"资本化支出"明细科目期末余额填列。

将企业的研发费用恰当划分研究阶段和开发阶段,并将满足资产定义的开发阶段支出予以资本化,符合客观性原则。更重要的是,这种会计处理方法在谨慎性原则的基础上较真实地计量无形资产的价值,反映了企业未来的发展潜力,有助于投资者更好地判断企业未来前景以做出更明智的决策,从而使会计信息更具相关性。新会计准则对企业内部研究活动会计确认和计量的改变,将直接增加企业资产价值和当期收益,更重要的是,有力地促进企业进行自主研发活动,能够激励企业进行研发创新,避免企业短期行为,这关系到企业乃至国家的长远利益,关系到最终实现我国建设创新型国家的宏伟战略。

2.4 《企业会计准则第 14 号——收入》中的研发经费的确认

2017 年 7 月,财政部发布了财会〔2017〕22 号文,对《企业会计准则第 14 号——收入》进行了修订(以下简称"新收入准则")。

2.4.1 收入确认的原则

新收入准则改变了收入确认的理念,原收入准则区分销售商品、提供劳务、让渡资产使用权和建造合同,分别采用不同的收入确认模式,新收入准则不再区分业务类型,采用统一的收入确认模式。新收入准则以"控制权转移"为判断依据,不再实行原准则中的"风险报酬转移"为判断依据。新收入准则引入了"履约义务"的概念,明确了如何识别是否存在多个"履约义务",以及如何将交易价格分摊到多个"履约义务";引入"履约进度"计量方式,对于在某一时期履行的履约义务,企业应当考虑商品的性质,采用产出法或投入法确定恰当的履约进度,并且按照该履约进度确认收入;明确了企业应该根据其在交易中的角色是主要责任人还是代理人来确定其收入的金额是总额还是净额。新收入准则适用于大多数与客户间合同的收入确认,它取代了原企业会计准则中的"相关指引"。新收入准则有两种收入确认的方法：在某一时点上确认收入和在一段时间内确认收入。新收入准则采用以合同为基础的五步法进行交易分析，关注控制权的转移。这使很多企业的收入金额产生数量级变化，影响巨大。

收入确认的基础是合同。当企业与客户之间的合同同时满足下列条件时，企业应当在客户取得相关商品控制权时确认收入：

(1)合同各方已批准该合同并承诺将履行各自义务。

(2)该合同明确了合同各方与所转让商品或提供劳务(以下简称"转让商品")相关的权利和义务。

(3)该合同有明确的与所转让商品相关的支付条款。

(4)该合同具有商业实质，即履行该合同将改变企业未来现金流量的风险、时间分布或金额。

(5)企业因向客户转让商品而有权取得的对价很可能收回。

收入确认的标准：企业应当在履行了合同中的履约义务，即在客户取得相关商品控制权时确认收入。取得相关商品控制权，是指能够主导该商品的使用并从中获得几乎全部的经济利益。对于受托或委托的科研项目如何进行核算，收到的开发费用确认收入，还是冲减负债，是计入成本还是研发支出，有待进一步探讨。

2.4.2 合同履约成本

企业为履行合同可能会发生各种成本，属于其他企业会计准则(例如《企业会计准则第1号——存货》《企业会计准则第4号——固定资产》及《企业会计准则第6号——无形资产》等)规范范围的，应当按照相关企业会计准则进行会计处理；不属于其他企业会计准则规范范围且同时满足下列条件的，应当作为合同履约成本确认为一项资产。具体条件如下：

(1)该成本与一份当前或预期取得的合同直接相关，包括直接材料、直接人工、制造费用、明确由客户承担的成本，以及仅因该合同而发生的其他成本。

(2)该成本增加了企业未来用于履行(包括持续履行)履约义务的资源。

(3)该成本预期能够收回。

【案例2-1】某会计师事务所对甲公司进行了审计，甲公司是一家软件开发公司，主要通过提供软件开发服务赚取收入，甲公司在进行会计核算时，除发生的人工费、动力电费等成本外，还需要计提与软件开发公司经营相关的固定资产折旧(如办公室、电脑等)、无形资产摊销(如软件著作权等)费用等。假设研发成功后核心知识产权归属于甲公司。

【答】 受托企业单位账务处理如下。

(1)收到委托单位支付的款项时：

借：银行存款

　贷：递延收益

(2)支付相关研发费用时：

借：研发支出

　贷：银行存款(或原材料、应付职工薪酬、库存现金等科目)

(3)期末：将研究费用归集于当期研发费用。

最后,将符合资本化条件的开发费用在无形资产达到可使用状态时转入无形资产成本
借:无形资产
　　贷:研发支出

有研发能力的企业如果是做受托服务,比如软件开发的企业,会承接一些委托开发软件的业务,这是他们的主营业务。审计人员审计认为关键是对于开发成功的核心技术的所有权、控制权归属于何方,谁能够在实质上控制该项技术。所有权与控制权的归属除考虑专利所有人外还应该考虑受托合同对于权利归属的约定,是否存在权利瑕疵等因素判断,技术专利的产权归属(权利归属的实质判断可考虑利用法律专家的工作)。

产权归属两种情况下不同的处理:

(1)核心知识产权归属于受托方时,受托方在发生费用时确认为技术研发支出,符合资本化条件的支出应当在研发支出资本化受托方收取价款时作为受托方取得让渡资产使用权收入处理,按收入准则的相关规定进行处理。

(2)核心知识产权归属于委托方时,受托方在发生费用时确认为成本支出,收到价款及成本结转按收入准则中对提供劳务服务的相关规定进行处理。企业之间,所有权与控制权一般不可能归属于受托方。

(3)参考《财政部 国家税务总局 科技部关于完善研究开发费用税前加计扣除政策的通知》(财税〔2015〕119号)、《国家税务总局关于企业研究开发费用税前加计扣除政策有关问题的公告》(国家税务总局公告2015年第97号)、《国家税务总局关于研发费用税前加计扣除归集范围有关问题的公告》(国家税务总局公告2017年第40号)等相关文件,委托境内机构或个人进行研发活动所发生的费用,按照费用实际发生额的80%计入公司的研发费用并加计扣除,受托方不得再进行加计扣除。委托境外研发所发生的费用,按照费用实际发生额的80%计入委托方的委托境外研发费用,委托境外研发费用不超过境内符合条件的研发费用2/3的部分可加计扣除。委托境外个人不得加计扣除。

软件开发成本与软件开发收入直接相关,属于合同履约成本。

甲公司开发服务的提供直接依赖于人力资源以及燃料动力等相关资产,即与软件开发服务相关的属于甲公司为履行与客户的合同而发生的服务成本。该成本需先考虑是否满足新收入准则第26条规定的资本化条件,如果满足,应作为合同履约成本进行会计处理,并在收入确认时对合同履约成本进行摊销,计入营业成本。

对于财务人员人工费用等资产中与软件服务不直接相关的,例如财务部门相关的办公等费用或者销售部门相关的办公等费用,则需要按功能将相关费用计入管理费用或销售费用等科目。

(1)登记发生的合同成本:
借:合同履约成本
　　贷:原材料/应付职工薪酬等

(2)登记与客户的结算:
借:应收账款
　　贷:合同结算——价款结算
实际收取价款:
借:银行存款

贷：应收账款
(3) 期末根据履约进度确认收入和费用：
借：合同结算——收入结转
　　贷：主营业务收入
借：主营业务成本
　　贷：合同履约成本
(4) 确认合同预计损失：
亏损合同根据或有事项准则的规定，确认。
$$预计负债 = (预计总成本 - 总收入) \times (1 - 完工百分比)$$
借：主营业务成本
　　贷：预计负债
完工时转销：
借：预计负债
　　贷：主营业务成本

2.5 税务机关加计扣除政策及相关研发经费的相关定义

2.5.1 研究开发费用加计扣除明细科目

研究开发费用加计扣除明细科目边界见表2-1。

表2-1　研究开发费用加计扣除明细科目边界

国家级高新技术企业	申请研发费用税前加计扣除企业
人员人工费用	人员人工费用
直接投入费用	直接投入费用
折旧费用与长期待摊费用	折旧费用
无形资产摊销费用	无形资产摊销
设计费用	新产品设计费、新工艺规程制定费
装备调试费用与试验费用	新药研制的临床试验费、勘探开发技术的现场试验费
委托外部研究开发费用	委托外部研究开发费用
其他费用	其他相关费用

为了更好地鼓励企业开展研究开发活动和规范企业研究开发费用加计扣除优惠政策执行，国家相关部门先后发布《关于完善研究开发费用税前加计扣除政策的通知》（财税〔2015〕119号）、《研发费用税前加计扣除新政指引》等。除烟草制造业、住宿和餐饮业、批发和零售业、房地产业、租赁和商务服务业、娱乐业以外，其他行业企业均可享受。《中华人民共和国

企业所得税法实施条例》规定,企业为开发新技术、新产品、新工艺产生的研究开发费用未形成无形资产计入当期损益的,在按照规定据实扣除的基础上,按照研究开发费用的50%加计扣除;形成无形资产的,按照无形资产成本的150%摊销。目前,一些企业没有按照文件规定设置研发费用明细账,对相关费用列支不标准、不规范,导致主管税务机关无法合理确定各类成本、费用支出,因而企业不能享受研发费用扣除的优惠政策。为此,企业应该准确归集和核算研发费用,当然不包括固定资产、无形资产(包括土地使用权)等长期资产的科研投入。

研发活动是指企业为获得科学与技术新知识,创造性运用科学技术新知识,或实质性改进技术、产品(服务)、工艺而持续进行的具有明确目标的系统性活动。

企业研发费用是指企业在产品、技术、材料、工艺和标准的研究、开发过程中发生的各项费用,主要包括:

(1)研发活动直接消耗的材料、燃料和动力费用。

(2)企业在职研发人员的工资、奖金、津贴、补贴、社会保险费、住房公积金等人工费用,以及外聘研发人员的劳务费用。

(3)用于研发活动的仪器、设备、房屋等固定资产的折旧费或租赁费,以及相关固定资产的运行维护、维修等费用。

(4)用于研发活动的软件、专利权、非专利技术等无形资产的摊销费用。

(5)用于中间试验和产品试制的模具、工艺装备开发及制造费,设备调整及检验费,样品、样机及一般测试手段购置费,试制产品的检验费等。

(6)研发成果的论证、评审、验收、评估费用,以及知识产权的申请、注册费等。

(7)通过外包、合作研发等方式,委托其他单位、个人或者与之合作进行研发而支付的费用。

(8)与研发活动直接相关的其他费用,包括技术图书资料费、资料翻译费、会议费、差旅费、办公费、外事费、研发人员培训费、培养费、专家咨询费、高新科技研发保险费用等。

2.5.2 政策排除

2.5.2.1 不适用税前加计扣除政策的活动

(1)企业产品(服务)的常规性升级。

(2)对某项科研成果的直接应用,如直接采用公开的新工艺、材料、装置、产品、服务或知识等。

(3)企业在商品化后为顾客提供的技术支持活动。

(4)对现存产品、服务、技术、材料或工艺流程进行的重复或简单改变。

(5)市场调查研究、效率调查或管理研究。

(6)作为工业(服务)流程环节或常规的质量控制、测试分析、维修维护。

(7)社会科学、艺术或人文学方面的研究。

2.5.2.2 不适用税前加计扣除政策的行业

(1)烟草制造业。

(2)住宿和餐饮业。

(3) 批发和零售业。
(4) 房地产业。
(5) 租赁和商务服务业。
(6) 娱乐业。
(7) 财政部和国家税务总局规定的其他行业。
上述行业以《国民经济行业分类与代码》(GB/4754—2011)为准,并随之更新。

2.5.3 研发费用

2.5.3.1 可以加计扣除的研发费用具体范围

(1) 人员人工费用。直接从事研发活动人员的工资薪金、基本养老保险费、基本医疗保险费、失业保险费、工伤保险费、生育保险费和住房公积金,以及外聘研发人员的劳务费用。

(2) 直接投入费用。

1) 研发活动直接消耗的材料、燃料和动力费用。

2) 于研发中间试验和产品试制的模具、工艺装备开发及制造费,不构成固定资产的样品、样机及一般测试手段购置费,试制产品的检验费。

3) 用于研发活动的仪器、设备的运行维护、调整、检验、维修等费用,以及通过经营租赁方式租入的用于研发活动的仪器、设备租赁费。

4) 新产品设计费、新工艺规程制定费、新药研制的临床试验费、勘探开发技术的现场试验费。

5) 其他相关费用。与研发活动直接相关的其他费用,如技术图书资料费、资料翻译费、专家咨询费、高新科技研发保险费、研发成果的检索、分析、评议、论证、鉴定、评审、评估、验收费用,知识产权的申请费、注册费、代理费、差旅费、会议费等。此项费用总额不得超过可加计扣除研发费用总额的10%。

6) 研发成果的论证、评审、验收费用。

7) 财政部和国家税务总局规定的其他费用。

特别注意:

1) 以经营租赁方式租入的用于研发活动的仪器、设备,同时用于非研发活动的,企业应对其仪器设备使用情况做必要记录,并将其实际发生的租赁费按实际工时占比等合理方法在研发费用和生产经营费用间分配,未分配的不得加计扣除。

2) 企业研发活动直接形成产品或作为组成部分形成的产品对外销售的,研发费用中对应的材料费用不得加计扣除。

3) 产品销售与对应的材料费用发生在不同纳税年度且材料费用已计入研发费用的,可在销售当年以对应的材料费用发生额直接冲减当年的研发费用,不足冲减的,结转以后年度继续冲减。

(3) 折旧费用。用于研发活动的仪器、设备的折旧费。

(4) 无形资产摊销。用于研发活动的软件、专利权、非专利技术(包括许可证、专有技术、设计和计算方法等)的摊销费用。

(5) 新产品设计费、新工艺规程制定费、新药研制的临床试验费、勘探开发技术的现场试验费。

(6)其他相关费用。与研发活动直接相关的其他费用,如技术图书资料费、资料翻译费、专家咨询费、高新科技研发保险费,研发成果的检索、分析、评议、论证、鉴定、评审、评估、验收费用,知识产权的申请费、注册费、代理费、差旅费、会议费,等等。此项费用总额不得超过可加计扣除研发费用总额的10%。

(7)财政部和国家税务总局规定的其他费用。

(8)研发成果的论证、评审、验收费用。

2.5.3.2 不能加计扣除的研发费用主要包括的项目

(1)间接消耗的材料、燃料和动力费用。如研究机构所在企业用小汽车接送研究人员发生的燃料费,不是在研发过程中发生的,则不能加计扣除。

(2)非直接从事研发人员的工资、薪金、奖金、津贴、补贴。直接从事研发人员的社保目前尚不能加计扣除。

(3)研发人员的办公费。

(4)研发租赁的房屋租赁费。

(5)如可同时做研发之外的用途,用于研发活动的仪器、设备和软件、专利权、非专利技术等无形资产,以及用于中间试验和产品试制的模具、工艺装备等生产费用。

2.5.3.3 特别事项处理

(1)企业委托外部机构或个人进行研发活动所发生的费用,按照费用实际发生额的80%计入委托方研发费用并计算加计扣除,受托方不得再进行加计扣除。委托外部研究开发费用实际发生额应按照独立交易原则确定。

委托方与受托方存在关联关系的,受托方应向委托方提供研发项目费用支出明细情况。企业委托境外机构或个人进行研发活动所发生的费用,不得加计扣除。

(2)企业共同合作开发的项目,由合作各方就自身实际承担的研发费用分别计算加计扣除。

(3)企业集团根据生产经营和科技开发的实际情况,对技术要求高、投资数额大,需要集中研发的项目,其实际发生的研发费用可以按照权利和义务相一致、费用支出和收益分享相配比的原则,合理确定研发费用的分摊方法,在受益成员企业间进行分摊,由相关成员企业分别计算加计扣除。

(4)企业为获得创新性、创意性、突破性的产品进行创意设计活动而发生的相关费用,可按照本政策规定进行税前加计扣除。

创意设计活动是指多媒体软件、动漫游戏软件开发,数字动漫、游戏设计制作,房屋建筑工程设计(绿色建筑评价标准为三星)、风景园林工程专项设计,工业设计、多媒体设计、动漫及衍生产品设计、模型设计,等等。

2.5.4 管理要求

2.5.4.1 会计核算

研究开发费用税前加计扣除有关政策适用于会计核算健全,实行查账征收,并能够准确归集研发费用的居民企业。

企业应按照国家财务会计制度要求,对研发支出进行会计处理;同时,对享受加计扣除的研发费用按研发项目设置辅助账,准确归集核算当年可加计扣除的各项研发费用实际发生额。企业在一个纳税年度内进行多项研发活动的,应按照不同研发项目分别归集可加计扣除的研发费用。

按照企业会计准则的要求,企业可以设置"研发支出"科目核算企业进行研究与开发无形资产过程中发生的各项支出。企业自行开发无形资产发生的研发支出,不满足资本化条件的,计入"研发支出"科目(费用化支出);满足资本化条件的,计入"研发支出"科目(资本化支出)。研究开发项目达到预定用途形成无形资产的,应按"研发支出"科目(资本化支出)的余额,结转"无形资产"。期(月)末将"研发支出"科目归集的费用化支出金额转入"管理费用"科目(后利润表单独设置"研发费用"表项);期(月)末借方余额反映企业正在进行无形资产研究开发项目满足资本化条件的支出。

企业应对研发费用和生产经营费用分别核算,准确、合理归集各项费用支出,对划分不清的,不得实行加计扣除。

2.5.4.2　研发费用管理

现在许多大型工程建设企业为了准确核算研发费用,避免不必要的涉税风险,成立研发机构,配备专职的人员、专门的仪器设备,并对研究开发费用实行专账管理。这样,在研发过程中消耗的材料、燃料和动力费用以及研发人员的工资薪金、补贴项目都可以准确地进行归集,并准确填写年度可加计扣除的各项研究开发费用实际发生额并报税务机关备案审查。

2.5.4.3　税务管理

企业研发费用各项目的实际发生额归集不准确、汇总额计算不准确的,税务机关有权对其税前扣除额或加计扣除额进行合理调整。

税务机关对企业享受加计扣除优惠的研发项目有异议的,可以转请地市级(含)以上科技行政主管部门出具鉴定意见,科技部门应及时回复意见。企业承担省部级(含)以上科研项目的,以及以前年度已鉴定的跨年度研发项目,不再需要鉴定。

税务部门应加强研发费用加计扣除优惠政策的后续管理,定期开展核查,年度核查面不得低于20%。

2.5.4.4　实施研发费用部分资本化的难点

研发费用部分资本化的前提是区分研究费用和开发费用,也就是区分两个阶段。但是企业很难判断哪些活动属于研究阶段范围,哪些活动属于开发活动范围,实际的操纵性比较差。在实施研发费用部分资本化碰到的难点,一方面,区分标准和如何区分主要依赖于企业的判断,在实际操纵中,会给本身不精通科学技术的会计工作者和相关人员工作带来很大难度。尽管准则规定了在开发阶段发生的费用可以资本化的五项条件,对这五项条件的判断同样在一定程度上具有主观性。另一方面,企业在技术性信息方面具有绝对的优势。外部人对于企业的研发费用化政策很难有清晰的了解,因此上市公司可能利用研发费用的资本化调节利润。企业管理者为了提高当期利润,可能会扩大予以资本化的研发费用范围,将归属于研究阶段的支出列作开发阶段的支出,从而对部分或全部支出进行资本化处理,虚增当期利润和当期资产。反之,如果企业管理者为减少当期利润,人为地将应归属于开发阶段的支出列作研究阶段的支出,从而将全部支出费用化,计入当期损益,虚减当期利润和当期资产,这些人为操作利润,审计人员和监管部门是很难查清的。

2.6 统计口径下研发经费的相关边界

2.6.1 统计边界

研究与试验发展(Research and Experimental Development,R&D),2017年的概念调整为现在会计的"研究开发"概念,进一步解决了R&D核算的合理性问题(过录表存在的价值),即由会计的财务指标转化为国际可比的统计指标。

(1)研发统计的相关概念。研发就是指为增加人类知识总量以及运用知识创造新的应用而进行的系统性、创造性的活动。R&D活动可分为基础研究、应用研究、试验发展三类。

1)基础研究是一种不预设任何特定应用或使用目的的实验性或理论性工作,其主要目的是为获得(已发生)现象和可观察事实的基本原理、规律和新知识。基础研究的成果通常表现为提出一般原理、理论或规律,并以论文、著作、研究报告等形式为主。基础研究包括纯基础研究和定向基础研究。纯基础研究不追求经济或社会效益,也不谋求成果应用,只是为增加新知识而开展的基础研究。定向基础研究是为当前已知的或未来可预料问题的识别和解决而提供某方面基础知识的基础研究。

2)应用研究是为获取新知识,达到某一特定的实际目的或目标而开展的初始性研究。应用研究是为确定基础研究成果的可能用途,或确定实现特定和预定目标的新方法,其研究成果以论文、著作、研究报告、原理性模型或发明专利等形式为主。

3)试验发展是利用从科学研究、实际经验中获取的知识和研究过程中产生的其他知识,开发新的产品、工艺或改进现有产品、工艺而进行的系统性研究,其研究成果以专利、专有技术,以及具有新颖性的产品原型、原始样机及装置等形式为主。

(2)统计依据。改革前,项目费用归集由企业在对研发定义理解的基础上,通过自行认定研发项目来归集相关指标数据。改革后,财务支出企业根据有关研究开发会计科目或向税务部门提供的有关研究开发辅助账填报相关指标数据。企业上述资料也将作为统计执法检查的重要依据。如企业无法提供上述资料,则视为企业无研究开发活动。

2.6.2 具体指标的详细讲解

(1)项目名称。改革前,按企业研发项目的立项计划书、项目任务书或项目合同书等有关立项资料中确定的项目名称填写。改革后,按企业研究开发项目的立项计划书、项目任务书或项目合同书等有关立项资料中确定的项目名称填写,一般应与企业有关研究开发会计科目,或向税务部门提供的有关研究开发辅助账(以下简称"辅助账")中归集的相关内容对应。

(2)项目来源。改革前,包括国家科技项目,地方科技项目,其他企业委托研发项目,本企业自选研发项目,来自境外的研发项目,其他研发项目和各类国家科技计划项目(如国家自然科学基金项目、国家863计划项目、国家攻关计划项目、国家火炬计划项目、国家星火计

第 2 章 我国科研项目经费的相关定义

划项目、国家攀登计划项目、国家社会科学基金项目等)、中央政府部门下达的各类科技项目,以及由地方政府部门下达的各类科技项目。

改革后,包括本企业自选项目,政府部门科技项目,其他企业(单位)委托项目,境外项目,其他项目和各类国家科技计划项目[如国家自然科学基金、国家科技重大专项、国家重点研发计划、技术创新引导专项(基金)、基地和人才专项等],以及由各级政府部门下达的各类科技项目。

(3)项目开展形式。改革前,称之为研发项目合作形式,包括与境外机构合作、与境内高校合作、与境内独立研究机构合作、与境内注册的外商独资企业合作、与境内注册的其他企业合作、独立研究等。改革后,称之为研究开发项目开展形式,自主完成、与境内研究机构合作、与境内高等学校合作、与境内其他企业或单位合作、与境外机构合作、委托其他企业或单位等。

(4)研发项目成果形式。改革前,包括论文或专著,自主研制的新产品原型或样机、样件、样品、配方,新装置,自主开发的新技术或新工艺,新工法,发明专利,实用新型专利,外观设计专利,专有技术,工艺参数的图纸,技术标准,操作规范基础软件,基础软件,应用软件,其他。改革后,研究开发项目成果形式有论文或专著,专有技术,工艺参数的图纸,技术标准,操作规范,技术论证,研究报告,咨询评价,自主开发的新技术或新工艺、新工法、新服务,自主研制的新产品原型或样机、样件、样品、配方,新装置,对已有产品、工艺等实现突破性变革,对已有产品、工艺等进行一般性改选,新产品、工艺等推广与示范活动,发明专利,实用新型专利或外观设计专利,基础软件,中间件或新方法,应用软件,软件著作权,其他。

(5)研究开发项目技术经济目标,包括探索的科学原理,发现技术原理,开发全新产品,增加产品功能或提高性能,提高劳动生产率,减少能源消耗或提高能源使用效率,节约原材料,减少环境污染,其他。

(6)研究开发项目进展阶段。研究阶段、小试阶段、中试阶段、试生产阶段。

(7)项目研究开发人员。改革前,指报告期内企业编入某研发项目组并实际从事(参与)研发活动的人员。若专职负责项目管理并且是某些项目组的成员或某人同时担负几个研发项目的研究任务,则按其最主要的项目填报,其他项目免填。该指标可以为零。改革后,指报告期内编入研究开发项目并实际从事研究开发活动的人员,该指标应与企业有关研究开发会计科目或辅助账中人员人工费子科目里参加该项目人员对应。若研究开发人员同时参加两个及以上研究开发项目,可重复填报。该指标应大于零。

(8)项目人员实际工作时间。改革前,指报告期内项目组人员实际工作的时间,按月计算。同时参加两个及以上项目的人员,应按项目分别计算工作时间,但一人在报告期内的实际工作时间不得超过 12 个月。改革后,指报告期内研究开发项目中研究开发人员实际工作的时间总和,按月计算。同时可以超过 12 个月。如某研究开发项目有 2 个研究开发人员,他们的工作时间分别为 7 个月和 10 个月,则该项目人员实际工作时间$=1\times 7+1\times 10=17$ 个月。

(9)政府资金。改革前,指报告期内企业某研发项目中使用的从政府有关部门得到的研发活动资金,包括纳入国家计划的中间试验费、政府科技贷款等。改革后,指报告期内研究开发项目中使用的从政府有关部门获得的研究开发经费合计,包括科技专项费、科研基建费、政府专项基金和补贴等。

(10)管理和服务人员。其指报告期内企业研究开发人员中主要从事项目管理和为项目提供直接服务的人员。管理人员包括企业主管研究开发项目工作的负责人,企业研究开发活动管理部门(科研管理处、部、科等)的工作人员,以及企业办技术中心、科研院(所)、中试车间、试验基地、实验室等的管理人员;服务人员包括为研究开发活动提供资料文献、材料供应、设备维护等服务的人员(含中试车间、实验室、试验基地等的工人)和提供资料文献、材料供应、设备维护等服务的人员(含中试车间、实验室、试验基地等的工人)。

(11) R&D 经费内部支出按资金来源划分为政府资金、企业资金、境外资金和其他资金。

1) 政府资金是指 R&D 经费内部支出中来自各级政府财政的各类资金,包括财政科学技术支出和财政其他功能支出的资金用于 R&D 活动的实际支出。

2) 企业资金是指 R&D 经费内部支出中来自企业的各类资金。对企业而言,企业资金指企业自有资金、接受其他企业委托开展 R&D 活动而获得的资金,以及从金融机构贷款获得的开展 R&D 活动的资金;对科研院所、高校等事业单位而言,企业资金指因接受企业委托开展 R&D 活动而获得的各类资金。

3) 境外资金是指 R&D 经费内部支出中来自境外(包括我国香港、澳门、台湾地区)的企业、研究机构、大学、国际组织、民间组织、金融机构及政府的资金。

4) 其他资金是指 R&D 经费内部支出中从上述渠道以外获得的用于 R&D 活动的资金,包括来自民间非营利机构的资助和个人捐赠等。

2.6.3 科研项目经费支出界定

研究开发费用指报告期内企业用于研究开发活动的费用合计,包括人员人工费用、直接投入费用、折旧费用与长期待摊费用、无形资产摊销费用、设计费用、装备调试费用与试验费用、委托外部研究开发费用及其他费用。该指标应与企业有关研究开发会计科目或辅助账中研究开发费用对应。研究开发费用仅是项目科研经费投入的一部分。具体内容见《研究与试验发展(R&D)投入统计规范(试行)》的通知(国统字〔2019〕47 号文件)。统计口径下企业研发投入核算范围和内容见表 2-2。

表 2-2 统计口径下企业研发投入核算范围和内容

支出科目	内容	备注
一、日常性支出	报告期调查单位为实施 R&D 活动发生的、可在当期直接作为费用计入成本的支出	
1.人员劳务费	报告期调查单位为实施 R&D 活动以货币或实物形式直接或间接支付给 R&D 人员的劳动报酬及各种费用,包括工资、奖金、所有相关费用和福利。非全时人员劳务费应按其从事 R&D 活动实际工作时间进行折算	人工费用

续 表

支出科目	内容	备注
2.其他日常性支出	报告期调查单位为实施R&D活动而购置的原材料、燃料、动力、工器具等低值易耗品,以及各种相关直接或间接的管理和服务等支出。为R&D活动提供间接服务的人员费用包括在内	直接投入费用、折旧费用与长期待摊费用、无形资产摊销费用、设计费用、装备调试费用与试验费用、委托外部研究开发费用及其他费用
二、资产性支出	报告期调查单位为实施R&D活动而进行固定资产建造、购置、改扩建及大修理等的支出,包括土地与建筑物支出、仪器与设备支出、资本化的计算机软件支出、专利和专有技术支出等。对于R&D活动与非R&D活动(生产活动、教学活动等)共用的建筑物、仪器与设备等,应按使用面积、时间等进行合理分摊	
土地与建筑物支出	报告期调查单位为实施R&D活动而购置土地(例如测试场地、实验室和中试工厂用地)、建造或购买建筑物而发生的支出,包括大规模扩建、改建和大修理发生的支出	与科研立项批复相关

通过以上分析,统计框架体系与财务框架体系联系与区别如图 2-1 所示。

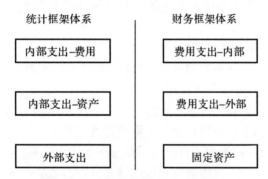

图 2-1 统计框架体系与财务框架体系

2.7 高新技术企业认定中的研发费用定义

2.7.1 相关文件和定义

为扶持和鼓励高新技术企业发展,根据《中华人民共和国企业所得税法》(以下简称《企业所得税法》)、《中华人民共和国企业所得税法实施条例》(以下简称《实施条例》)有关规定,

2016年1月29日,国家科技部、财政部、国家税务总局联合印发修订后的《高新技术企业认定管理办法》。该办法所称的高新技术企业是指在国家重点支持的高新技术领域内,持续进行研究开发与技术成果转化,形成企业核心自主知识产权,并以此为基础开展经营活动,在中国境内(不包括港、澳、台地区)注册的居民企业。

国家重点支持的高新技术领域,包括电子信息、生物与新医药、航空航天、新材料、高技术服务、新能源与节能、资源与环境、先进制造与自动化等。

2016年6月27日,科技部、财政部、国家税务总局修订印发了《高新技术企业认定管理工作指引》(以下简称《工作指引》)(国科发火〔2016〕195号),企业研究开发活动是指为获得科学与技术(不包括社会科学、艺术或人文学)新知识,创造性运用科学技术新知识,或实质性改进技术、产品(服务)、工艺而持续进行的具有明确目标的活动。不包括企业对产品(服务)的常规性升级或对某项科研成果直接应用等活动(如直接采用新的材料、装置、产品、服务、工艺或知识等)。

2.7.2 研究开发费用的归集范围

研究开发费用的归集范围:

(1)人员人工费用。它包括企业科技人员的工资薪金、基本养老保险费、基本医疗保险费、失业保险费、工伤保险费、生育保险费和住房公积金,以及外聘科技人员的劳务费用。

(2)直接投入费用。其指企业为实施研究开发活动而实际发生的相关支出,包括以下几点:

1)直接消耗的材料、燃料和动力费用;

2)用于中间试验和产品试制的模具、工艺装备开发及制造费,不构成固定资产的样品、样机及一般测试手段购置费,试制产品的检验费;

3)用于研究开发活动的仪器和设备的运行维护、调整、检验、检测、维修等费用,以及通过经营租赁方式租入的用于研发活动的固定资产租赁费。

(3)折旧费用与长期待摊费用。折旧费用是指用于研究开发活动的仪器、设备和在用建筑物的折旧费。长期待摊费用是指研发设施的改建、改装、装修和修理过程中发生的长期待摊费用。

(4)无形资产摊销费用。其指用于研究开发活动的软件、知识产权、非专利技术(专有技术、许可证、设计和计算方法等)的摊销费用。

(5)设计费用。其指为新产品和新工艺进行构思、开发和制造,进行工序、技术规范、规程制定、操作特性方面的设计等发生的费用,包括为获得创新性、创意性、突破性产品进行的创意设计活动发生的相关费用。

(6)装备调试费用与试验费用。装备调试费用是指工装准备过程中研究开发活动所发生的费用,包括研制特殊、专用的生产机器,改变生产和质量控制程序,制定新方法及标准等活动所发生的费用。为大规模批量化和商业化生产所进行的常规性工装准备与工业工程发生的费用不能计入归集范围。

试验费用包括新药研制的临床试验费,勘探开发技术的现场试验费,田间试验费等。

(7)委托外部研究开发费用。其指企业委托境内外其他机构或个人进行研究开发活动所发生的费用(研究开发活动成果为委托方企业拥有,且与该企业的主要经营业务紧密相关)。委托外部研究开发费用的实际发生额应按照独立交易原则确定,按照实际发生额的80%计入委托方研发费用总额。

(8)其他费用。其指上述费用之外与研究开发活动直接相关的其他费用,包括技术图书资料费、资料翻译费、专家咨询费、高新科技研发保险费,研发成果的检索、论证、评审、鉴定、验收费用,知识产权的申请费、注册费、代理费,会议费、差旅费、通信费等。此项费用一般不得超过研究开发总费用的20%,另有规定的除外。

(1)~(8)项之和为高新技术认证企业在中国境内发生的研究开发费用总额。企业在中国境内发生的研究开发费用是指企业内部研究开发活动实际支出的全部费用与委托境内其他机构或个人进行的研究开发活动所支出的费用之和,不包括委托境外机构或个人完成的研究开发活动所发生的费用。受托研发的境外机构是指依照外国和地区(含我国港、澳、台地区)法律成立的企业和其他取得收入的组织;受托研发的境外个人是指外籍(含我国港、澳、台地区籍)个人。企业在中国境内发生的研究开发费用总额占全部研究开发费用总额的比例不低于60%。

2.7.3 企业研究开发费用归集办法

企业的研究开发费用正确归集是以单个研发活动为基本单位分别并加总计算的。企业应对包括直接研究开发活动和可以计入的间接研究开发活动所发生的费用进行归集,并填写《高新技术企业认定申请书》中的"企业年度研究开发费用结构明细表"。企业应按照"企业年度研究开发费用结构明细表"设置高新技术企业认定专用研究开发费用辅助核算账目,提供相关凭证及明细表,按《工作指引》要求进行核算,并采用列举法界定核算范围和内容见表2-3。

表2-3 高新技术企业认定口径中的企业研发费用核算范围和内容

序号	内容	备注
一	企业科技人员人工费用	
1	工资、薪金所得(个人因任职或者受雇而取得的工资、薪金、奖金、年终加薪、劳动分红、津贴、补贴及与任职或者受雇有关的其他所得)	企业科技人员是指直接从事研发和相关技术创新活动,以及专门从事上述活动的管理和提供直接技术服务的,累计实际工作时间在183天以上的人员,包括在职、兼职和临时聘用人员
2	社会保险费(包括基本养老、医疗和失业、工伤、生育保险费)	
3	住房公积金	
4	外聘科技人员劳务费	
二	直接投入费用	

续 表

序号	内容	备注
5	直接消耗的材料和动力费用	直接投入费用是指企业为实施研究开发活动而实际发生的相关支出
6	用于中间试验和产品试制的模具、工艺装备开发及制造费	
7	不构成固定资产的样品、样机及一般测试手段购置费,试制产品的检验费	
8	用于研究开发活动的仪器、设备的运行维护、调整、检验、检测、维修等费用	
9	通过经营租赁方式租入的用于研发活动的固定资产租赁费	
三	折旧费用与长期待摊费用	
10	折旧费用是指用于研究开发活动的仪器、设备和在用建筑物的折旧费	用于研发活动的设施所发生的此类费用
11	长期待摊费用是指研发设施的改建、改装、装修和修理过程中发生的长期待摊费用	
四	设计费用	
12	为新产品和新工艺进行构思、开发和制造,进行工序、技术规范、规程制定、操作特性方面的设计等发生的费用,包括为获得创新性、创意性、突破性产品进行的创意设计活动发生的相关费用	
五	装备调试费用	
13	工装准备过程中研究开发活动所发生的费用,包括研制特殊、专用的生产机器,改变生产和质量控制程序,或制定新方法及标准等活动所发生的费用	为大规模批量化和商业化生产所进行的常规性工装准备和工业工程发生的费用不能计入
六	试验费用	
14	新药研制的临床试验费、勘探开发技术的现场试验费、田间试验费等。	
七	无形资产摊销费用	
15	用于研究开发活动的软件、知识产权、非专利技术(专有技术、许可证、设计和计算方法等)的摊销费用	

续 表

序号	内容	备注
八	委托外部研究开发费用	
16	企业委托境内外其他机构或个人进行研究开发活动所发生的费用（研究开发活动成果为委托方企业拥有,且与该企业的主要经营业务紧密相关）	委托外部研究开发费用的实际发生额应按照独立交易原则确定,按照实际发生额的80%计入委托方研发费用总额
九	其他费用	
17	研发成果的检索、论证、评审、鉴定、验收等费用	与研发活动直接相关的其他费用,此费用一般不得超过研究开发总费用的20%
18	知识产权的申请费、注册费、代理费	
19	技术图书资料费、资料翻译费	
20	专家咨询费	
21	高新科技研发保险费	
22	会议费	
23	差旅费	
24	通讯费	

2.8 科研项目研发费用与其他相关概念的区别与联系

2.8.1 研发费用

根据《工作指引》和《关于完善研究开发费用税前加计扣除政策的通知》(财税〔2015〕119号),研发费用为企业持续进行研究开发与技术成果转化,形成企业核心自主知识产权,并以此为基础开展经营活动而产生的研发费用。其特点:有直接的效果;自行研制新材料、新产品、新工艺;支出范围比较广,形成新产品、无形资产;时间跨度大,连续性强。

《财政部关于企业加强研发费用财务管理的若干意见》(财企〔2007〕194号)、《财政部关于企业加强研发费用财务管理的若干意见》(财企〔2007〕19号)所称企业研发费用(即原"技术开发费"),指企业在产品、技术、材料、工艺、标准的研究、开发过程中发生的各项费用,包括以下几点:

(1) 研发活动直接消耗的材料、燃料和动力费用。
(2) 企业在职研发人员的工资、奖金、津贴、补贴、社会保险费、住房公积金等人工费用,以及外聘研发人员的劳务费用。
(3) 用于研发活动的仪器、设备、房屋等固定资产的折旧费或租赁费以及相关固定资产的运行维护、维修等费用。

（4）用于研发活动的软件、专利权、非专利技术等无形资产的摊销费用。

（5）用于中间试验和产品试制的模具、工艺装备开发及制造费，设备调整及检验费，样品、样机及一般测试手段购置费，试制产品的检验费等。

（6）研发成果的论证、评审、验收、评估，以及知识产权的申请费、注册费、代理费等费用。

（7）通过外包、合作研发等方式，委托其他单位、个人或者与之合作进行研发而支付的费用。

（8）与研发活动直接相关的其他费用，包括技术图书资料费、资料翻译费、会议费、差旅费、办公费、外事费、研发人员培训费、培养费、专家咨询费、高新科技研发保险费用等。

2.8.2　科技投入

科技投入是用于开展科技活动的全部支出。结合我国国情，科技活动的全部内容应包括研究与发展活动、科技成果的转化与应用活动、科技服务活动三大部分。其中研究与发展活动包括基础研究、应用研究和试验发展，科技成果的转化与应用活动包括设计与试制、小批试制、工业性试验等，科技服务活动包括计量、标准、统计等。科技投入主要包括劳务费、科研业务费、科研管理费、非基建投资购建的固定资产，科研基建支出及其他用于科技活动支出；不包括生产性活动支出、归还贷款支出及转拨外单位支出。

2.8.3　技改投入

技改投入是指企业为了技术进步，增加产品产量，提高产品质量，增加产品品种，促进产品升级换代，节约能源降低消耗和成本，加强资源综合利用和"三废"治理及劳保安全等，采用新技术、新工艺、新设备、新材料等，对现有设施、工艺条件等进行技术改造和更新，以促进增益为主要目的。其特征为：购买别人的产品，利用别人的技术武装自己；直接购入成为固定资产；不具有收益性，不属于科技创新的范畴；非企业常态投入活动，投入资金、时间比较集中；不能享受税收优惠。

2.8.4　创新投入

创新投入是在衡量企业创新能力时使用较多的说法，没有具体的概念描述。创新投入主要包括研发人员、研发经费和研发设施条件等。研发经费支出及其增长，研发经费强度（研发经费支出与主营业务收入之比）是衡量企业创新投入情况的重要指标。从其实质来看，创新投入最终还是量化表现为对研发费用的核算。

科技投入与研发费用、创新投入相比，范围比较大，基本包含了研发费用和创新投入的内容。目前中央财政和地方财政支持的项目都是按照科技投入进行统计和汇总。这几个概念的共性是：科技投入、研发费用、技改投入及创新投入都是技术性的投入。技术改造与科技投入、研发费用以及创新投入本质区别在于其不是科技创新活动的投入，技术改造主要是企业生产环节设备的更新换代。

第3章 会计师事务所审计人员应了解国内外科研经费投入情况

3.1 调查问卷

课题组面向社会发放调查问卷 100 份,收回 100 份,调查结果见表 3-1。

表 3-1 调查问卷内容及结果

调查内容	发放调查问卷	收回调查问卷	调查结果			
			了解	基本了解	不了解	未回答
是否了解中美研发经费投入总额的差异	100 份	100 份	5 份	50 份	35 份	10 份
是否了解国际科技创新能力的差异	100 份	100 份	10 份	52 份	34 份	4 份
是否了解中美研发经费的来源和执行的差异情况	100 份	100 份	8 份	20 份	57 份	15 份
是否了解我国整体与世界先进国家的差距	100 份	100 份	6 份	42 份	40 份	12 份

通过以上调查问卷,可以发现部分审计人员不了解世界科技发展状态,不了解中美及世界科技发达国家科技创新能力的差异,不了解中美及世界科技发达国家研发经费投入总额方面的差异,不了解研发投入在国家战略层面的重要性,不了解国家领导人重视科技发展的思想,审计人员站位不高,视野不宽。要想高水平地审计科研经费,必须具有一定的科学知识素养。

3.2 世界科技强国科研经费投入量对比

按照购买加评价法(Purchasing Powor Party,PPP)换算,从图 3-1 可以看出,2016 年我国(由于数据获取方面的原因,本书中我国研发经费仅涉及我国境内地区,不涉及香港、澳门和台湾地区)研发经费为4 510亿美元,是美国(5 111亿美元)的88.00%;2007—2016年,我国研发累计经费投入为2.77万亿美元,为美国(4.41万亿)的63.00%;1991—2016年,我国研发累计经费投入为3.35万亿美元,为美国(8.25万亿)的41.00%。

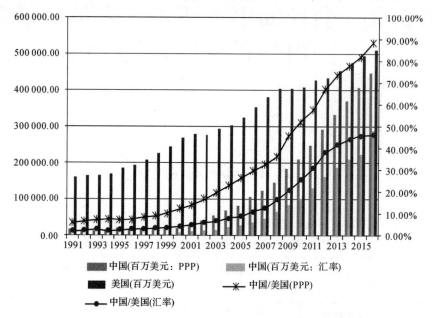

图3-1 1991-2016年基于PPP的汇率的中美研发经费对比

如果按照汇率换算,2016年我国研发经费为2 359亿美元,是美国的46.00%;2007—2016年,我国研发经费累计投入为1.47万亿美元,为美国的33.00%;1991—2016年,我国研发经费累计投入为1.66万亿美元,为美国的20%。从图3-2可以看出,我国的研发经费在2000年以前一直很少,但进入21世纪之后开始快速提升。这一方面与经济的快速增长密切相关,另一方面与全社会对科技创新的重视也有很大关系。2006年我国发布了《中长期科技发展规划纲要(2006—2012)》之后,社会各界的科技创新热情高涨,投入的研发经费也大大提高。

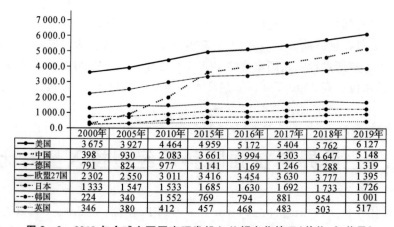

图3-2 2019年全球主要国家研发投入总额变化情况(单位:亿美元)

以上资料反映了我国科研投入由低转高的过程,说明国家顶层决策把"增强自主创新能力作为调整产业结构、转变增长方式的中心环节",作为硬道理的发展思路。

3.3 世界科技强国科研经费研发强度的差异

研发强度是指研发经费占GDP的份额,该数值表示一个国家愿意把多少资源用于研发工作,反映了整个国家和社会对科技的重视程度。研发强度超出经济增长负担能力的过高投入会导致研发活动不可维系,不能支撑经济发展;而过低的研发投入则会制约国家竞争力的提高。

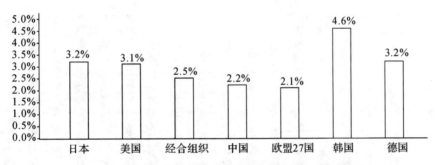

图3-3 2019年全球主要国家研发投入占GDP比重情况

从全球研发强度来看(见图3-3),根据经济合作与发展组织(Organization for Economic Co-operation and Development,OECD)在2021年3月18日公布的数据显示,2019年经合组织研发支出增长4.00%,研发强度则从2018年的2.40%增长至近2.50%。从各国来看,大多数经合组织国家的研发强度普遍有所增长,其中美国首次突破3.00%,我国则从2.10%增长至2.20%,韩国研发强度达到了4.60%,研发强度最高;相比之下,欧盟27国普遍较小,为2.10%。

3.4 中美研发经费来源的差异

研发经费主要来源于政府、企业、民间其他组织和个人,以及国外。一般来说,工业化早期的研发经费主要由政府筹集,随着企业逐渐成为技术创新主体,研发经费来源中的政府占比不断减小。从来自政府的资金看,2000—2016年,我国研发经费中来自政府的资金所占比例整体呈现下降趋势,从33.40%降至20.00%,美国则相对稳定,2000—2009年保持在26.00%~32.00%之间,2009年开始下降,到2016年降至25.10%;从来自企业的资金看,我国研发经费中来自企业的资金所占比例不断提升,从57.60%升至76.10%,美国的此数据则稳中有降,从69.00%降至62.00%(2009年由于金融危机降至57.90%,之后又缓慢升至62.00%);从来自其他渠道的资金看,我国研发经费中来自国内其他渠道的资金所占份额不断下降,从6.40%降至3.20%,美国的该数据则保持上升的势头,从5.80%提高至

6.40%,我国研发经费中来自国外的资金所占比例呈下降趋势,而美国呈上升趋势。

2016年,我国研发经费中来自政府的资金占20.00%,来自企业的占76.00%,来自国内其他的占3.30%,来自国外的占0.70%;美国研发经费中来自政府的资金占25.10%,来自企业的占62.30%,来自国内其他的占7.40%,来自国外的资金占5.20%(见图3-4、图3-5)。从数据可以看出,美国研发资金的来源更为多元化和均衡,形成了以企业为主体,政府发挥引导作用,国内其他来源和国外资金有效补充的局面。相较而言,我国研发资金的来源则不够均衡,来自企业的资金所占份额过多,来自政府的资金所占份额偏低,慈善基金、信托基金及个人捐款缺乏。当然,由于统计口径、财务报告制度及企业研发经费落实不到位等原因,我国企业投入的研发资金存在被高估的可能性,但是,即便刨除这部分高估的资金,我国企业投入的资金在当前的发展阶段(企业的科技创新能力不足)仍然显得有些过高。

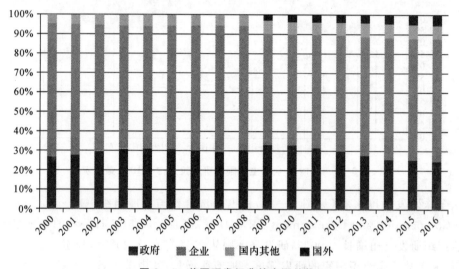

图3-4 美国研发经费的来源结构

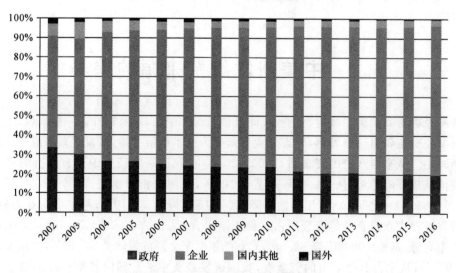

图3-5 中国研发经费的来源结构

政府研发资金主要用于基础性、公益性和国家战略性领域的研发工作,在企业创新能力较弱或者缺乏资金的阶段,各国政府往往会加大研发投入。1981年(当时企业创新能力相对较弱,投资研发的意愿也不高),美国、英国和法国的政府研发资金占全国研发经费的份额均达到了近50.00%;此外,在2008年发生全球金融危机企业遭受重创后,经合组织国家等大都增加了财政研发投入。当前,我国企业的科技创新能力较美国企业要低,我国研发经费中来自政府渠道的资金所占份额应高于美国的此数值,而实际情况是我国比美国低5.00%。因此,我国政府应增加财政拨款中研发拨款的比例。

私营非营利机构、慈善基金、信托基金等随着社会的发展已经成为研发经费的来源渠道之一。美国由于制定了优厚的税收优惠政策,很多企业和个人愿意把巨大的资金投入慈善和信托基金,从而使其成为研发资金的重要来源。当前,我国私营非营利机构和慈善组织的力量还比较薄弱,其投入的研发资金占全国研发经费的份额仅为3.30%,不足美国(7.40%)的一半。为此,我国应该制定和完善税收优惠等相关措施,促进非营利私营机构和慈善基金等组织的发展,使其成为研发投资的重要来源之一。

3.5 中美研发经费投入的差异

研发经费的主要投入单位包括企业、政府科研机构、高校等研发活动主体。从企业投入主体看,2000—2016年,我国企业投入的研发经费在全社会研发经费中所占份额呈现增加的趋势,从60.00%增加至77.00%,美国则从74.00%缓慢降至71.00%;从政府研发机构投入主体看,我国从31.00%降至16.00%,美国则稳定在11.00%~12.00%之间;从高校执行主体看,我国在7.00%~10.00%之间,美国在11.00%~14.00%之间;从私营非营利机构投入主体看,我国的此数据几乎为零,而美国的此数据则稳定在4.00%左右(见图3-6、图3-7)。在此期间,我国的一些科研机构转制为企业,这导致企业执行研发经费所占份额的增加和政府研发机构执行经费所占份额的减少。

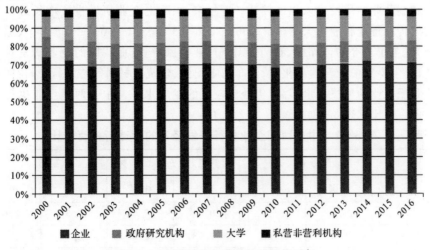

图3-6 美国研发经费的执行结构(%)

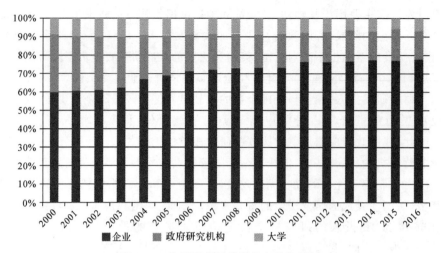

图 3-7 中国研发经费的执行结构(%)

2016年,美国企业投入的研发经费所占份额为71.20%,政府科研机构为11.60%,高校为13.20%,私营非营利机构为4.00%;我国企业投入的研发经费所占份额为77.50%,政府科研机构为15.70%,高校为6.80%。从数据中可以看出,我国政府科研机构执行的研发经费高于美国政府科研机构,这是由于中国科学院执行的研发经费被归为政府科研机构所致。此外,我国私营非营利机构的力量非常薄弱,因此,其执行的研发经费为零。实际上,美国私营非营利机构的发展与美国的政策设计有关,美国政府规定,个人以及企事业单位向特定类型的非营利机构捐款,可免缴该部分款项的所得税,该政策无形之中促进了美国私营非营利机构的发展,从而促使其成为美国研发工作的一支重要力量。

从企业投入研发的主要领域来看,美国主要集中于服务业、制药业、计算机、电子和光学等高技术产业,2015年其所占的份额分别为32.00%、16.00%和20.00%,而我国这几个产业所占的份额分别为6.00%(2012年)、4.00%、16.00%。从数据可以看出,除了计算机、电子和光学产业外,我国的服务业和制药业与美国存在较大的差距,这在一定程度上说明了我国服务业和制药业的研发投入强度较低。近年来,国际上企业研发投资增长最快的产业逐渐由早前的传统行业石油与天然气(2006—2008年)、银行(2009—2011年)、建筑与材料(2013年)变为了当今的计算机、制药等新兴产业和服务业,而我国的企业研发除了信息通信产业外,仍主要集中于石油与化工、汽车与零配件、建筑与材料等传统行业,说明我国在高技术产业和服务业的科技含量不高,仍处于较低的发展水平。中美两国企业执行研发经费的领域所占百分比见表3-2。

表3-2 中美两国企业执行研发经费的领域所占百分比

年份	服务业/%		计算机、电子和光学/%		制药/%	
	美国	中国	美国	中国	美国	中国
2008	28.85	6.31	20.80	17.04	16.56	3.04
2009	29.81	7.68	19.98	15.90	15.91	3.17

续表

年份	服务业/%		计算机、电子和光学/%		制药/%	
	美国	中国	美国	中国	美国	中国
2010	28.04	6.27	21.46	16.07	17.71	3.21
2011	30.21	6.42	21.32	16.14	15.62	3.21
2012	29.75	6.34	21.53	15.15	15.93	3.61
2013	29.92	…	20.84	15.45	16.25	3.83
2014	30.14	…	21.69	15.52	16.62	3.88
2015	32.23	20.27	16.47	16.49	4.06	…
2016	…	…	…	16.44	…	4.02

3.6 中美研发经费在不同研发活动类型中的分配情况

研发工作分为基础研究、应用研究和试验发展三种活动类型。2015 年,美国基础研究、应用研究和试验发展占研发经费的份额分别为 16.90%、19.60% 和 63.50%,我国的相应数据为 5.10%、10.80% 和 84.20%。

基础研究是人类认识自然规律的基本途径,是科技创新的源泉,事关一个国家科技的长远和未来。一个国家的科技竞争力越强,对基础研究的重视程度越高,投入的基础研究经费也越多。近年来,美国基础研究占研发经费的份额一直稳定在 15.00% 以上,2016 年为 16.90%;我国的该数值则一直保持在 5.00% 左右这一较低水平,约为美国的三分之一。我国要实现对发达国家的追赶,不能只关注研发活动的规模,更要注重基础研究、应用研究和试验发展之间的比例协调,尤其要加大基础研究投入,提高原始创新能力。中美两国基础研究占研发经费的份额见表 3-3。

表 3-3 中美两国基础研究占研发经费的份额

年份	美国/%	中国/%
2000	15.86	5.22
2001	17.03	5.33
2002	18.54	5.73
2003	19.09	5.69
2004	18.89	5.96
2005	18.69	5.36
2006	17.83	5.19
2007	17.89	47

续 表

年份	美国/%	中国/%
2008	17.71	4.78
2009	18.15	4.66
2010	18.31	4.59
2011	17.39	4.74
2012	16.87	4.84
2013	17.26	4.68
2014	17.22	4.71
2015	16.81	5.05
2016	16.89	5.25
2017	——	

当然,我国基础研究经费也存在被低估的可能。我国高校是基础研究的主要承担者,研发经费统计工作一般由科研管理部门负责,其对科研项目以外的经费使用情况不是十分了解,导致部分高校对间接用于研发活动的管理费、服务费等未按比例分摊到研发经费中。此外,我国"985工程""211工程"等相关专项经费未列入研发经费,因为这些专项经费早期用于研发活动的并不多,主要用于高校基本条件和基本设施的建设,但近几年用于研发的经费越来越多,包括研究平台和基地建设以及相关的科研课题。因此,我国高校研发经费总量被低估,这也导致我国基础研究经费被低估。但即使加上被低估的部分,我国基础研究占研发经费的份额也要比美国低很多。

3.7 中美研发经费中的人力成本情况

研发经费主要用于人力、会议、差旅、仪器设备、实验室等相关费用,其中人力支出在研发经费中所占份额的高低反映了一个国家对于科研人员的重视程度。近年来,随着我国劳动力成本的不断提高,我国研发人员支出占研发经费的比例也在随之增加,从2003年的25.00%提高到2015年的28.00%。但即使如此,我国研发人员支出占研发经费的比例较美国差距很大,美国人力支出在研发经费中所占份额2015年为66.00%。这说明我国研发经费更多地用于除人力资源外的其他地方,反映了整个国家对于科研人员的重视不足。值得关注的是,我国人力支出在研发经费中所占份额不仅远低于美国、法国(61.00%)、德国(60.00%)、日本(38.00%)、韩国(43.00%)等发达国家,也远低于俄罗斯(55.00%)和南非(57.00%)等发展中国家(见图3-8)。

第 3 章　会计师事务所审计人员应了解国内外科研经费投入情况

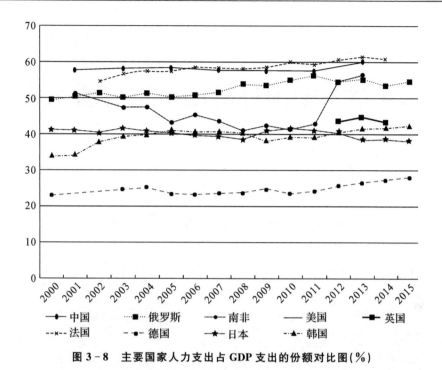

图 3-8　主要国家人力支出占 GDP 支出的份额对比图(%)

　　我国中央(地方)财政资金来源的科研项目不允许列支在职人员的工资奖金,影响了人力成本的所占比例。如果把中央(地方)财政资金来源的科研项目中的工资奖金计算其中,差距应该会减少。近几年,中央(地方)财政资金来源的科研项目加大了科研人员的绩效考核,提高了奖励幅度,相信这一差距会越来越小。

第4章　中国科研创新发展新态势

4.1　基础理论研究方面

我国科技实力,随着经济发展和投入研发资金的加大而不断增强,近几年我国科技产出基本处于井喷状态。

2017年11月14日,科睿唯安(Clarivate Analytics)公司在线公布了全球2017年"高被引科学家"名单。

近十一年(2005—2015)被收录的全部自然和社会科学领域,排名在前1%的论文被定为该领域的"高被引论文",一共筛出13.4832万篇。相应地,这些论文的作者则入选该学科领域的"高被引科学家",全球总共3538人入选,我国有249人入选,增速是最快的,达到了41%,总人数位居世界第三。美国"高被引科学家"有1644人入选,是中国的7倍。

中国科技部科学技术信息研究所2017年11月发布的数据,统计各学科论文在2007—2017年10月被引用次数处于世界前1%的"高被引论文"。美国的"高被引论文"数为69976篇,仍居第一位;英国的"高被引论文"数为25880篇,居第二位;我国"高被引论文"为20131篇,居第三位,占世界份额为14.70%,数量比2016年增加了18.70%,继续保持最快的增速。美国是我国的3.50倍,当然这是2007—2017年的十一年数据,由于我国科技产出是前低后高的增长态势,因此单看2017年肯定就不是3.50倍了。

2021年公布的"高被引科学家"名单,来自全球70多个国家和地区的6602人入选"高被引科学家"名单,其中3774人来自特定学科,2828人来自跨学科领域。我国内地排名第二,共有935人入选,占比14.20%,远高于2018年的7.90%。

和科研产出井喷对应的,是我国科技投入的不断加大,2013年我国R&D投入是11846.60亿元,2017年是17500.00亿元,四年增长47.70%,稳居世界第二位,按照2016年6.75的汇率计算,就是2592.60亿美元。2016年美国R&D投入占经济总量的2.744%,而当年美国GDP总量为18.57万亿美元,这样折算美国当年科技投入是5095.70亿美元,是我国的大约2倍。从上面的数据我们很容易看出,科技的产出和投入基本上呈正比关系,投入的资金越多,则科技实力越强。

我国科技投入总额也在迅猛增加。虽然和美国还存在"巨大的差距""漫长的道路",但是我国每一年这个"道路"和"差距"都在不断缩小。

从每年我国的十大科技进展看,我国很多科技已在全世界的最前面。很多中国企业在竞争中不断击败发达国家同行,例如锂聚合物电池的新能源科技有限公司(Amperex Technology Limited,ATL),安防的海康威视,比特大陆的矿机芯片,万华化学的MDI,巨石集团的玻璃纤维,都在各自行业登顶世界第一。

巨石集团和另外几家中国同行一起占领了全球大部分玻璃纤维市场。该公司2017年的净利润率高达24.86%,比百度这样的互联网公司都高,堪称制造业典范。

我国近年经济实力和科技实力进步是全球最快的。发展科技,最重要的有两个,一个是足够的资金,一个是优秀的人才。这两个最关键的事情解决了,主要矛盾和障碍就消除了。我国的半导体产业就是典型。2014年国家大基金成立后,集成电路上升成为国家战略,资金投入量明显放大。这几年我国集成电路产业明显加速,各种名校校园招聘中集成电路企业越来越多,同时大量引进韩国、日本、美国等半导体人才。各个领域都开始有实力公司成型,我国年销售过亿元人民币的芯片公司2016年是161家,到2017年就变成了191家。我国半导体从2014年以来加速发展,是加大资金和政策投入的结果,是我国集成电路行业从业人员工匠精神结果。美国半导体产业全球领先原因,是美国从第二次世界大战之后就开始高强度地投入半导体产业,距今持续地投入了70多年。美国最大的芯片公司英特尔2017年仅研发投入高达131亿美元,2017年全球研发支出最高的十家半导体公司中美国公司占五家,研发支出占十家公司总和的65.60%。相比之下,我国对半导体的投入和强度远远不够。我们必须坚持国家重大科技项目进行专项技术研发拓宽企业融资渠道,建立顺畅融资机制,提高科研人员福利待遇留住人才,加大国家重点实验室建设力度,推进国家级大科学工程,等等。

4.2 科技创新方面

国际上衡量科技创新的标准很简单,就是看一国通过知识产权从外国获得多少收益,以及为使用外国知识产权付出多少费用。据统计,2016年我国在这两个方面的收入和支出分别为10亿美元和240亿美元,这说明我国科技创新不足且收效甚微,大部分技术依靠从外国购买技术专利。

2017年美国在这两个方面的收入和支出分别是1 280亿美元和480亿美元。说明美国科技创新实力强,引进世界先进技术方面投入充足。美国高通公司仅5G手机芯片专利费一项,每年就从我国用户中净赚300多亿美元。

我国的知识产权费用进出口金额数据来自世界银行,根据世界银行的数据,2016年我国知识产权费用出口和进口分别为11.61亿美元和239.80亿美元。这是国内消费市场崛起和互联网的繁荣,以及版权意识增强的结果。

第一,从境外引进电影、综艺节目、音乐和影视剧的费用猛增,国内现在经常看的来自不同国家的综艺节目,各种好莱坞电影和各种美剧、日剧等,各种App上面的国外音乐和MV,都要支付知识产权费用。尤其是美国好莱坞电影,是版权支付大户,每年支付给美国电影发行商的收入应该在510亿美元左右,各种电影周边衍生品的中国代理商都是要支付版权费用的,比如变形金刚、漫威英雄玩具等。

第二,从中、日、韩和爱尔兰崛起看,知识产权进出口先逆差再顺差是正常现象。专利费用是尊重知识产权的表现,但同时也是西方获取利益的一个工具。后崛起的东亚国家靠制造业赶超西方,要打破西方的壁垒,必然会付出专利代价,毕竟西方人有先发优势。东亚的日本一直到 2003 年知识产权进出口才实现了首次顺差,当年日本出口 122.71 亿美元,进口 110.03 亿美元,而之前一直处于逆差状态。以 1996 年为例,当年日本知识产权进口为 98.29 亿美元,出口为 66.81 亿美元,有大约 31 亿美元的逆差,那是日本经济和人均 GDP 的巅峰时期。韩国是近年来经济增长最快的发达国家之一,2017 年知识产权出口为 71.38 亿美元,进口为 92.54 亿美元,仍旧处于逆差状态。

我国 2017 年知识产权进口费用中,72.60% 来自制造业,而其中很大比重是来自通信行业,其中典型就是高通税。2015 年高通和中国发改委达成协议的收费规则是:对 3G 设备(包括 3G/4G 多模设备)收取 5.00% 的许可费;对 4G 设备如不实施玛分多(Cook Division Multiple Acces,CDMA)或宽带玛多分址(Wideband Code Division Multiple Access,WCDMA)则收取 3.50% 的许可费,许可费基数为设备售价的 65.00%。

由于西方国家先发布局形成了专利壁垒,所以后来的任何制造业企业,都必须向他们缴纳费用。即使是苹果公司,也一样要向高通等公司支付专利费用。苹果公司 2017 年 1 月起诉高通,指控高通收取过高的芯片专利使用费,并拒绝归还承诺退回的 10 亿美元专利使用费,要求暂停向高通支付 iPhone 专利费。实际上根据美国麦格理资本分析师斯林尼·帕杰瑞(Srini Pajjuri)预计,苹果专利费一年 25 亿美元左右,约占据高通总营收的 12.00%。以智能手机和通信设备为例,在过去的十几年,中国品牌厂家实现了对欧洲、美国、日本厂家的替代,大批西方和日本公司退出了世界市场竞争,如索尼、爱立信、黑莓、北电网络、阿尔卡特、朗讯、摩托罗拉、西门子、诺基亚等。

世界知识产权进口费用高的国家,都是先进国家或者强国。2017 年全球知识产权进口费用前 12 名国家见表 4-1。

表 4-1 2017 年全球知识产权进口费用前 12 名　　单位:元

国家	2017 年
爱尔兰	80 324 778 584
荷兰	53 066 156 172
美国	48 353 000 000
中国	28 660 620 255
日本	21 342 110 957
新加坡	19 828 375 907
法国	14 107 114 989
英国	13 301 164 553
德国	12 745 791 496
瑞士	11 425 461 426
加拿大	10 927 619 386
韩国	9 254 000 000

除了中、日、韩制造业的崛起,全球还有一个经典案例,爱尔兰凭借软件产业一举实现经济持续增长,人均 GDP 达到 6.10 万美元。在爱尔兰官方的投资发展局网页上,"爱尔兰开展的业务"就只提到了软件产业。爱尔兰是全球第二大软件出口国,全球十大科技公司有九家在爱尔兰开展战略业务,包括微软、谷歌、苹果和 Facebook。2017 年爱尔兰知识产权费用出口 129.06 亿美元,进口高达 803.25 亿美元,逆差高达 600 多亿美元。

和中、日、韩由于制造业崛起导致知识产权费用进口增加非常类似,爱尔兰因为吸引软件产业大量向该国集中,反而大大增加了该国知识产权费用的进口,爱尔兰不仅是全球知识产权进口费用最高的国家,也是全球知识产权费用逆差最高的国家,是人均六万美元的发达国家,而中国的逆差仅次于爱尔兰,居全球第二位。

第三,随着我国科技创新投入不断加大,知识产权出口金额必然会快速增长。

越是先进国家或者强国,知识产权进口金额越多。但是有一个无法回避的问题是,我国的知识产权出口金额实在太少,与我国的科技地位不相称。目前我国知识产权出口快速增长期已经到来,首先会实现对国外先进中高端产业的替代,先进制造业的研发和制造向我国集中,实现本国产业战胜发达国家同行,攀升至中高端;其次在先进制造业发展中,我国公司逐渐由全面跟跑变为部分领跑,加上我国知识产权保护力度不断加大,我国企业走出去带来的国际专利申请意识不断增强,在我国领跑的部分,必然会开始获取知识产权费用。

以专利合作条约国际专利为例,2017 年我国提交的专利合作条约(Patent Cooperation Treaty,PCT)国际专利申请量达 48 882 件,同比增长 12.50%,超过日本,排名全球第二。申请 PCT 国际专利超过 100 件的中国公司,2016 年仅有 26 家,2017 年增长至 44 家,其中广东欧珀移动通信和深圳市大疆创新同比增长分别达到 142.30%和 46.90%。

4.3 我国科技工作者努力攻克世界难题,取得了骄人成绩

我国科学家自强自信,勇攀世界科技高峰,留下越来越多中国人的足迹。"中国天眼"在工程科学"无人区"的探索,望远镜跨度 500 米,控制精度却要达到 2 毫米,跨过近百次失败,超高耐疲劳钢索终于撑起"中国天眼"的"视网膜"。自落成以来,"中国天眼"发现近 400 颗脉冲星,是同期国际上其他望远镜发现脉冲星总数的 2 倍多。大望远镜能接收百亿光年外的电磁信号,观测申请从境外蜂拥而来……

我国科学家抢先机,为高质量发展注入新动能。广西柳工挖掘机装配厂,生产线繁忙,工人需要配件时,无人搬运车自动提前送到。"以前主要靠模仿,很多技术'形像神不像'。""国产挖掘机结构件的寿命过去总差一截,柳工用 5 年时间攻克难题,技术水平现在可以与国际先进品牌媲美。"5 个全球研发平台、4 个国家级创新基地、超过 1 000 名研发工程师……掌握关键核心技术的柳工,已发展成为总资产超 450 亿元,拥有挖掘机械、铲运机械、农业机械等 13 大类 32 种整机产品线的国际化企业。

我国科技发展强化科技创新和产业链、供应链韧性,发展专精特新中小企业;实施好关键核心技术攻关工程,深入谋划推进"科技创新 2030—重大项目"。全国高新技术企业和科

技型中小企业分别达到27.50万家和22.30万家,加快建设北京、上海、粤港澳3个国际科技创新中心,布局21家国家自主创新示范区和169家高新区,形成一批引领高质量发展的创新增长点、增长极、增长带。5G成功商用,新能源汽车跻身世界前列,人工智能、数字经济发展提速……突围、转型、占先机,自主创新加快融入经济主战场,正在为高质量发展注入蓬勃新动能。

4.4 我国正在缩小与科技发达国家科研经费投入的差距

对比中美两国的研发经费可以看出,美国不仅研发经费累计总量和强度高于我国,还在资金来源结构、经费支出结构以及投入研发活动类型结构等方面都优于我国。"十三五"和现在的"十四五"规划,表明我国正在努力缩小两者差距。

4.4.1 我国正在缩小研发经费投入与美国的差距

从过去20多年的累计研发经费投入来看,我国仅为美国的20.00%～41.00%,如果再加上1991年之前的投入,则中美研发投入差距更大。同时,尽管我国研发强度近年来快速提升,2016年已经提高到2.11%,但随着我国经济进入新常态,增长速度放缓,研发经费的增长速度也会有所降低,因此,我国研发强度要追上美国还需要较长一段时间。与固定资产投资不同,对科学技术的投入具有很强的循环累积效应,现有的科技成果是以往多年科技投入的结果。为此,我国的科技实力与水平要追上美国还需要长期的努力和奋斗。

4.4.2 我国正在均衡研发经费资金来源

由于历史、制度、文化等方面的原因,美国研发经费的来源更为多元化和均衡(来自政府的资金占25.10%,企业占62.30%,国内其他占7.40%,国外占5.20%),而我国则是来自企业的资金所占份额过多,来自政府的资金所占份额偏低,慈善基金、信托基金以及个人捐款缺乏。为此,我国一方面要增加财政研发拨款,另一方面,要通过制定和完善税收措施等相关方式,促进非营利私营机构和慈善基金等组织的发展,使其成为研发投资的重要来源之一。

4.4.3 我国正在改善基础研究经费所占份额偏低现象

当前,我国基础研究在研发经费中所占的份额仅为5.00%,只有美国的三分之一。固然,中美科技所处的阶段不同,很多领域都处于世界前沿的美国会在基础研究上投入更多的资金,而很多领域处于跟随阶段的我国则把更多的资金投入开发阶段。然而,随着我国科技创新能力日益增强,一些领域已经处于国际领先水平,我国也需要增加基础研究的经费,从而更好地探索科技前沿,提升原始创新能力。为此,我们需要动员各方力量加大对基础研究的投入。在政府层面,我国财政科技预算中用于基础研究的比例为19.00%,与美国的数据(22.00%~24.00%)相差不大,继续提升财政科技预算中基础研究比例的空间不大。在企业层面,我国企业研发资金中只有0.10%用于基础研究,较美国的6.00%有较大差距。为此,建议我国政府通过制定和完善税收、金融、产业等方面的政策措施,引导有条件的企业特别是大中型企业加强基础研究投入。

4.4.4 我国正在改变研发经费中人力成本所占比例偏低现象

我国人力支出在研发经费中所占份额不仅远低于美国等发达国家,也远低于俄罗斯等发展中国家。这主要是由于我国科研人员的薪酬较低所致。在美国,科研人员的平均工资为全国平均水平的2倍左右,而我国科研人员的平均工资仅为全国平均水平的1.45倍。当前,我国制订了到2050年建成科技强国的目标,目标的实现关键是要提升科技人员的能力和积极性。在此背景下,建议我国政府制定相应政策,切实提高科技人员的薪酬和收入,形成全社会尊重科研人员的氛围,充分调动科研人员的积极性,从而让我国早日进入科技强国的行列。

4.5 我国科技创新面临的新形势、新挑战和新使命

新发展阶段,我们要构建新发展格局,最关键的是科技的自立自强,但现在产业链不稳、不强、不安全特征还存在。科技创新能力不适应新发展阶段要求的四个主要体现方面分别为原创能力不足、重大原始创新偏少、基础研究相对薄弱和科技领军人才偏少。这就要建构局部的优势,从终端产品的创新转向中间品的创新,从集成创新转向原始创新。

我国科技创新面临新形势和新挑战,新形势就是新的科技革命正在向纵深演进。当今世界正经历百年未有之大变局,大变局的关键变量是新一轮科技革命。新科技革命正在重塑各国竞争力的消长和全球的竞争格局,科技创新也正在成为大国博弈的主战场。新科技革命一主多翼,一条主线是新一代信息网络技术的加快发展,特别是人工智能、物联网、量子通信、区块链等新的信息技术的发展。还有几条辅线,包括生命科学领域的合成生命学、基因编辑、再生医学,生命科学是一条线;再就是以清洁高效可持续为核心的能源技术革命,现在"双碳"领域也需要技术变革的支撑,通过技术创新实现"双碳"目标;另外空天技术研发,天地往返系统领域发展技术创新非常快,发达国家正在抢占宇宙天地。

新科技革命的核心还是数字化、网络化、智能化,当前智能技术的发展正在向人工智能这种自主学习、人机协同、增强智能和基于网络的群体智能方向发展,它正在推动我们产业发展模式和产业生态的深刻变革。无人工厂、黑灯工厂在大量兴起,主要是基于智能技术的深度发展。如果整合到互联网平台上,这就为产业互联网、工业互联网发展创造了条件。

现在一些互联网企业正在向这个领域迈进,有些企业主要是做B(Business,企业)端,不做C(Consumer,客户)端,就是做产业运营。我们过去主要是消费互联网,现在智能技术发

展为产业互联网,为人机共融的智能制造模式创造了条件,推动工业生产向分布式、定制化、大规模定制的制造模式转型。

一些企业产业生态正在发生变化。如果把上下游供应链企业整合到一个平台上以后,就会发现企业的边界的意义已经不大了。以前企业是个生产单位,如果把它整合到一个平台上以后,把不同的生产供需进行重新组合,我们会发现企业的边界在发生根本的变化。如果说"十三五"期间是消费互联网发展的浪潮,涌现了在全球处在领先位置的诸多消费互联网平台(如阿里、腾讯、滴滴、美团、京东,这些都是消费互联网),那么"十四五"期间由于新一代信息技术的发展,极有可能迎来产业互联网的发展新浪潮。有影响的工业互联网的平台已经有一百个,连接的工业设备超过几千万台套,服务的工业企业超过40万家。工业互联网、产业互联网正在以一种新的生产方式登上历史舞台,这就是目前的科技新形势。

新挑战就是争夺科制高点的竞争空前激烈,特别是在科技领域。科技领域将是未来大国博弈竞争的最关键的领域。

新发展阶段我国科技创新的新使命和新任务,是建设社会主义现代化强国,我们要建设社会主义现代化强国必须增强我们的原始创新能力。成为世界经济大国,科技强才是根本,这就必须增强原创能力。因此"十四五"规划把创新放在我国现代化建设全局中的核心地位,把科技自立自强作为国家发展的战略支撑。现代化的核心是科技创新。可见要走向现代化强国,必须增强原始创新能力。

经过过去40多年的发展,特别是党的十八大以后我国科技整体创新水平应该说有了大幅提升,科技实力正在从量的积累迈向质的飞跃,从点的突破迈向系统性提升。今年世界知识产权组织(World Intellectual Property Orgamzation,WIPO)最新创新指数排名,中国跃居到全球第12位,甚至排在日本、以色列、加拿大、奥地利这些国家之前,比去年提升了两位(去年14位,今年12位)。特别是PCT专利,我国向WIPO申请的PCT专利申报量超过了美国,这也突飞猛进。

但是也要看到我们的科技创新能力仍然不适应新发展阶段的要求,主要体现在三个方面。

(1)原创能力不足,重大原始创新偏少。

(2)基础研究相对薄弱,与发达国家差距比较大。我们的原创不足,根本的是基础研究相对薄弱。我们基础研究占R&D的比重,2020年还是6%,发达国家普遍在20%左右,有的国家甚至达到25%,这就决定原创能力。

(3)科技领军人才偏少。我国科技队伍是全世界最大的,但是我国科技领军人才偏少,人才的激励机制还不够健全。我国在产业领域,终端产品、终端设备追赶比较成功,例如核电有国际竞争力,水能机,溪洛渡用的是一百万千瓦级的水能机,西方国家都做不到。例如我国高铁、工程机械、通信设备、5G,都处于国际领先地位。我国这些终端产品,成套设备已经具有国际竞争力水平,但是短板就是关键的零部件、元器件,基础材料这些中间产品,能力还是很弱。中间产品的技术是我国的短板,而中间品对基础研究、底层技术有很高的依赖度。例如芯片,大型设备里面都要用到芯片,基础软件,一些关键原材料这些中间产品有赖于基础科学能力的上升,有赖于底层技术的突破。中间品跟终端产品不一样,终端产品的采购方是千千万万市场主体。因此不仅技术上要有创新,还要有商业上的可行性,也就是性价比要足够强大,即使技术突破了,商业上不具有竞争力也会失败,这是我国科技工作者新发展阶段面临的新的任务。

新发展阶段我们要构建新发展格局,我国现在产业链不稳、不强、不安全特征还存在。中美贸易摩擦以后,由于关税的提高,再加上要素成本的提高,劳动力成本的提高,我国的一部分企业外移,这就是不稳。不强是指我国产业链整体处在价值链中低端,核心零部件精度、稳定性、可靠性、使用寿命,与发达国家差距很大。不安全是指,我国把进口商品目录清单拿来,把资源型产品去掉,留下中间产品进行筛选,按照这三个标准筛选,筛选出86种核心产品,前五大供货方都是发达经济体,市场占有率超过60%,产品进口额超过1亿美元。这是我们国家的短板,因为我们高度依赖国际进口。

我国新发展阶段科技创新的路径选择,需要进行总结。过去我国科技比较长的时间是引进、消化、吸收、再创新,后来提出集成创新。引进、消化、吸收、再创新,意味着我国的创新源头在海外,这是历史原因形成的,因为我国原来技术很落后,没有必要从头做起,可以引进,可以买。但是我国科技发展到今天,在很多领域已经进入到世界前沿,应该参与国际竞争,因此我国的科技创新一定要调整思路和路径。

总结经验教训,我们应该有三个方面的转变。

第一,要从过去技术的追赶方式,从引进、消化、吸收转向建构局部的优势。因为追赶永远都在后面,没有反制能力,只有构建局部优势才可以形成局部的反制。我们现在还做不到全面领先,我们要选择有比较优势的领域,建构局部优势,可以形成局部非对称的反制能力,这就需要强化国家的战略力量,加强关键核心技术的攻关来实现我们的目标。

第二,建构局部的优势,从终端产品的创新转向中间产品的创新。我国终端产品已经具有国际竞争力,但是一些关键的东西诸如原材料、零部件、基础软件,即中间产品还存在差距,中间产品技术迭代更快,专业化程度更高,有很多隐性机制,有很多未知领域去探索,需要长期的技术积累,技术优势一旦形成很难超越。我们需要通过产业基础再造,发挥龙头企业作用,带动中小企业产业链,来突破中间产品的关键技术。

第三,从集成创新转向原始创新,就要在原则创新上有突破,要加强基础研究。"十四五"规划提出基础研究占R&D比重从6%提高到8%,提高应用基础研究比例,要激发人才的创新活力。最关键的是制度创新,制度创新就是科技人员的职务科技成果的产权制度改革,这个是根本。现在我国很多省市企业都在试点,条件越来越成熟,把我国科技人员的潜力充分激发出来,推动我国创新形成一个全新的局面。

第5章 会计师事务所审计人员的历史使命

5.1 要求审计人员政治素养好

审计人员政治站位要高,政治素养要好。科研经费审计人员应了解国家及国家领导人高度重视科技发展,求贤若渴、千金买骨的思想。

会计师事务所审计中央(地方)财政资金科研经费的质量是当前社会重点关注的重要议题。随着世界科技的不断发展,我国科技领域前进的步伐正在快速前进,快于世界上其他任何一个国家。会计师事务所如何为我国科研活动保驾护航,是中介机构研讨的重大课题。

国务院原总理李克强同志曾主持召开国务院常务会议,部署进一步改革完善中央财政科研经费管理,给予科研人员更大经费管理自主权。会议确定了进一步改革完善中央(地方)财政科研经费管理的措施。一是简化预算编制,将预算科目从9个以上精简为3个,将设备费等预算调剂权全部下放给项目承担单位和项目承担人,对基础研究类和人才类项目推行经费包干制。二是加大科研人员激励,提高科研项目间接费用比例,科研项目经费中用于"人"的费用可在50.00%以上,对数学等纯理论基础研究项目,间接费用比例可提高到60.00%。科研单位可将间接费用全部用于绩效支出,扩大劳务费开支范围,由单位缴纳的项目聘用人员社保补助、住房公积金等纳入劳务费列支。科技成果转化现金奖励不受所在单位绩效工资总量限制,不作为核定下一年度绩效工资基数。三是加快项目经费拨付进度,项目任务书签订后30日内,要将经费拨付至承担单位。项目完成后,结余资金留归承担单位使用,用于科研直接支出。从科研经费中列支的国际合作与交流费用不纳入"三公"经费范围。四是创新财政科研经费支持方式。按照国家确定的重点和范围,由领衔科学家自主确定研究课题、科研团队和经费使用。支持新型研发机构实行"预算+负面清单"管理模式,除特殊规定外,财政资金支持产生的科技成果及知识产权由新型研发机构依法取得、自主决定转化及推广应用。五是科研项目由相关方面配备科研财务助理,提供预算编制、报销等专业化服务,减轻科研人员事务性负担。相关人力成本费用可通过项目经费等渠道解决。六是改进科研经费监管,加强事中事后监管,依法依规开展审计监督。会计师事务所和审计人员作为国家创新体系服务支撑的重要力量,如何为科技创新研发至成果转化完整链条提供有效的服务,在服务国家重大需求同时,更好地促进科技活动发展,是一个值得关注的问题。

对于党和人民赋予会计师事务所的历史使命,审计人员对科研经费进行审计,是关乎科学家研发成果质量的重要一环,尤其是对中央(地方)财政资金科研经费审计,是研发经费使用效果的重要保证,更是科技发展的重要保证。

5.2　优化科研经费审计环境

　　以法治化为引领强化外部财会审计监督。会计师事务所以不出报告为前提,从自身做起,依法依规审计,优化科研经费审计。近年来,外部财会审计监督在规范政府收支行为、提高财政资金使用效益和会计信息质量、规范社会经济秩序等方面发挥了重要作用。但同时也应看到,财务舞弊、财经纪律松弛、基层财政乱象等尚未根本扭转。审计应站在新的历史方位和历史起点,以法治化为引领,强化外部财会监督,促进制度优势转化为治理效能。

　　加强内部和外部的财会审计监督,应在全面依法治国战略引领下,提升财会审计监督的法治化水平。财会审计监督促进制度优势转化为治理效能,一个重要前提是清晰界定财会审计监督的法律地位和职能,加快完善财税会计法律制度。财政是国家治理的基础,中央(地方)财政资金是重大科研项目的保证,若缺少法治这个刚性的外壳,国家治理的基础将是脆弱的,科研活动将是无效的或软弱的。放眼当今世界,凡是主张法治的国家,或者科研活动居于世界前列的国家,无一不是把财税法治置于依法治国、依法行政的首位。会计是商业文明的共同语言,科研有效运行有赖于诚信,诚信则首先体现在不做假账。相比之下,我国的财税会计法律不健全,已有的法律也未得到严格执行。与时俱进,加快完善财税会计法律,是夯实党和国家监督科研体系基础的当务之急。提升财税会计的法治水平,这既是强化财会监督的根基,也是实现把权力关进笼子里,防范廉政风险的关键所在。

　　但会计师事务所对科研经费审计,不能事无巨细地提供资料,不能过度索要无关的资料,不能超过收集的资料而不下合适的审计结论,不能内外联手蒙混过关,不能粗枝大叶对付审计报告,而要把详查和抽查相结合,审计依据支撑审计结论,要营造良好的科研经费审计环境。

5.3　审计人员应全面掌握文件精神,努力提高业务水平

　　审计人员应全面掌握有关科研项目管理和科研经费管理文件精神,处理科技人员遇到的科研项目管理和经费问题,审计工作要和科研活动规律结合起来。

　　项目资金管理有关文件,包括中办国办印发的《关于进一步完善中央财政科研项目资金管理等政策的若干意见》(中办发〔2016〕50号),国务院印发的《关于改进加强中央财政科研项目和资金管理的若干意见》(国发〔2014〕11号),国务院印发的《深化中央财政科技计划(专项、基金等)管理改革方案》(国发〔2014〕64号),财政部、科技部印发的《国家重点研发计划资金管理办法》(财教〔2021〕178号),国务院办公厅印发的《关于改革完善中央财政科研经费管理的若干意见》(国办发〔2021〕32号),《国家重点研发计划重点专项资金管理规定》(产发〔2017〕70号)。

有关经费支出管理办法及相关支出标准,包括《中央和国家机关差旅费管理办法》(财行〔2013〕531号),《关于调整中央和国家机关差旅住宿费标准等有关问题的通知》(财行〔2015〕497号),《因公临时出国经费管理办法》(财行〔2013〕516号),《中央和国家机关会议费管理办法》(财行〔2016〕214号),《引进人才专家经费管理实施细则》(外专发〔2010〕87号),《中央财政科研项目专家咨询费管理办法》(财科教〔2017〕128号)。

预算编制相关规定,包括《国家重点研发计划资金管理办法》配套实施细则(国科发资〔2017〕261号),《国家重点研发计划重点专项项目预算编报指南项目预算申报书》,《国家重点研发计划项目预算申报书》填表说明,《国家重点研发计划重点专项项目预算评估规范》等一系列优化科研环境和优化科研经费管理的政策文件与改革措施,审计人员应该细致掌握,符合国家的要求,符合科研活动规律,不偏题,不乱讲,始终围绕和促进科技发展为中心,提高审计业务水平。

5.4 帮助企事业单位科技工作管理者精确灵活掌握政策和法规

科研活动的开展并取得重大科研成果,科技工作者是主要载体,科研工作管理层是科技创造者的护航者,中国注册会计师是对前两者的反映和经费使用合规合理性的鉴定者,应帮助其充分了解政策法规,避免企事业管理层对科研项目申报和实施工作一知半解。

很多科技企事业管理层对科研项目申报和实施工作一知半解,没有清晰地认识到科研项目管理工作的重要意义,对科技政策和申报指南、科技项目执行研究不透彻,对科研项目申报和执行的工作要求不重视。企事业管理层只看到了科研项目申报的经济效益,没有看到政府科技活动的社会品牌效益以及为企事业带来的无形资产。管理层对本行业发展比较熟悉,但对国家科技发展规划和政策研究不够,企业科研项目与政府科技规划脱节,跟不上社会发展趋势与潮流,导致科研项目与申报指南存在较大差距。企事业重视技术开发与市场拓展,但对科研项目管理、政府部门沟通、政府组织的科技活动等认识不足,科研管理人员与科研管理体制配置不足,导致科研项目成功率很低,影响企业科技创新能力的提升。

单位没有做好企业科技发展规划与科研项目管理申报、实施。科研活动是企业科技创新能力的综合体现,科研项目申报、实施的成功是企业科技创新规划能力的成功。科研项目申报、实施体现了科技开发、市场开发、经营管理、科研管理、财务管理、知识产权、产学研、科技与经营人才等方面的科技创新综合能力,这些科技创新能力的形成,需要企业制定一定的科技创新规划与实施计划。同时科研项目申报、实施工作需要编制申请报告,准备附件资料,涉及行业背景、人才团队、技术方案、运营方案、市场方案、投资分析、财务预算、社会效益、知识产权、科技查新、项目备案、用户报告、资质认定等,有些资料需要一定的准备周期,从材料准备和协同工作方面来说,科研项目申报、实施需要进行一定的筹划,制定详尽的科研项目申报、实施计划,但是大多数科技企业还处于"临时抱佛脚"的突击申报状态,甚至没有科研活动。

5.5 帮助企业建立符合国家政策,适合本单位实际的科研管理制度

项目研发实施过程中,会计师事务所审计人员应帮助企事业单位建立规范的科研管理制度。部分科研单位全身心投入"核心技术"和创新成果的产生,这就要企事业单位建立规范的科研管理制度。科研成果是项目管理技术与具体科技项目相结合的产物,科技项目管理过程是建立在一般项目管理过程的基础上,结合科技项目的特点而进行的,按照科技项目实施阶段不同可分为立项、实施过程、项目验收等科技项目管理系统工程。尽管部分企事业单位对科技政策有所了解,但是企事业单位内部并没有建立较为规范的科研管理制度,甚至没有建立立项管理制度和项目实施过程管理制度,对于科研项目申报采取简单粗暴的"突击申报"方式进行。其具体表现为缺乏项目前期的调研工作,或者草率摘取项目内容作为创新点,或者没有很好地总结项目承担单位的优势,如此种种皆是我国科研管理制度缺失导致的申报准备不充分现象,评审专家难以评价申报项目的先进性以及承担单位的科研实力,从而影响项目的获资助率。对于科研项目实施企事业单位采取简单粗暴的"一刀切"方式进行,具体表现为缺乏项目实施的具体工作步骤,或者强硬套用政策法规,或者没有为科技工作者提供良好的环境。

5.6 帮助或促进相关单位设立相应的科研管理机构和人员

审计人员应通过协力过程管理和结题审计,促进或完善企事业单位科研队伍的建设。科研管理工作内容包括科研项目申报、知识产权申报、科技奖励申报、项目监理及验收、科技宣传、与政府部门接洽、研发机构管理和运营等,看似琐碎,实则十分紧要。许多企事业单位没有设立相应的科研管理机构和人员,科研管理工作缺乏职业化、专业化和标准化,在项目申报时难以编写出符合申报要求的项目申请书和可行性研究报告,申报材料组织零散、缺乏秩序,甚至没有准备妥当申报前必需的财务审计报告、科技查新报告、知识产权等证明材料,使企业科研项目难以获得政府立项。

5.7 帮助会计师事务所更好地了解技术创新性与核心竞争力

科技项目成果是科技人员智慧和劳动的结晶。科技项目研究的成果具有新颖性、创造性、实用性。打铁先要自身硬,要想审计科研经费,就要熟悉了解其专业领域的科研活动,从根本上了解审计该项目的新颖性、创造性、实用性。

研究内容的"新颖性",反映研究方案与现有技术和已有研究的差异程度。任何科学研究都是在前人工作基础上的进一步发展。"新颖性"可以体现于研究的开端、过程和结果等不同的阶段,比如开创性的领域、探索性的问题,采用新的技术方案、应用新的研究手段、得出新的结论和发现新的现象与规律等。因此"新颖性"往往只是相对的概念,根据"新颖"的程度,可以将研究分为开创性研究和改进性研究,同时由于各国、各区域技术水平的差异和相互间的封锁,应用性研究项目所说的"新颖性"又可以作为地域范围的区分,如全世界范围、全国范围、全省范围等。当然,基础研究的"新颖性"一般不应作地域范围上的区分,因为仅仅是某一地域范围的"首次研究"对于基础理论研究而言几乎没有意义。

创造性是指研究内容和预期成果所反映出来的研究工作与已有研究和现有技术比较,具有实质性特点和进步。创造性与新颖性紧密联系,在多数情况下,创造性是以新颖性作为前提的,新颖性解决了是不是"新"的问题,创造性解决的则是是不是"好"和"先进"的问题。创造性往往是通过研究"效果"或"优点"等外显性指标体现出来的。比如:简化过程、节约成本、提高稳定性和安全性,降低材料和条件要求、环保节能、提高效率、延长产品寿命、突破技术难点、转变科学认识的误区、发现新的科学规律,等等。国家和科技计划支持的重点项目主要围绕能够整体带动产业创新能力提升的产业核心技术,以获得发明专利等自主知识产权为目标,研发内容具有前沿先导性,能推进相关新兴产业实现重大技术突破;面上项目围绕产业技术创新和新兴产业培育,以突破核心关键技术、取得自主知识产权为目标,着力提升产业竞争力,项目研发内容具有先进性。申报课题的创新都是要求在前人没有研究过或是已有基础上的再创造。对照这些要求,多数企业的项目仅以突破企业核心技术为目标,缺乏对产业核心技术的攻关和研究。同时大多数企业在申报时不注重查新,不注重项目产品与同行类似项目产品进行参数对比,课题的创新性得不到第三方和数据的支撑,难以评判。

实用性是指申请专利的发明创造能够制造或使用,并且能够产生积极效果。作为专利的技术方案,不应是抽象的思维阶段的东西,而应是能够在工业上实施,具备可实施性、再现性、有益性。可实施性是指该发明创造能够在产业上制造或使用,产业包括工业、农业、运输业、林业、渔业、采掘业、商业、服务业等社会经济各个领域。

5.8 审计人员应帮助企事业单位解决存在的普遍问题和特殊问题

不少企事业单位存在重申报轻实施的问题,申报时动员公司各方面力量,热情很高,十分重视,项目立项后,对项目执行过程却没有给予足够的关注,对项目实施缺乏计划和有效监管,大都没有制定项目实施计划,对于课题任务和考核指标没有进行计划落实,项目实施难以按计划推进,遇到困难也没有专人负责解决,研究路线不清,研究目标和研究任务没有完成,到验收环节时,验收证明材料(技术总结报告和财务验收材料等)准备不足,导致项目验收不成功,影响企业信用记录,从而影响研发成果,影响新的科研项目申报,形成恶性循环。

5.9 审计人员应帮助项目单位严把科研项目立项关

科研项目立项管理是科研项目申报的关键环节,要严把科研项目立项关,从源头确保科研项目的质量。会计师事务所应帮助企业设立相应的科研管理部门或配备专职科研管理人员,每年定期(一般是每年12月份或1月份)组织技术开发部门策划、确立并申报企业科技项目。规范的立项流程主要包括:

首先,技术开发部门根据国内外市场需求,通过市场调查、收集信息,科学分析、预测国内外相关产品或技术的发展动态,与同类企业、同类产品进行对比,寻求新产品开发的方向和目标。

其次,技术开发部门根据收集的各类信息,策划、确立新产品开发、新技术开发等科研项目,编制科研项目立项建议书或可行性研究报告,组织评审并经部门负责人审批后,将拟立项项目向科研管理部门提出立项申请,并提供立项建议书或可行性研究报告。

最后,科研管理部门组织公司技术委员会的专家对各技术开发部门申报的科研项目进行立项评审,评审通过的项目上报公司,由公司进行决策,确定年度公司科研项目。

在项目申报阶段,企业科研管理部门应高度重视项目的选题,要选择符合国家和企业战略目标,符合市场需求,有资源有条件地实施,并且能够申报成功的先进产品和技术开发项目,要根据政策研究结论选择符合国家产业政策的项目;根据项目申报指南,了解本单位的人财物支撑条件,了解以前项目经验的积累,提高项目中标率。企业要重视项目的前期调研,要根据科技部门的项目指南从国内外技术现状、本企业技术现状、未来发展趋势等方面进行调研和可行性分析,做好扎实的前期准备工作;要认真审查项目的必要性、创新性和可行性,从项目总体目标、主要研究内容、技术实施路线、进度安排、项目经费等方面确保项目开展是必要的、创新的和可行的,并根据技术复杂程度选择研发类型(是自主研发,还是委托研发等),报请董事会批准。

5.10 审计人员帮助企事业单位科技管理者统筹项目资源

审计人员应帮助企事业单位科技管理者统筹项目资源,包括项目单位资源和政府资源。

审计人员要帮助项目单位做好相关的立项准备工作。科研项目申报时间一般都很短,从申报通知发出到申报截止时间大多只有1个月左右的时间,如果在项目通知来之后才开始准备申报材料难免局促,会对申报材料的质量造成一定影响。项目申报过程中一般会涉及的公司内部部门有档案部、人事部、财务部、技术部、市场部等。公司外部部门有审计公司、查新机构、科技主管部门、环保局、发改委等。需要提前统筹的项目资源包括人事资料、财务信息、技术文档、市场调研报告、公司资质、查新报告、检测报告、专利、环评报告、备案文件等,因此需要较长的时间去准备。获取上述这些项目资源的同时,还要花费较多的时间与精力撰写一份立意新颖、层次合理、词句妥当、财务分析清晰的项目申请报告或可行性研究报告。因此，会计师事务所审计人员要帮助企业提前部署，避免仓促准备申报材料带来的质量隐患。

另外，审计人员要帮助项目单位加强与政府部门沟通，掌握申报流程与关键点。审计人员帮助企项目单位与政府沟通，是科研项目申报的另一关键环节。一方面可以了解更多的政策信息，提高项目申报质量；另一方面可以让政府部门对企业情况和项目情况有更深入的了解和认识。通常政府部门更倾向于熟悉的企业和项目，对于不熟悉的企业和项目保持高度警惕。企业应该积极向政府部门汇报本企业和项目情况，获得政府部门的认可和支持，这对于项目申报成功和企业科技创新工作起着重要的助推作用。

在政府提倡建立"服务型机关"的大环境下，首先，相关领导是非常欢迎企事业单位去登门拜访寻求帮助和指导的，欢迎有经验有能力的会计师事务所帮助企事业单位。同时政府部门的发展也需要企业的积极支持，比如定期上报企业报表，积极去科技部门进行项目备案，让政府部门多了解所辖企业的发展状况，让政府了解到自己企业在行业里技术水平是领先的、财务状况是良好的、企业运作是正常的、市场前景是广阔的、管理团队是过硬的，这对于政府和企业都是有好处的。其次，企业要多沟通、多问询，掌握项目申报的渠道和要点。如果是处于研发和中试阶段的项目，考虑从当地科教部门往上申报；如果是产业化的项目就从发改委往上申报；如果是技术改造类项目就从工信委往上申报；当然还有特殊项目可考虑从财政、中小局等部门申报。最后，项目申报上去后，企事业单位也要及时跟进项目评审情况，即使项目没有立项成功，也可以向主管部门多请教，找到失败原因以便下次改正。

5.11　协力项目单位提升企业科技创新能力

科技创新是企业发展的根本推动力，是增强企业市场竞争力的关键，是审计人员的根本目的。规范的审计有助于提升企业科技创新能力，可从以下三个方面理解：首先，培育创新创造氛围，重视技术人才培养和能力提升，从根源鼓励创新，建立激励机制，做到奖励有章，有功必奖，及时兑现，激发技术人员的创新积极性；其次，引进行业技术领军人才，给予其广阔的发挥平台和一流的人才、设施配备，形成包括可研分析、技术开发、技术验证的研发团队，在完善的管理制度基础上，源源不断地为企业发展注入核心动力；最后，加强科技合作，一方面和科研院所开展产学研合作，和科研院所共同探讨先进技术的产业化可行性方案，另一方面加强和供应商、客户之间的合作开发，通过产业链上下游的资源共享优势互补，共同探讨产业关键共性技术开发，拉近技术革新与落地实践之间的距离，提高成果转化效率。

5.12　协力项目单位加强项目预算和财务管理

审计人员前期应介入规范项目管理，服务于项目申请经费的详细、合理、合规的预算。预算是确定项目资助额度和经费支出的直接依据，应该高度重视，科研项目如果缺乏经费预算或者预算不够科学合理,很难得到政府专项资金支持,同时也不利于项目规范管理和控制。如果项目经费预算得合理,不但能够提高项目的中标率,而且可以保证项目实施的顺利进行,可减少实施过程中不必要的麻烦。

在申报科研项目时,审计人员可以帮助科技人员,根据相关经费管理办法明确说明各项支出的用途,注意项目主管部门能给予的经费支持额度,注意申请金额不可超的额度;在项目执行过程中,帮助企事业单位加强对项目经费管理,做到单独核算,专款专用,严格按照项目预算进行支出,在执行过程中如有调整,应按照相应管理办法进行规范的预算调整,确保项目按计划开展,按计划使用,从而确保项目顺利验收,保持良好信用记录,为下一次申报项目奠定良好的信用基础。

另外,审计人员要协助项目单位加强项目实施管理与项目验收工作。科研项目实施与验收,直接影响着项目的成败,也影响企业后续项目申报和企业诚信,因此企业要重视项目实施与验收工作,这是科技成果落地的重要一步。科研项目获得政府资金立项支持后,企业应根据课题任务书和考核指标,制定项目实施计划,落实公司各部门的工作任务,要求各部门按照时间节点完成课题任务,通过分工与合作的方式完成科研项目课题任务。

项目验收前,科研管理部门应该对照课题任务书评估课题完成情况。如果课题完成情况与课题任务书规定的指标差距较大,要及时采取措施进行补救。如果课题是按计划顺利实施的,验收时则根据要求准备相关验收资料,重点针对课题任务和考核指标准备相关的科技成果证明材料,评审专家主要考察企业的科研证明材料,权威机构提供的证明资料对项目验收起着重要的加分作用。

第6章 对国家重大专项经费审计案例的调研分析

6.1 调查问卷分析

本课题组面向社会发放调查问卷100份,收回100份,调查结果见表6-1。

表6-1 调查问卷内容及结果

调查内容	发放调查问卷	收回调查问卷	调查结果			
			掌握	基本掌握	不掌握	未回答
是否掌握开展初步业务活动内容	100份	100份	20份	50份	24份	6份
是否掌握计划审计工作内容	100份	100份	18份	46份	28份	8份
是否掌握风险评估内容	100份	100份	12份	15份	58份	15份
是否掌握控制测试的内容	100份	100份	5份	22份	51份	22份
是否掌握实施实质性审计程序	100份	100份	6份	51份	41份	2份
是否掌握出具专项审计报告的要点	100份	100份	4份	12份	69份	15份

通过以上调查问卷,可以发现部分审计人员没有掌握实施实质性审计程序,这是问题的关键,其次,对于开展初步业务活动和计划审计内容也没有掌握得很好,在掌握风险评估内容方面,部分审计人员不熟悉不掌握国家重大专项经费审计风险点在什么地方,国家重大专项经费审计与年报审计不同,风险点也不一样,尽管涉及单位大部分为事业单位但也有民营企业,也应发现风险点,解决审计过程中遇到的问题,为科技工作者排忧解难,在政策风险和法律风险方面为科技工作者保驾护航。

注册会计师的目标是按照审计准则,对中央财政科技计划项目(课题)执行结题审计工作,出具审计报告,报告被审计项目(课题)承担单位及项目(课题)负责人按照科研项目(课题)资金相关法律法规以及经批准的项目(课题)任务书和预算书的规定,对科研项目(课题)

资金投入、使用、管理的具体情况,同时报告审计中发现的问题并提出相关建议。要求注册会计师应当掌握和尊重科研活动规律,认真学习并贯彻科研项目(课题)资金相关法律法规政策,在执行结题审计工作时,提高服务意识,注重实质,避免给被审计项目(课题)承担单位和项目(课题)负责人造成不必要的负担。注册会计师应当遵守职业道德,在执行结题审计业务时,客观和公正,获取相关资料,坚持应有的原则,保持应有的关注,对执业过程中获知的涉密信息保密,维护职业声誉,树立良好的职业形象。在审计过程中,注册会计师应勤勉尽责,在接受委托执行业务时,应当与项目主管部门充分沟通审计目标和审计报告具体要求,围绕目标和要求收集充分、适当的审计证据,并发表恰当的审计意见,以将审计风险降至可接受的低水平。在能够利用被审计项目(课题)承担单位内部审计人员或其他外部第三方工作的情况下,注册会计师应当考虑利用其工作,以减轻被审计项目(课题)承担单位和项目(课题)负责人的工作。中央财政科技计划项目(课题)结题审计科研经费属于特殊目的审计,中央财政科技计划项目(课题)资金管理的要求,既遵从风险导向审计思路,又着重突出中央财政科技计划项目(课题)结题审计工作科研经费审计的特殊性。

我们对承担×××重大专项项目(课题)审计及综合绩效评价的会计师事务所进行了调查。该会计师事务所承接此重大专项项目(课题)审计任务后,制定了审计计划和审计程序并开展了审计工作。

6.2 开展初步业务活动(第一步骤)

6.2.1 开展初步业务活动审计的内容

事务所领导接到电话后,充分考虑了初步业务活动的基本要求,考虑注册会计师是否具备专业胜任能力以及必要的时间和资源,考虑委派的项目经理人员具备的执行业务所需的独立性和胜任能力。中央财政科技计划项目(课题)结题审计要求注册会计师除了具备财务、会计、审计方面的知识和经验外,还要熟悉中央财政科技计划项目(课题)资金管理相关的法律法规和政策。在评价注册会计师专业胜任能力时,需要考虑其是否接受过中央财政科技计划项目(课题)结题审计相关的培训。还需要考虑执业人员的教育背景,其是否了解相关技术领域的技术水平;在建立并保持客户关系和接受业务委托时,还需要考虑其是否具备必要时间和资源,以满足执行该项审计业务的需要。

事务所领导评价了拟委派注册会计师遵守相关职业道德要求(包括独立性要求)的情况。评价遵守相关职业道德要求(包括独立性要求)的情况也是一项非常重要的初步业务活动。中国注册会计师职业道德守则包括诚信、独立性、客观、公正、专业胜任能力和保密等。

会计师事务所领导根据与客户的多次沟通,初步安排了注册会计师陈某带领的团队。审计小组根据文件要求和实际情况,开展了审计前的初步业务活动安排。

事务所领导在安排此次审计任务后,又对陈某团队进行了整体评价和评估。陈某团队遵守相关职业道德要求(包括独立性要求),常年兢兢业业,与项目单位关键领导没有恩怨及利益关联。

陈某是具有十多年审计工作经验的注册会计师,承担中央财政项目资金审计多年,积累了丰富的审计经验,熟悉中央财政科技计划项目(课题)资金管理相关的法律法规和政策,多次参加国家科技部的培训,并在全国各地就国家科技项目讲课培训。另外,她手中承担的另外一个国家重点研发项目,已经接近尾声,该团队具备必要时间和资源,能够满足执行该项审计业务的需要。项目审计团队部分审计人员是理工科教育背景,对其承担项目的技术背景比较熟悉。

陈某与被审计项目(课题)承担单位管理层、项目负责人和课题负责人及相关技术负责人进行了直接沟通。由于是第一次承接该单位项目和课题,陈某认为很有必要与其主管单位、项目管理专业机构(以下简称"专业机构")等进行沟通和了解,以分析判断被审计单位关键管理人员、项目(课题)负责人的诚信情况。经了解,被审计单位管理层和项目负责人发生过被中、省、市列入不良记录或未完成项目情况。陈某还查阅了相关单位和相关人员以前承担项目完成或结题的情况。

陈某了解了项目(课题)申报阶段的情况。由于科研项目申报需要较强的科技创新综合实力来支撑,各企业科技创新能力、科技管理水平、申报人员职业能力和所处行业领域等不同,其申报质量差距较大。不少企业尽管有好的项目,但因对政策理解不全面、对申报指南学习不透彻,申报材料创新性、先进性、严谨性和逻辑性不足,导致项目(课题)执行过程中调整过多。审计小组了解了科研项目负责人的科技管理工作经验和对我国科研项目资金管理政策的掌握程度,及其与其主管单位、注册会计师对被审计单位管理层、项目(课题)负责人的诚信情况考虑可能需要贯穿审计业务的全过程。

陈某团队综合对被审计项目(课题)承担单位管理层、项目(课题)负责人诚信情况的考虑,认为需要贯穿审计业务的全过程,包括购买材料、报销费用诸多环节。

陈某带领团队实施相应的质量控制程序。针对接受、保持客户关系和具体审计业务实施质量控制程序,并根据实施相应程序的结果做出适当的决策,是注册会计师控制审计风险的重要环节。在首次接受审计委托时,注册会计师针对建立客户关系和承接具体审计业务实施了质量控制程序。

在做出受业务委托的决策后,陈某按照《中国注册会计师审计准则第1111号——就审计业务约定条款达成一致意见》规定,在审计业务开始前与被审计项目(课题)承担单位或项目(课题)负责人就审计业务约定条款达成一致意见,避免双方对审计业务的理解产生分歧。

6.2.2 审计业务约定书达成意见

6.2.2.1 审计的前提条件

注册会计师陈某带领审计团队执行了下列程序,以确定审计的前提条件是否存在:

确定被审计项目(课题)承担单位对科研项目资金核算所依据的会计准则(制度)是否是可接受的。

就被审计项目(课题)承担单位及项目(课题)负责人是否认可并理解其责任与被审计单

位达成一致意见。

被审计项目(课题)承担单位及项目(课题)负责人的责任包括：

(1)根据《中华人民共和国会计法》规定,被审计项目(课题)承担单位有责任保证会计资料的真实性和完整性。因此,被审计项目(课题)承担单位有责任妥善保存和提供会计记录(包括但不限于会计凭证、会计账簿及其他会计资料),这些记录必须真实、完整地反映科研项目资金投入、使用和管理情况。

(2)被审计项目(课题)承担单位按照适用的会计准则和财务制度设置会计科目进行核算和财务管理,将科研项目资金纳入单位财务统一管理,对中央财政资金和其他来源的资金分别单独核算;确认核算原则是"权责发生制"还是"收付实现制",如果采用"权责发生制",是否按照"收付实现制"对其进行调整。

(3)被审计项目(课题)承担单位及项目(课题)负责人是科研项目实施和资金管理、使用的责任主体,负责项目资金的日常管理,保证科研项目资金投入、使用、管理符合科研项目资金相关法律法规以及经批准的本项目任务书和预算书的规定单位及项目负责人按照政策相符性、目标相关性和经济合理性原则,科学、合理、真实地编制预算,严格项目资金预算管理。按照承诺保证其他来源的资金及时足额到位。严格执行国家有关财经法规和财务制度,切实履行法人责任,建立健全项目资金内部管理制度和报销规定,严格执行国家科研项目资金有关支出管理制度,严格按照资金开支范围和标准办理支出。

(4)项目(课题)单位及时为注册会计师的审计工作提供与审计有关的所有记录、文件和其他所需的信息,对所提供的与科研项目(课题)结题审计相关的资料负责,保证资料真实、合法、完整。

(5)确保注册会计师不受限制地接触其认为必要的内部人员和其他相关人员。如果审计的前提条件不存在,注册会计师应当按照《中国注册会计师审计准则第1111号——就审计业务约定条款达成一致意见》第八条的规定,与被审计单位及项目(课题)负责人进行沟通,并根据具体情况判断承接审计业务是否适当。

6.2.2.2 审计业务约定书的内容

审计业务约定书的具体内容可能因被审计项目(课题)的不同而存在差异,审计团队分析了本项目的特点,审计业务约定书主要包括下列主要方面：

(1)中央财政科技计划项目(课题)结题审计的目标和范围。

(2)注册会计师的责任。

(3)被审计项目(课题)承担/参与单位及项目(课题)负责人的责任。

(4)科研项目(课题)资金投入、使用、管理的标准依据。

(5)拟出具的审计报告的预期形式和内容,以及对在特定情况下出具的审计报告可能不同于预期形式和内容的说明。

审计业务约定书还包括下列方面：

(1)审计工作的范围,包括提及适用的法律法规、审计准则,以及中国注册会计师协会发布的职业道德守则和其他公告。

(2)对审计业务结果的其他沟通形式。

(3)某些重大违规未被发现的风险。

(4)计划和执行审计工作的安排,包括审计项目组的构成。
(5)管理层及项目(课题)负责人确认将提供书面声明。
(6)管理层及项目(课题)负责人同意向注册会计师及时提供科研项目(课题)结题审计相关资料。
(7)收费的计算基础和收费安排。
(8)管理层及项目(课题)负责人确认收到审计业务约定书并同意其中的条款。
(9)根据情况需要,审计业务约定书列明下列内容:
1)在某些方面对利用其他注册会计师和专家工作的安排;
2)利用被审计项目(课题)承担单位员工工作的安排;
3)说明对注册会计师责任可能存在的限制;
4)注册会计师与被审计项目(课题)承担单位之间需要达成进一步协议的事项;
5)向其他机构或人员提供审计工作底稿的义务。

6.3 计划审计工作(第二步骤)

注册会计师陈某带领的团队根据所领导安排和初步业务活动,合理计划中央财政科技计划项目(课题)结题审计工作,以保证审计工作的高质量完成。

6.3.1 审计范围

注册会计师陈某需要根据科研项目(课题)资金管理相关法律法规、被审计项目(课题)承担单位执行的会计准则和财务制度、科研项目(课题)结题相关机构的报告要求等情况,界定审计范围。在界定审计范围时,陈某团队主要考虑下列事项:
(1)中央财政科技计划项目(课题)结题审计报告要求。
(2)预期审计工作涵盖的范围,包括项目(课题)参与单位以及需审的科研项目(课题)承担团队的数量及所在地点。
(3)拟利用以前年度审计工作中获取的审计证据的程度。
(4)与被审计项目(课题)承担单位人员的时间协调和相关数据的可获得性。

6.3.2 审计的时间安排

明确审计业务的报告目标,以及计划审计的时间安排和所需沟通的性质,包括现场审计的时间安排、提交审计报告的时间以及预期与管理层和项目(课题)负责人沟通的重要日期等。为确定报告目标、时间安排和沟通性质,注册会计师主要考虑下列事项:
(1)被审计项目(课题)承担单位提交相关报告的时间表。
(2)与管理层和项目(课题)负责人举行会谈,讨论审计工作的性质、时间安排和范围。
(3)与管理层和项目(课题)负责人讨论注册会计师拟出具报告的类型和时间安排以及

沟通的其他事项(口头或书面沟通)。

(4)与管理层和项目(课题)负责人就审计工作进展进行的沟通。

(5)审计项目组成员之间沟通的预期性质和时间安排,包括审计会议的性质和时间安排,以及复核已执行工作的时间安排。

(6)预期是否需要和第三方(如专业机构)进行其他沟通,包括与审计相关的法定或约定的报告责任。

6.3.3 审计方向

陈某审计团队确定审计工作的方向,包括初步识别可能存在重大违规风险的领域,初步识别相关账户及交易,评价是否需要针对内部控制的有效性获取审计证据,识别科研项目外部监管、审计的报告要求及其他相关方面最近发生的重大变化等。

6.3.4 审计资源调配

在确定审计资源调配时,陈某团队主要考虑下列事项:

(1)审计项目组成员的选择以及对项目组成员审计工作的分派,包括向可能存在较高重大违规风险的领域分派具备适当经验的人员或项目经理亲自把关。

(2)项目时间预算,包括为可能存在较高重大违规风险的领域预留适当的工作时间。

(3)对审计项目组成员的指导、监督,以及对其工作进行复核的性质、时间和范围,包括预期项目合伙人和经理的复核范围等。

6.3.5 计划实施的风险评估程序

陈某团队按照《中国注册会计师审计准则第1211——通过了解被审计单位及其环境识别和评估重大错报风险》的规定,计划风险评估程序的性质、时间和范围。

6.3.6 计划实施的进一步审计程序

陈某团队按照《中国注册会计师审计准则第1231号——重大错报风险的识别和评估》的规定,计划进一步审计程序的性质、时间安排和范围。

6.3.7 科研项目(课题)预算安排及执行

陈某团队采用综合性审计方案或实质性审计方案,特别关注科研项目预算审批、调剂、列支内容等是否符合规定。

6.3.8　科研项目(课题)资金使用与管理

陈某团队采用综合性审计方案或实质性审计方案,设计相关审计程序以测试与科研项目(课题)资金支出相关的内部控制有效性,并特别关注科研项目资金支出是否符合开支范围等。科研项目核算一般遵循收付制原则,与财务会计权责发生制不一样。

6.3.9　计划实施的其他审计程序

陈某团队根据审计准则的规定,计划需要实施的其他审计程序。计划实施的其他审计程序可以包括上述进一步审计程序中没有涵盖的、根据审计准则的要求注册会计师需要执行的审计程序。陈某团队认为,计划审计工作并非审计业务的一个孤立阶段,而是一个持续的、不断修正的过程,贯穿整个审计业务。例如,由于未预期事项的存在、条件的变化或通过实施审计程序获取的审计证据等原因,注册会计师可能需要基于修正后的风险评估结果,对总体审计策略和具体审计计划,以及相应的原计划实施的进一步审计程序的性质、时间和范围做出修改。

6.4　风险评估(第三步骤)

在对中央财政科技计划项目(课题)进行审计的过程中,陈某团队对被审计项目(课题)承担单位的相关情况进行了解,包括相关内部控制,以识别和评估与科研项目(课题)资金投入、使用、管理相关的重大违规风险。

6.4.1　对被审计项目(课题)承担单位及课题基本情况的了解

陈某审计团队对被审计单位和课题的了解包括以下内容:
(1)了解被审计项目(课题)承担单位及主管部门情况,包括承担单位、参与单位在任务研究期间发生合并、分立、调整等机构变更情况。
(2)了解被审计项目(课题)承担单位所处行业地位、科研技术优势、科研项目是否为新业务领域,科研项目产业化现状及趋势。
(3)学习、了解、掌握中央财政科技计划项目(课题)资金管理适用的相关法律法规及其他规定。
(4)了解被审计项目(课题)承担单位研究开发部门的设置,包括研究开发部门及人员的数量,科研项目的课题数量和管理模式,科研项目组的成员与来源、技术职称结构,科研项目人员的考核奖励制度。
(5)了解科研项目课题立项基本情况,包括课题名称、课题编号、课题起止时间、课题负责人及主要研究人员、课题基本情况等。

(6) 了解科研项目实施情况。如,是否存在承担单位、参与单位变更,或课题负责人变更、课题延期或课题任务延迟、课题任务目标调整、预算调剂等情况。

(7) 了解被审计项目(课题)承担单位对科研项目资金会计政策的选择和运用是否符合适用的会计准则、财务制度和国家有关法律法规,是否符合被审计项目(课题)承担单位的具体情况,并特别考虑下列事项:

1) 被审计项目(课题)承担单位是否将科研项目(课题)资金纳入单位财务统一管理,对中央财政资金和其他来源的资金是否分别单独核算,以及会计科目设置情况、相关财务档案资料保存管理情况;

2) 科研项目(课题)核算模式。中央财政资金和其他来源资金是否单独核算,这是科研经费验收是否违规的红线;

3) 识别和确定科研项目(课题)资金支出归集的对象是否属于科研项目(课题)资金规定的范围,及各类支出的识别标志、开支范围和标准;

4) 科研项目成果的验收、所有权归属等;

5) 计划利用技术专家的意见,了解研发的特点、研究路线、研究目标等。

6.4.2 对与中央(地方)财政资金科研经费审计相关的内部控制的了解

被审计项目(课题)承担单位管理层及项目(课题)负责人应确保科研项目(课题)资金在投入、使用、管理方面建立并实施有效的内部控制。注册会计师需要针对控制环境、风险评估过程、信息系统(包括相关业务流程)与沟通、控制活动、对控制的监督等内部控制要素,了解和识别与中央财政科技计划项目(课题)结题审计相关的内部控制。

6.4.3 控制环境

控制环境是被审计项目(课题)承担单位实施内部控制的基础,是所有控制运行的环境。注册会计师需要了解控制环境各要素,以及这些要素如何被纳入被审计项目(课题)承担单位的业务流程。这些环境要素包括以下5个方面。

(1) 对诚信和道德价值观念的沟通与落实。对诚信和道德价值观念的沟通与落实既包括管理层如何处理不诚实、非法或不道德行为,也包括在被审计项目(课题)承担单位内部,通过行为规范以及高级管理人员的身体力行,营造保持诚信和道德价值观念的氛围。道德行为规范应融入被审计项目(课题)承担单位日常科研活动中,并被持续地沟通、执行和监督。

(2) 对胜任能力的重视。注册会计师应当考虑被审计项目(课题)承担单位财务会计人员及承担内部控制重要职责的其他人员是否具备足够的胜任能力并接受足够的培训,能根据被审计项目(课题)承担单位的性质和复杂程度处理业务;被审计项目(课题)承担单位是否对各岗位录用人员有明确的录用标准;是否强调对员工开展业务和道德培训;是否建立考核机制以使员工能得到正常晋升和更大的发展空间等。

(3)管理层及项目(课题)负责人的理念和运营风格。

(4)职权与责任的分配。被审计项目(课题)承担单位应当建立与其实际情况(包括规模、地理位置和业务性质等)相适应的权责分工。由专人负责评估科研项目的收入和支出预算控制情况,使得为实现科研项目目标所需执行的各项活动能够被适当地计划、执行、控制和监督。此外,职责分配还包括对职责分离不充分的岗位设置足够的监督。职责分配应考虑涵盖非财务部门的工作人员。

(5)人力资源政策与实务。审计人员应考虑被审计项目(课题)承担单位是否在人员招聘、培训、考核、晋升、薪酬、调动和辞退方面都有适当的政策和程序,控制环境总体上的优势是否为内部控制的其他要素奠定了适当的基础,以及这些其他要素是否未被控制环境中存在的缺陷所削弱。

6.4.4 风险评估过程

被审计项目(课题)承担单位面临的风险主要包括两个方面:资金投入风险和使用风险。资金投入风险如编报虚假预算套取国家财政资金,虚假承诺其他来源的资金等。资金使用风险则集中体现为科研项目(课题)资金在使用过程中被截留、挤占、挪用的风险,以及部分科研项目(课题)资金实际使用过程中可能会出现未能按照程序或规范进行操作的风险。注册会计师需要了解管理层,通过询问管理层或者检查有关文件确定与科研项目(课题)资金业务流程相关的风险,并考虑这些风险是否可能导致重大违规。注册会计师要评估研究人员的专业研究能力、研究内部和外部配套环境、支撑条件(包括人、财、物),评估研究任务目标完成的概率。

6.4.5 信息系统与沟通

与科研项目(课题)资金相关的信息系统负责对科研项目(课题)资金投入、使用、管理等信息进行收集、存储、处理、提取和传输。注册会计师需要了解在信息技术和人工系统中涉及科研项目(课题)资金收支交易的生成、记录、处理和报告的程序、相关会计记录和支持性信息,处理科研项目(课题)资金相关业务的过程,数据生成、记录、处理和汇总形成中央财政科技计划项目(课题)结题审计申报材料的过程。注册会计师需要关注管理层及项目(课题)负责人凌驾于控制之上的风险,由于运用信息技术进行数据传输时,发生的篡改可能不会留下痕迹或证据,注册会计师还需要了解不正确的业务处理记录是如何解决的。充分的内部沟通对于控制环境、控制活动、风险评估等各方面都起着至关重要的作用。注册会计师需要关注被审计项目(课题)承担单位是否建立完善的内部沟通体系。对于被审计项目(课题)承担单位而言,通过外部沟通获取信息非常重要。例如,相关主管单位监管反馈信息、政策法规标准类信息(如行业管理法规、行业标准)、外部反馈的信息及其投诉等。注册会计师应当关注被审计项目(课题)承担单位是否对这些外部信息做出及时反应,制定相应对策。注册会计师还需要关注被审计项目(课题)承担单位是否注重信息的公开透明,建立信息公开制度,在单位内部公开项目(课题)立项、主要研究人员、资金使用(重点是间接费用、外拨资金、结余资金使用等)、大型仪器设备购置以及项目研究成果等情况,接受内部监督。

6.4.6 控制活动

被审计项目(课题)承担单位在资金投入和使用环节都存在风险,应针对潜在风险采取相应的控制活动。注册会计师需要了解与审计相关的控制活动。对被审计项目(课题)承担单位对资金的投入和使用情况,注册会计师考虑的主要因素可能包括:

(1)被审计项目(课题)承担单位是否制定了内部控制政策和程序用以规范科研项目(课题)资金的投入和使用。

(2)被审计项目(课题)承担单位是否明确科研项目(课题)支出程序和批准权限,以防范资金支出不合规的风险。

(3)不相容的职责在何种程度上相分离,以降低舞弊和不当行为发生的风险。

6.4.7 对控制的监督

被审计项目(课题)承担单位对控制的监督包括检查控制是否按设计运行,是否根据情况的变化对控制做出适当修正,以发现和改进内部控制设计与运行中存在的问题和薄弱环节。被审计单位对内控制度监督包括对内部控制制度的健全性、有效性进行监督,例如:在资金投入循环重点关注是否对实际执行情况与预算情况进行比较,在资金使用循环重点关注项目进展情况是否与计划一致。注册会计师在实施审计程序时需要了解被审计项目(课题)承担单位对与科研项目(课题)资金投入、使用、管理相关的内部控制的监督活动,并了解如何采取纠正措施。监督活动可能包括利用与外部有关机构或人员沟通所获取的信息,这些外部信息可能显示内部控制存在的问题或需要改进的领域。

(1)了解与科研项目(课题)资金相关的业务流程和控制活动:注册会计师应了解以前科研项目(课题)最常见的业务流程,并参考本单位其他注册会计师如何了解被审计项目(课题)承担单位业务流程层面的内部控制。需要说明的是,不同被审计项目(课题)承担单位的具体业务流程可能不尽相同,在执行中央财政科技计划项目(课题)结题审计工作时,注册会计师需要结合被审计项目(课题)承担单位的具体情况和最新的法律法规政策要求,做出相应的选择和调整。

(2)了解科研项目(课题)资金相关业务流程的主要环节。科研项目(课题)资金控制通常属于被审计项目(课题)承担单位收入管理、费用和支出控制的重要组成部分,在对科研项目(课题)资金控制进行了解时,注册会计师需要了解科研项目相关业务流程。科研项目(课题)相关业务通常包括下列主要活动。

立项和预算管理:项目(课题)的申请和批准;项目(课题)预算的编制和批准,项目(课题)预算的调剂。

项目(课题)资金管理与核算:项目(课题)资金拨付,项目(课题)资金结算,项目(课题)资金核算。

项目(课题)直接费用管理:直接费用支出,直接费用记录,资产(成果)验收和使用。

项目(课题)间接费用管理:间接费用支出,间接费用记录。

项目过程及验收管理:项目年度执行情况报告,项目中期执行情况报告,中期检查意见,项目调整、延期、撤销或终止,项目验收。

了解控制的程序包括检查科研项目(课题)资金投入、使用、管理相关控制手册和其他书面资料,询问各部门的相关人员,观察操作流程,执行穿行测试等。陈某团队询问了科研项目(课题)负责人,了解科研项目(课题)的立项和预算情况;询问了采购管理人员,了解设备采购程序及被审计项目(课题)承担单位内部采购管理规定的要求和流程;询问了会计人员,了解有关账务处理的流程。注册会计师陈某团队考虑流程在各部门之间如何衔接,如单据的流转和核对,以及各部门人员的职责分工等,并通过文字叙述、流程图等方式记录上述业务流程,形成工作底稿的一部分。

(3)确定违规可能发生的环节。注册会计师带领的团队结合了解的结果,确定了被审计项目(课题)承担单位需要在哪些环节设置控制,以防止或发现并纠正业务流程中的违规事项,即确定违规事项可能发生的环节,确定被审计项目(课题)承担单位的控制目标是否得以实现。审计团队按照业务流程环节,梳理发生的违规事项,包括下列事项:

1)了解预算情况,确保科研项目(课题)预算或调剂得到批复,查看任务书预算与实际执行单位和金额,了解了预调剂报告。审计团队获取了项目(课题)调整报告,查看调整报告的合理性、合规性,是否符合科研规律。

2)项目(课题)资金管理与核算,确定项目(课题)资金(国拨和自筹)投入及时、足额、真实到位,查看拨款时间,索取银行回单;确定项目(课题)资金投入均已入账,查看银行明细账,核对记账凭证和明细账记录;确定项目(课题)资金专款专用,单独核算,从单位核算系统中直接获取了专项经费明细账,询问记账方法;确定项目(课题)资金支付结算方式合规,核对发放专家咨询费和劳务费是否从银行账户结算,直接打到相关人员个人账户;确定项目(课题)资金使用与本项目研究任务的相关性,查验资金支出是否有技术研究任务负责人签字确认,查看调账有无根据,所附原始单据有无说明。

3)了解项目(课题)直接费用管理,确保直接费用的开支范围符合相关规定。确保直接费用的支出审批流程完善,单位主管领导签字确认,技术负责人签字确认,有出入库单;确保直接费用的支出证据材料完整、真实、准确,查验现场,查验有无以购代耗情况;确保直接费用的支出金额在批复或调剂后的预算范围内,查验领料单和使用明细。

4)了解项目(课题)间接费用管理。确保间接费用不超过批复的预算额度,查验预算任务书和单位账面计提情况。

5)了解课题和参与单位核算方式。承担单位是采用"权责发生制"还是"收付实现制",涉及到应付未付认定问题。

6)了解项目(课题)过程和验收管理。确保应付未付支出和预计支出适当,与相关技术专家讨论应付未付的原因,了解预计支出的必要性和相关性;确保因故撤销或终止的项目或课题资金及时清理,与主管单位沟通因故撤销或终止的原因,了解款项拨付情况;了解拨付资金使用情况。确保科研项目形成的资产被合理使用,实际盘点资产和了解资产使用情况,查看相关记录;确保包括中期检查等项目(课题)管理过程中发现的违规问题及时整改到位,针对中期检查报告,逐项核对整改情况,如果未与改正,建议报告披露。需要注意的是,一方面,某项控制目标可能涉及几项控制,注册会计师需要重点考虑某项控制单独或连同其他控制,是否能够防止或发现并纠正重大违规;另一方面,某些控制可能涉及多项控制目标。因此,在实务工作中,为提高审计效率,注册会计师需要优先考虑了解和识别能针对多项控制目标的控制。

(4) 了解和识别相关控制。注册会计师陈某团队根据被审计项目(课题)承担单位的实际情况,通过询问、观察、检查、穿行测试等审计程序,了解和识别相关控制,并对其结果形成审计工作记录,包括记录控制由谁执行以及如何执行。在了解和识别内部控制时,注册会计师需要重点考虑能够发现并纠正违规的关键控制。

以下是陈某团队科研项目(课题)业务流程控制的工作底稿,包括下列10个方面。

1) 预算方面。科研项目(课题)预算或调剂得到批复,项目(课题)承担单位负责部门跟踪科研项目(课题)预算审批结果,获取了经批准的项目(课题)任务书(含预算),建立了项目(课题)档案。科目预算调剂,按规定履行有关程序。负责部门及时登记项目(课题)变更信息,更新完善项目(课题)档案。

2) 项目(课题)资金管理与核算方面。项目(课题)资金投入及时、足额、真实到位情况,核对并调查拨款进度及金额与任务书存在重大差异的原因。通过查看在财务系统中直接打印的明细账,其项目(课题)资金投入均已入账,负责部门将拨款进度信息及时告知财务部门,财务部门收到拨入款后,记账并告知了负责部门已收款信息。期末,负责部门与财务进行对账,核对项目(课题)资金是否均已入账,如存在差异,则查找原因,保证项目(课题)资金纳入单位财务统一管理。

3) 确保项目(课题)资金专款专用、单独核算。财务部门设置明细科目或项目(课题)辅助明细账,对中央财政资金和其他来源资金分别进行单独核算。按照项目(课题)支出明细项进行费用归集。确保项目(课题)资金支付结算方式合规。资金支付除必须使用现金外,应通过银行转账方式支付,并得到授权支出批准。已实行公务卡制度改革的行政事业单位,按中央财政科研项目使用公务卡结算的有关规定执行,并得到授权支出批准。

4) 确保项目(课题)资金使用与本项目研究任务的相关性。项目(课题)资金需用于与本项目研究任务相关的支出,费用支出报销单证经过项目(课题)负责人或其授权人批准后,方可提交付款支出申请。

5) 避免随意调账、随意修改会计凭证等行为。项目(课题)资金核算应规范、清晰,调账或更正会计凭证需遵照有关规定进行。更正申请经项目(课题)负责人或其授权人批准,交由财务审核批准后,调账或更正会计凭证。

6) 项目(课题)直接费用管理。直接费用的支出审批流程完善方面,项目(课题)直接费用支出建立了完善的审批流程并遵照执行。每笔支出均需经过完整的审批流程方可办理。直接费用的开支范围符合相关规定。财务人员审核项目(课题)直接费用开支范围是否符合相关资金管理办法的规定。直接费用的支出证据材料完整、真实、准确。项目(课题)组办理项目(课题)直接费用支出时应提供相应的证据材料,项目(课题)承担单位相关层级审批人员需按职责权限审核批准。直接费用的支出金额在批复或调剂后的预算范围内,项目(课题)承担单位相关层级审批人员在预算范围内批准支出金额。

7) 项目(课题)间接费用管理。间接费用未超过批复的预算额度。(在核定的总额内列支间接费用,超预算支出不被批准。)

8)项目(课题)过程和验收管理方面。应付未付支出和预计支出是适当的。项目(课题)组及时报销费用支出,对于项目(课题)执行周期内发生的与项目(课题)研发活动直接相关的费用尚未支付,需要在基准日后进行支付的款项,项目(课题)承担单位提供了明细表及相关证明材料,经审核批准后确认为应付未付支出。项目(课题)组编制项目(课题)在审计基准日之后发生的或预计发生的与项目(课题)验收相关的必需支出清单,经审核批准后确认为预计支出。课题结余经费及时清理,财务部门及时清理账目与资产,编制财务报告及资产清单,报送项目主管单位。项目主管单位组织清查处理,确认结余资金(含处理已购物资、材料及仪器设备的变价收入),统筹用于相关专项后续支出。

9)科研项目形成的资产被恰当管理和使用。行政事业单位使用中央财政资金形成的固定资产属于国有资产,按照国家有关国有资产管理的规定执行。企业使用中央财政资金形成的固定资产,按照《企业财务通则》等相关规章制度执行。使用中央财政资金形成的知识产权等无形资产的管理,按照国家有关规定执行。使用中央财政资金形成的大型科学仪器设备、科学数据、自然科技资源等,按照规定开放共享。期末,资产管理部门对实物资产进行盘点,如有账实差异,需查找原因,经审批后及时进行账务处理。如果出现资产减值迹象,进行减值测试,报经审批后进行账务处理。

10)中期检查等项目(课题)管理过程中发现的违规问题及时整改到位,被审计项目(课题)承担单位接受中期检查等监督检查过程中发现的问题应及时进行整改,确保整改到位。

(5)执行穿行测试。注册会计师陈某带领的团队需要针对不同业务循环中的具体业务流程,选择一笔或几笔交易进行穿行测试,以追踪交易从发生到最终被反映在项目(课题)结题报告中的整个处理过程,并考虑之前对相关控制的了解是否正确和完整,确定相关控制是否得到执行。在执行穿行测试时,注册会计师陈某需要询问执行业务流程和控制的相关人员,并根据需要检查有关单据和文件,询问其对已发现违规的处理。注册会计师还需要按照《中国注册会计师审计准则第1211号——重大错报风险的级别和评估》的规定,对相关控制设计是否合理和是否得到执行进行评价,以确定进一步审计程序。

6.5 控制测试(第四步骤)

6.5.1 一般要求

对注册会计师陈某一般要求是在评估重大违规风险时,如果预期控制的运行是有效的,或者仅实施实质性程序不能提供充分、适当的审计证据,注册会计师需要设计和实施控制测试,针对相关控制运行的有效性,获取充分、适当的审计证据。注册会计师只对那些设计合理,能够防止、发现并纠正科研项目(课题)资金投入、使用、管理重大违规的内部控制进行测试以验证其运行是否有效。

6.5.2 控制测试程序

审计团队拟定了控制测试程序。注册会计师对内部控制的测试涵盖内部控制的 5 个要素。

6.5.2.1 预算控制方面

科研项目(课题)预算或调剂得到批复方面,陈某带领团队准备执行以下控制活动程序,搜集资料。根据项目(课题)负责人提供的项目(课题)承担单位负责部门跟踪科研项目(课题)预算审批结果,获取经批准的项目(课题)任务书(含预算),建立项目(课题)档案。如需预算调剂,按规定履行有关程序。负责部门及时登记项目(课题)变更信息,更新完善项目(课题)档案。

陈某带领团队进行了控制测试,查看了相关记录,询问相关负责人,了解项目(课题)预算管理、审批、变更是否按照规定流程执行。检查是否保留项目(课题)任务书(含预算)及变更调剂相关记录。

6.5.2.2 项目(课题)资金管理与核算控制方面

(1)确保项目(课题)资金投入及时、足额、真实到位方面。根据项目(课题)技术负责人或财务秘书提供的控制活动资料,定期核对并调查拨款进度及金额与任务书存在重大差异的原因,提出改进措施。陈某带领团队查看项目(课题)各项来源资金的拨款单证等资金投入到位的证明材料,对重大差异事项需查明原因及项目(课题)承担单位是否已有改进措施。

(2)确保项目(课题)资金投入均已入账方面。根据项目(课题)技术负责人或财务秘书提供的资料,负责部门将拨款进度信息及时告知财务部门,财务部门收到拨入款后,记账并告知负责部门已收款信息。期末,负责部门与财务进行对账,核对项目(课题)资金是否均已入账,如存在差异,则查找原因,保证项目(课题)资金纳入单位财务统一管理。陈某带领的团队查看单位财务系统,确认项目(课题)资金是否纳入被审计项目(课题)承担单位财务系统统一核算管理。

(3)确保项目(课题)资金专款专用、单独核算方面。根据项目(课题)技术负责人或财务秘书提供的资料,财务部门设置明细科目或项目(课题)辅助明细账,对中央财政资金和其他来源资金分别进行单独核算,按照项目(课题)支出明细项进行费用归集。陈某带领的团队询问相关负责人,了解项目(课题)资金财务核算与管理情况,查看是否可以通过财务核算系统查阅相关数据信息。

(4)确保项目(课题)资金支付结算方式合规方面。根据项目(课题)技术负责人或财务秘书提供的资料,资金支付除必须使用现金外,应通过银行转账方式支付,并得到授权支出批准。已实行公务卡制度改革的行政事业单位,按中央财政科研项目使用公务卡结算的有关规定执行,并得到授权支出批准。陈某团队询问相关负责人,了解项目(课题)资金支付是否按照规定的结算方式执行,抽查支付项目是否符合规定,审批手续是否完备。

(5)确保项目(课题)资金使用与本项目研究任务的相关性方面。根据项目(课题)技术负责人或财务秘书提供的资料,项目(课题)资金需用于与本项目研究任务相关的支出,费用支出报销单证经过项目(课题)负责人或其授权人批准后,方可提交付款支出申请。陈某采用的审计方法为询问相关负责人,了解项目(课题)资金支出是否按照规定的审核流程执行,抽查支出项目是否提供相关性证明材料,审批手续是否完备。避免随意调账、随意修改会计凭证等行为。项目(课题)资金核算应规范、清晰,调账或更正会计凭证需遵照有关规定进行。更正申请经项目(课题)负责人或其授权人批准,交由财务审核批准后,方可调账或更正会计凭证。询问相关负责人,了解调账和更改凭证是否按照规定流程执行,抽查调账是否按规定程序批准,调账或更正会计凭证的行为是否规范,修改会计凭证是否有不同岗位的相互制约并留痕。

6.5.2.3 项目(课题)直接费用管理控制方面

(1)直接费用的支出审批流程完善方面,根据项目(课题)技术负责人或财务秘书提供的资料,项目(课题)直接费用支出需建立完善的审批流程并遵照执行。每笔支出均需经过完整的审批流程方可办理。陈某团队采用了以下控制测试方法,询问相关负责人,了解支出审批是否按照规定流程办理,查看项目(课题)承担单位支出审批的相关规定,抽查支出凭单是否履行审批手续。

(2)直接费用的开支范围符合相关规定方面,根据项目(课题)技术负责人或财务秘书提供的资料,财务人员审核项目(课题)直接费用开支范围是否符合相关资金管理办法的规定。陈某团队采用了询问相关负责人,了解是否按照相关规定审核开支范围,查看项目(课题)支出内容,检查超范围支出申请是否被阻止。

(3)直接费用的支出证据材料完整、真实、准确方面,根据项目(课题)技术负责人或财务秘书提供的资料,项目(课题)组办理项目(课题)直接费用支出时应提供相应的证据材料,项目(课题)承担单位相关层级审批人员需按职责权限审核批准。陈某团队抽查直接费用支出凭证后所附单据与相关证据材料是否齐全、真实,是否可以证明业务真实性、经济合理性等。

(4)直接费用的支出金额在批复或调剂后的预算范围内方面,根据项目(课题)技术负责人或财务秘书提供的资料,项目(课题)承担单位相关层级审批人员在预算范围内批准支出金额。陈某团队询问相关负责人,了解是否按照相关规定审核支出金额,检查项目(课题)直接费用支出是否在批准或调剂的预算范围内。

必要时,对研究过程购置或试制形成的固定资产,或形成具体实物的研究成果进行实地了解或盘点,对示范项目实地现场查看,核对账面支出与实际实物构成核对。

6.5.2.4 项目(课题)间接费用管理控制方面

间接费用不超过批复的预算额度方面,单位会计在核定的总额内列支间接费用,超预算支出不被批准。陈某团队采用的控制测试方法是询问相关负责人,了解间接费用支出是否按照规定程序执行,检查支出是否在批准的预算范围内。

6.5.2.5 项目(课题)过程和验收管理控制方面

应付未付支出和预计支出是否适当的方面,根据项目(课题)技术负责人或财务秘书提供的资料,项目(课题)组应及时报销费用支出,对于项目(课题)执行周期内发生的与项目(课题)研发活动直接相关的费用尚未支付、需要在基准日后进行支付的款项,项目(课题)承担单位需提供明细表及相关证明材料,经审核批准后确认为应付未付支出。项目(课题)组编制项目(课题)在审计基准日之后发生的或预计发生的与项目(课题)验收相关的必需支出清单,经审核批准后确认为预计支出。陈某团队询问相关负责人,了解应付及预计支出管理是否按照规定流程执行,检查应付及预计支出明细清单审批手续是否完备。

科研项目形成的资产被恰当管理和使用方面,行政事业单位使用中央财政资金形成的固定资产属于国有资产,按照国家有关国有资产管理的规定执行。企业使用中央财政资金形成的固定资产,按照《企业财务通则》等相关规章制度执行。使用中央财政资金形成的知识产权等无形资产的管理,按照国家有关规定执行。使用中央财政资金形成的大型科学仪器设备、科学数据、自然科技资源等,按照规定开放共享。期末,资产使用部门对实物资产进行盘点,如有账实差异,经审批后及时进行账务处理。如果出现资产减值迹象,进行减值测试,报经审批后进行账务处理。陈某团队采用的控制测试为询问相关负责人,了解资产管理和使用是否按照规定流程或程序执行,抽查资产盘点表是否经审批后及时处理,对科研项目形成的资产进行实地抽盘。

中期检查等项目(课题)管理过程中发现的违规问题及时整改到位方面,根据项目(课题)技术负责人或财务秘书提供的资料,被审计项目(课题)承担单位接受中期检查等监督检查过程中发现的问题应及时进行整改,确保整改到位。陈某团队询问相关负责人,了解是否接受过检查,了解是否按规定流程检查整改,检查项目(课题)承担单位接受监督检查的相关检查结果文件,核对是否对违规问题及时整改到位并在审计报告中披露。

6.6 实施实质性审计程序(第五步骤)

6.6.1 实质性审计程序的总体要求方面

针对评估的科研项目(课题)资金投入、使用、管理方面存在的重大违规风险,注册会计师陈某团队在确定是否实施控制测试以及对拟控制的依赖程度的基础上,计划拟实施实质性程序的性质、时间安排和范围。如果发现拟信赖的控制出现偏差,注册会计师应当考虑是否需要针对潜在的违规风险修改计划的实质性程序。无论对重大违规风险的评估结果如何,注册会计师都应当针对所有重大类别的交易、账户余额和披露,设计和实施实质性程序。如果认为评估的重大违规风险是特别风险,注册会计师应当专门针对该风险实施实质性程序。如果针对特别风险实施的程序仅为实质性程序,这些程序应当包括细节测试。

6.6.2 实质性审计程序的目标

中央财政科技计划项目(课题)结题审计的对象是被审计项目(课题)承担/参与单位的科研项目(课题)资金投入、使用、管理情况,审计目标是科研项目(课题)资金投入、使用、管理相关科目中的交易是否真实发生,是否符合科研项目(课题)资金管理相关法律法规以及经批准的项目(课题)任务书和预算书的规定。

6.6.3 实质性审计程序

注册会计师陈某团队从分析会计核算要求入手,对科研项目(课题)的直接费用和间接费用的实质性程序进行审计。在执行审计业务时,注册会计师陈某需要考虑被审计项目(课题)承担单位的实际情况,特别是重大违规风险的评估结果,并结合最新的法律法规政策要求,做出相应的调整和取舍。

直接费用是指在项目实施过程中发生的与之直接相关的费用,主要包括设备费、材料费、测试化验加工费、燃料动力费、出版/文献/信息传播/知识产权事务费、会议/差旅/国际合作交流费、劳务费、专家咨询费、其他支出等。

间接费用是指被审计项目(课题)承担单位在组织实施项目过程中发生的无法在直接费用中列支的相关费用,主要包括被审计项目(课题)承担单位为项目研究提供的房屋占用,日常水、电、气、暖消耗,有关管理费用的补助支出,以及用于激励科研人员的绩效支出等。注册会计师需要在充分了解直接费用和间接费用特点的基础上,实施适当的实质性程序。

6.6.3.1 直接费用

审计资金支出依据任务书中的预算,审计时关注项目(课题)直接费用分类管理的形式,即关注直接费用支出预算是按明细分类管理,还是按大类分类管理,并关注相关支出是否符合列支规定。

(1)设备费。其指在项目(课题)实施过程中购置或试制专用仪器设备,对现有仪器设备进行升级改造,以及租赁外单位仪器设备而发生的费用。设备费单位包括获取设备支出明细账和购置明细账,核对是否与项目任务书中的预算或调剂后的预算一致,具体包括以下内容:

1)检查设备费支出与签订合同时间、付款时间、发票时间及到货时间是否均在项目执行期内(合同尾款可在执行期后),仪器设备(购置、试制)使用及管理是否与预算或调剂批复一致,如存在差异,查明原因,并披露差异情况。

2)检查列支的设备费原始凭证(如审批单、银行单据、发票、合同、验收单等)是否齐全并相互勾稽。

3)检查中央级高校和科研院所采购进口仪器设备是否已按规定备案。

4)检查设备租赁费是否为租赁使用本单位以外其他单位的设备而发生的费用以及租赁设备的交付使用手续是否完备。

5)检查支付设备费是否存在非银行转账方式结算,关注资金实际流向是否与开具发票单位一致。

6)检查被审计项目(课题)承担单位符合固定资产确认条件的资产是否准确计量和记录,是否存在账外资产,是否按单位资产管理办法对购入设备及符合使用条件的试制设备办理验收和交付使用手续。试制设备费及改造费成本归集的合理性、相关性。

7)实地查看设备,检查是否账实相符,关注设备的使用情况,检查是否存在未使用固定资产。固定资产异地存放的,应当评估其合理性,并视情况实施必要的审计程序。

(2)材料费,是指在项目实施过程中消耗的各种原材料、辅助材料等低值易耗品的采购

及运输、装卸、整理等费用,包括以下内容:

1)获取材料支出。

2)检查大宗原辅材料采购合同是否与货物清单、验收购入单等信息相匹配。

3)检查是否列支与项目(课题)无关或执行期外的材料费用,重点关注科研用材料的采购或领用是否与单位日常经营活动或生产、基本建设用材料有明确区分。

4)检查支付大宗材料费是否存在非银行转账方式结算,关注资金实际流向是否与开具发票单位一致。

5)检查科研购入材料相关购入、验收和领用手续是否完备,购入验收手续是否具有实质性管理作用。

6)检查材料结存管理是否符合相关规定。

(3)测试化验加工费。其指在项目实施过程中支付给外单位(包括被审计项目(课题)承担单位内部独立经济核算单位)的检验、测试、化验及加工等费用,包括下列内容:

1)获取测试化验加工费支出。

2)检查是否列支项目(课题)执行期外发生的费用,是否存在明显与项目(课题)无关的测试化验加工费用。

3)关注检验、测试、化验、加工承担单位是否具有相应资质或能力,收费有无明显偏高或偏低。

4)检验、测试、化验等是否取得结果报告或分析测试报告等成果性资料。

5)检查支付大宗测试化验加工费是否存在非银行转账方式结算,关注资金实际流向是否与开具发票单位一致。

6)加工件完工后是否办理完备的验收移交手续。

7)对于支付被审计项目(课题)承担单位内部独立经济核算单位的检验、测试、化验及加工等费用,检查是否有测试记录、收费标准、内部结算规定等,结算程序是否规范。

8)关注是否以测试化验加工费的名义转包科研任务。

(4)燃料动力费。其是指在项目实施过程中直接使用的相关仪器设备、科学装置等运行发生的水、电、气、燃料消耗费用等,包括下列内容:

1)获取燃料动力费支出。

2)检查是否列支课题执行期外发生的费用,是否存在明显与项目研究无关的燃料动力费。

3)检查是否列支或分摊被审计项目(课题)承担单位日常运行的水、电、气、暖等支出,该类支出属于间接费用开支范围。

(5)出版/文献/信息传播/知识产权事务费。其指在项目实施过程中,需要支付的出版费、资料费、专用软件购买费、文献检索费、专业通信费、专利申请及其他知识产权事务等费用,包括以下内容:

1)获取出版/文献/信息传播/知识产权事务费支出。

2)检查是否列支课题执行期外发生的费用,是否存在明显与项目无关的专业资料等费用,重点检查大宗专业资料和软件购置费支出。

3)检查是否列支通用性操作系统、办公软件费用,是否列支日常普通通信费及耗材等日常办公费用或个人通信费、网费。

4)检查符合无形资产确认条件的资产是否准确计量和记录,是否存在账外资产。

5)检查购买专业资料、软件以及自行开发软件是否办理验收和领用手续。

6)检查支付大宗出版/文献/信息传播/知识产权事务费是否存在非银行转账方式结算,关注资金实际流向是否与开具发票单位一致。

7)如项目(课题)的任务目标为软件开发,关注单位是否以定制或者购买软件的形式将任务外包。

8)关注是否在本项目中列支非本项目形成的专利申请费和维护费。

(6)会议/差旅/国际合作交流费。其指在项目实施过程中发生的会议费、差旅费和国际合作交流费,包括如下内容:

1)获取会议/差旅/国际合作交流费支出。

2)检查是否列支项目(课题)执行期外发生的费用,是否列支非项目(课题)组成员国际合作交流费或与项目(课题)无关的会议/差旅/国际合作交流费。

3)关注中央级高校、中央级科研院所相关支出是否符合被审计项目(课题)承担单位管理规定。关注其他单位相关支出是否符合中办发〔2016〕50号文件以及本地科研资金管理规定。

4)检查列支依据是否充分,所附原始凭证等资料是否完整。

5)检查中央高校、科研院所对于难以取得住宿费发票,据实报销城市间交通费,并按规定标准发放伙食补助费和市内交通费的,是否已有确保其真实性的判断依据。

6)检查是否列支会议中发生的专家咨询费,该类支出属于专家咨询费开支范围。

(7)劳务费。其指在项目(课题)实施过程中支付给参与项目(课题)的研究生、博士后、访问学者以及项目(课题)聘用的研究人员、科研辅助人员等的劳务性费用,包括以下内容:

1)获取劳务费支出。

2)检查是否列支课题执行期外发生的费用。

3)获取劳务聘用合同或支持性证据,检查提供劳务内容是否与课题研究任务直接相关。

4)检查开支标准是否符合相关规定。项目聘用人员的劳务费开支标准,参照当地科学研究和技术服务业从业人员平均工资水平,根据其在项目研究中承担的工作任务确定,其社会保险补助纳入劳务费科目开支。

5)重点关注大额劳务费支出的记账凭证及发放签收单相关信息,检查发放签收单内容是否齐全,应包括姓名、职称(职务)、身份证号、金额、发放期间、提供劳务内容等项目。检查劳务费是否据实列支。

6)关注访问学者、项目(课题)聘用研究人员的费用支出依据资料是否完备,如对访问学者的资格认定、审批备案程序、工作协议等。

7)检查劳务费发放方式是否符合相关要求,原则上应通过银行转账方式,重点关注大额现金发放劳务费情况。

(8)专家咨询费。其是指在项目实施过程中支付给临时聘请的咨询专家的费用,包括下列内容:

1)获取专家咨询费支出。

2）检查是否列支发放对象或提供咨询服务内容与项目（课题）无关的费用，是否列支课题执行期外发生的费用。

3）检查开支标准、内容、范围等是否符合相关规定。是否列支发放对象或提供咨询服务内容与项目无关的费用，是否列支课题执行期外发生的费用，是否向项目（课题）组成员以及参与项目（课题）管理的相关工作人员发放专家咨询费。

4）重点关注大额专家咨询费支出的记账凭证及发放签收单相关信息，检查发放签收单内容是否齐全，应包括姓名、职称（职务）、工作单位、身份证号、金额、咨询时间、咨询内容等项目。

5）检查专家咨询费发放方式是否符合相关要求，原则上应通过银行转账方式，重点关注大额现金发放专家咨询费情况。

(9) 其他支出。其是指在项目实施过程中除上述支出范围之外的其他相关支出，包括以下内容：

1）获取其他支出。

2）检查是否列支与项目无关的费用，如各种罚款、捐款、赞助、投资等支出。

3）检查是否与前述(1)～(8)项预算科目的支出内容重复。

6.6.3.2 间接费用审计

间接费用是指被审计项目（课题）承担单位在组织实施项目过程中发生的无法在直接费用中列支的相关费用，主要包括被审计项目（课题）承担单位为项目研究提供的房屋占用，日常水、电、气、暖消耗，有关管理费用的补助支出，以及用于激励科研人员的绩效支出，等等。结合被审计项目（课题）承担单位的信用情况，间接费用实行总额控制，按照不超过课题直接费用扣除设备购置费后的一定比例核定。间接费用审计包括以下内容：

(1) 核对支出金额是否超过项目任务书预算所列金额。

(2) 关注被审计项目（课题）承担单位是否在间接费用以外，在项目（课题）中重复提取、列支相关费用。

6.6.3.3 科研项目（课题）经费拨付情况

经费资金来源包括中央财政资金、地方财政资金、单位自筹资金和从其他渠道获得的资金。此项审计程序包括以下内容：

(1) 获取科研项目（课题）专项经费拨付相关，核对专项经费拨付是否与项目（课题）任务书预算及调剂后预算一致，如有差异，查明原因，重点关注预算外拨款情况。

(2) 重点关注课题专项经费拨付的记账凭证及银行汇款单，检查是否存在未及时全额拨付资金的情形，如有，需查明原因。

(3) 检查中央财政资金结余情况，是否存在违反规定事项。对于结余经费比例较大的（超过30%），重点核实结余情况及原因。

(4) 检查其他来源资金到位情况，检查银行转账等原始单据，检查是否与资金提供方的出资承诺一致。

6.6.3.4 应付未付支出和预计支出

应付未付支出指课题执行期内发生的与课题研发活动直接相关的尚未支付、需在基准

日后支付的款项;审计基准日后发生的或预计发生的与课题验收相关的必需支出为预计支出。此类支出审计包括下列内容:

(1)获取应付未付支出明细清单,检查相关支出是否为课题执行期内已发生业务且与课题研发活动直接相关。

(2)询问并逐一确认未支付原因,是否存在不需支付事项,获取协议或合同、使用计划(须经单位和课题负责人签章确认的证明材料)等。

(3)获取预计支出明细清单,逐一检查各预算科目预计后续支出金额及使用计划。

6.7 出具专项审计报告(第六步骤)

审计报告是注册会计师根据审计准则和本指引的规定,在实施审计工作的基础上,对被审计项目(课题)承担单位科研项目资金投入、使用、管理情况发表审计意见的书面文件。注册会计师应当在审计报告中明确表述审计结论。

6.7.1 完成审计工作

在实施恰当的审计程序后,注册会计师应当汇总实施审计程序得出的结果,评价根据审计证据得出的结论是否恰当。在得出结论时,注册会计师应当考虑:

(1)是否已获取充分、适当的审计证据。按照《中国注册会计师审计准则第1231号——针对评估的重大错报风险实施的程序》的规定,是否已获取充分、适当的审计证据。

(2)重大违规事项。按照《中国注册会计师审计准则第1251号——评价审计过程中识别出的错报》的规定,未更正违规事项单独或汇总起来是否重大。重大违规事项通常包括:

1)编报虚假预算,套取国家财政资金。

2)截留、挤占、挪用中央财政科技计划项目资金。

3)违反规定转拨、转移中央财政科技计划项目资金。

4)提供虚假财务会计资料。

5)虚假承诺其他来源的资金。

6)管理使用存在重大违规问题。

7)其他违反国家财经纪律的行为。

(3)出具课题审计报告和项目汇总审计报告。在报告中说明以下内容:

1)被审计项目(课题)承担单位是否按照经批准的任务书和预算书(含调剂后的预算)执行预算,预算调剂是否符合科研项目资金相关法律法规的要求,预算或其他来源的资金是否及时足额到位。

2)被审计项目(课题)承担单位是否建立健全项目资金内部管理制度,包括建立科研项目资金有关支出管理制度。项目资金相关的内部管理主要包括预算管理、资金管理、经费支出授权批准、财务报销管理、会计核算、资产管理、采购管理、合同管理、外拨经费管理、劳务费、会议费、差旅费管理、绩效支出管理、结余资金管理等。

3)被审计项目(课题)承担单位是否按照适用的会计准则(制度)对科研项目资金进行核算和管理,将科研项目资金纳入单位财务统一管理,对中央财政资金和其他来源的资金分别单独核算,保证专款专用。

4)被审计项目(课题)承担单位是否严格按照资金开支范围与标准办理和列支项目资金支出,不存在重大违规支出事项。

6.7.2 审计报告的基本内容

审计报告应当包括下列要素:标题、收件人、引言段、课题基本情况段、课题预算安排及执行情况段、课题资金管理和使用存在的主要问题及建议段、审计意见(综合评价)段、其他需要说明的事项段、其他事项段、附表、注册会计师的签名和盖章会计师事务所的名称、地址及盖章报告日期,以及与审计报告一并附送的材料清单。

(1)标题。审计报告的标题统一规范为"中央财政科技计划项目(课题)结题审计报告"。

(2)收件人。审计报告的收件人是指注册会计师按照审计业务约定书的要求致送审计报告的对象。收件人一般是被审计项目(课题)承担单位。如果属于第三方委托,收件人一般为委托方。审计报告需要载明收件人的全称。

(3)引言。引言段需要说明被审计项目(课题)承担单位及项目(课题)名称、结题审计基准日、被审计项目(课题)承担单位的责任、注册会计师的审计责任。

(4)课题基本情况段。课题基本情况段需要说明被审计课题承担单位基本情况、课题立项基本情况、课题实施情况、课题资金核算情况、被审计课题承担单位项目资金内部管理制度建设及执行情况。

(5)课题预算安排及执行情况段。课题预算安排及执行情况段需要说明中央财政资金预算安排及调剂情况、中央财政资金到位及拨付情况、中央财政资金使用情况、执行周期内中央财政资金结余情况、中央财政资金应付未付情况、中央财政资金预计支出情况、其他来源资金预算安排和到位情况、其他来源资金使用情况、财务档案保存情况。

(6)课题资金管理和使用存在的主要问题及建议段。课题资金管理和使用存在的主要问题及建议段需要说明审计过程中发现的问题,引用有关制度规定,并提出审计建议。

(7)审计意见段。审计意见段需要说明被审计项目(课题)承担单位承担的课题资金投入、使用、管理是否在所有重大方面符合科研项目资金相关法律法规以及本项目经批准的任务书和预算书的规定,是否存在重大违规事项。

(8)其他需要说明的事项段。会计师事务所就结题审计过程中发现的问题,要与被审计项目(课题)承担单位进行充分的沟通,交换审计意见。审计过程中,单位已对审计问题整改的,可在该部分予以披露整改情况。除"课题资金管理和使用存在的主要问题及建议段"中披露的事项外,注册会计师认为其他需要披露或提醒验收时予以关注的事项,可在"其他需要说明的事项"中予以披露。如果课题在执行过程中,存在专项审计、中期检查、巡视检查等发现需整改的问题,需披露其整改情况。

(9)其他事项段。说明报告的使用范围;说明本审计报告仅供被审计项目(课题)承担单位的课题验收使用;非法律、行政法规规定,本审计报告的全部或部分内容不得提供给其任何单位和个人；不得见诸于公共媒体；本审计报告正文部分及附表不可分割,应一同阅读和使用；对任何因审计报告使用不当产生的后果,与执行本审计业务的注册会计师及其所在的会计师事务所无关。

(10)附表。附表主要包括:

1)课题基本情况表；

2)课题承担单位资金拨付情况审计表；

3)课题资金支出情况审计汇总表；

4)课题购置/试制设备情况审计表；

5)课题测试化验加工费支出情况审计表；

6)课题劳务费支出情况审计表；

7)课题参与单位资金支出情况审计表(根据参与单位数量自行增加)。

(11)注册会计师的签名和盖章。审计报告需要由注册会计师签名和盖章。

(12)会计师事务所的名称、地址及盖章。审计报告需要载明会计师事务所的名称和地址,并加盖会计师事务所公章。

(13)报告日期。审计报告需要注明报告日期。审计报告日不应早于注册会计师获取充分、适当的审计证据,并在此基础上对被审计项目(课题)承担单位科研项目资金投入、使用、管理形成审计意见的日期。

(14)与审计报告一并附送的材料清单。附上根据课题结题审计要求附送的佐证资料。注册会计师应在审核原文件后,复印相关资料并加盖被审计项目(课题)承担单位财务专用章,将加盖红章的佐证资料与结题审计报告一起装订。同时,应复印一份盖章后的佐证资料,注明与原件内容一致,存入审计工作底稿。如果注册会计师判断需要出具否定意见或无法表示意见审计报告,应当按照《中国注册会计师审计准则第1502号——在审计报告中发表非无保留意见》的要求出具审计报告。

(15)审计汇总报告。审计汇总报告是注册会计师在项目牵头单位提供的各课题结题审计报告的基础上,对项目牵头单位出具的报告,目前是根据委托方要求出具。负责出具审计汇总报告的注册会计师承担各课题结题审计报告的汇总责任,由于未对本项目的科研项目资金投入、使用和管理进行审计或审阅,因此不在汇总报告中提出鉴证结论。被审计项目(课题)承担单位注册会计师对课题结题审计报告承担审计责任。在出具汇总报告时,如果注意到各课题结题审计报告中信息不正确、不完整等影响本项目汇总的事项,出具汇总报告的注册会计师应当通过被审计项目(课题)承担单位要求其聘请的注册会计师予以更正,并将是否更正的情况,在汇总报告汇总意见中予以说明。

审计汇总报告的基本内容,应当包括下列要素:标题、收件人、引言段、项目基本情况段、项目预算安排及执行情况段、项目资金管理和使用存在的主要问题及建议段、汇总意见段、其他需要说明的事项段、其他事项段、附表、会计师事务所的名称、地址及盖章报告日期。

1)标题,审计汇总报告的标题统一规范为"中央财政科技计划项目结题审计汇总报告"。

2)收件人,审计报告的收件人是指注册会计师按照审计业务约定书的要求致送审计报告的对象。审计汇总报告的收件人一般是项目牵头单位。如果属于第三方委托,收件人一般为委托方。审计报告需要载明收件人的全称。

3) 引言段,引言段需要说明项目牵头单位及项目名称、项目执行期间(起止时间)、项目牵头单位的责任、被审计项目(课题)承担单位注册会计师的审计责任、项目牵头单位注册会计师的汇总责任。

4) 项目基本情况段,项目基本情况段需要说明项目牵头单位、被审计项目(课题)承担单位及主管部门基本情况、项目实施情况。

5) 项目预算安排及执行情况段,项目预算安排及执行情况段需要说明中央财政资金预算安排和到位情况、中央财政资金拨付情况、中央财政资金使用情况、其他来源资金预算安排和到位情况、其他来源资金使用情况。

6) 项目资金管理和使用存在的主要问题及建议段,按照课题逐项列示课题审计过程中发现的问题,引用的有关制度规定,提出的审计建议。

汇总意见段,逐项列示各课题审计意见。

7) 其他需要说明的事项段,按照课题分别汇总课题结题审计报告中披露的其他需要说明的事项。

8) 其他事项段:说明汇总报告的使用范围;说明本汇总报告仅供项目牵头单位科研项目结题使用,非法律、行政法规规定,本汇总报告的全部或部分内容不得提供给其他任何单位和个人,不得见诸于公共媒体;说明本汇总报告正文部分及附表不可分割,应一同阅读使用;说明对任何因汇总报告使用不当产生的后果,与执行本审计报告汇总业务的注册会计师及其所在的会计师事务所无关。

9) 附表主要包括:

a. 项目基本情况表;

b. 项目牵头单位中央财政资金拨付情况汇总表;

c. 项目资金支出情况汇总表。

10) 会计师事务所的名称、地址及盖章,审计汇总报告需要载明会计师事务所的名称和地址,并加盖会计师事务所公章。

11) 报告日期,审计汇总报告需要注明报告日期。审计汇总报告日不应早于项目牵头单位注册会计师获取项目牵头单位管理层提供的各课题结题审计报告,并在此基础上形成项目结题审计汇总报告的日期。

6.8 按照相关规定,出具专项审计报告(示例)

国家科技重大专项(民口)项目(课题)
审计汇总报告

项目(课题)编号:××××××××××××

项目(课题)名称:×××装备生产线示范应用

所属计划(专项):×××

项目(课题)执行周期:2015年1月至2019年12月

项目(课题)牵头单位:A 有限公司

×××会计师事务所
2020 年 1 月 30 日

国家科技重大专项(民口)课题
审计汇总报告

报告号:××××

A 有限公司:

我们接受委托,于 2019 年 12 月 31 日对 A 有限公司牵头承担的"×××"项目,2015 年经工业和信息化部批准立项的"×××"课题(课题编号:×××)(以下简称本课题)截至审计截止日(2019 年 12 月 31 日)的科研项目资金投入、使用和管理情况进行审计。

本课题承担单位的责任是负责课题资金的日常管理,保证资金投入、使用、管理符合重大专项各项资金管理办法,严格执行国家科研项目资金有关支出管理制度,严格按照资金开支范围和标准办理支出,对所提供的与科研课题审计相关的资料负责,并保证资料真实、合法、完整。我们的责任是对课题的财务执行情况发表审计意见。我们的审计是依据《国务院关于改进加强中央财政科研项目和资金管理的若干意见》(国发〔2014〕11 号)、《关于进一步完善中央财政科研项目资金管理等政策的若干意见》(中办发〔2016〕50 号)、《财政部科技部发展改革委关于印发〈国家科技重大专项(民口)资金管理办法〉的通知》(财科教〔2017〕74 号)、《进一步深化管理改革激发创新活力确保完成国家科技重大专项既定目标的十项措施》(国科发重〔2018〕315 号)等文件,以及经批准的本课题任务书和预算书的规定。

我们的目标是按照审计准则和《中央财政科技计划项目(课题)结题审计指引》的要求,对中央财政科技计划课题结题执行审计,出具审计报告,报告审计中发现的问题并提出相关建议。在审计过程中,我们结合该课题的实际情况实施了包括抽查会计账簿及凭证、实地核查、访谈等我们认为必要的审计程序。按照中国注册会计师职业道德守则,我们独立于本课题承担单位,并履行了职业道德方面的其他责任。我们对课题牵头单位 A 有限公司和参与单位 B 有限公司、C 有限公司、D 有限公司、E 有限公司、F 股份有限公司、G 大学进行了现场审计,并出具汇总审计报告和审计报告分本。

现将审计情况和审计意见报告如下:

一、项目(课题)基本情况

(一)项目(课题)牵头单位基本情况

1. 承担单位基本情况

本课题承担单位为 A 有限公司(以下简称"A")。A 于 2019 年 07 月 05 日取得 A 市工商行政管理局审批局换发的统一社会信用代码为×××的营业执照,注册资本:140 635.76

万元人民币;法定代表人:×××;公司住所:西安市莲湖区××路××号。公司经营范围:(略)。

在"×××"课题实施过程中本课题承担单位K有限公司于2017年2月变更为A有限公司,课题承担单位名称变更于2019年4月22日,获得工业和信息化产业发展促进中心批准(产发函〔2019〕184号)。

2. 课题参与单位基本情况

(1)B有限公司。课题参与单位B有限公司成立于2006年10月26日,于2016年03月26日取得都江堰市行政审批局换发的统一社会信用代码为×××的营业执照,注册资本:14 981.065万元人民币;法定代表人:×××;公司住所:四川省成都市都江堰市×××大道。公司经营范围:(略)。

(2)C有限公司。课题参与单位C有限公司成立于2001年3月2日,于2016年12月14日取得苏州市吴江区市场监督管理局换发的统一社会信用代码为×××的营业执照,注册资本:2 939.062 5万元人民币;法定代表人:×××;公司住所:吴江横扇镇菀坪××村。公司经营范围:(略)。

(3)D有限公司。课题参与单位D有限公司成立于1994年10月18日,于2019年5月5日取得湖北省市场监督管理局换发的统一社会信用代码为×××的营业执照,注册资本:17 276.555 1万元人民币;法定代表人:×××;公司住所:武汉市东湖开发区×××。公司经营范围:(略)。

(4)E有限公司。课题参与单位E有限公司成立于1991年6月3日,于2018年12月3日取得南京市市场监督管理局换发的统一社会信用代码为×××的营业执照,注册资本:6 087.57万元人民币;法定代表人:×××;公司住所:南京市江宁滨江开发区×××大道×××号。公司经营范围:(略)。

(5)F股份有限公司。课题参与单位F股份有限公司成立于2002年6月7日,于2016年11月18日取得株洲市市场监督管理局换发的统一社会信用代码为×××的营业执照,注册资本:74 193.57万元人民币;法定代表人:×××;公司住所:株洲市高新技术开发区×××路。公司经营范围:(略)。

(6)G大学。课题参与单位G大学,事业单位,法人证书统一社会信用代码为×××,注册资本:人民币56 576万元;法定代表人:×××;学校地址:陕西省西安市××区×××路×××号。业务范围:(略)。

(二)项目(课题)实施情况

1. 课题立项基本情况

(1)2015年工业与信息化部批准课题所属"×××"项目立项,课题承担单位有7家,分别为A有限公司、B有限公司、C有限公司、D有限公司、E有限公司、F股份有限公司、G大学。

(2)课题名称:×××

(3)课题编号:×××

(4)课题起止时间:2015年1月至2019年12月

(5)课题负责人:×××;课题主要研究人员:×××等351人。

根据课题任务书,本课题研究内容分为8项任务,由课题承担单位A有限公司联合B有限公司、C有限公司、D有限公司、E有限公司、F股份有限公司、G大学6家单位完成。

1)A有限公司。承担任务一"×××示范单元建设"。

2)B有限公司。承担任务二"×××适应性研究"。

3)C有限公司。承担任务三"×××装备与工艺"。

4)D有限公司。承担任务四"×××示范与设备升级替换"。

5)E有限公司。承担任务五"×××的配套应用示范"。

6)F股份有限公司。承担任务五"×××的配套应用示范"。

7)G大学。承担任务六"×××的应用性能与效能提升"、任务七"×××工艺与工艺数据库"、任务八"×××的信息采集与系统集成"。

2. 项目(课题)实施情况

课题任务完成情况:

A有限公司与课题联合单位按计划开展各项工作,按期完成了"×××"研究内容。

(1)A有限公司。A有限公司根据课题任务书主要研究内容及考核指标,完成了×××加工工艺分析,完成×××工艺的装备需求分析;完成×××方案制定,并完成了×××的部分建设、运行及验证工作;完成×××工艺优化技术研究;完成了×××分析与方案制定,进行了相关测试及总结;通过研究,申请了相关专利3项,发表了相关论文4篇,形成了相关标准规范10项,建立了专职研发团队,培养了相关研究生及高级职称人员。

(2)B有限公司。B有限公司根据课题任务书针对×××复杂零件,开展×××复杂零件加工用卧式加工中心设计、制造与示范应用;开展国产机床在×××复杂零件加工中的精度稳定性、可靠性、适用性等关键技术的研究;进行数控机床、数控系统和关键功能部件相关可靠性测试;配合应用示范单位进行加工过程的数据采集工作,使设计、制造的卧式加工中心的MTBF达到1 500小时以上,满足×××复杂零件加工需求;完成1台×××精密卧式加工中心和1台×××高速卧式加工中心研制,经国家机床质量监督检验中心检测,×××精密卧式加工中心和×××精密卧式加工中心精度均达到考核指标,×××高速卧式加工中心的MTBF指标分别达到×××小时和×××小时。参与单位在×××精密卧式加工中心上完成了2 000小时模拟实际工况试验,并形成试验报告1份,完成技术规范2项。随着专项课题的实施,公司卧式加工中心系列产品的性能、功能和可靠性大幅提升,市场竞争力取得很大提高。

(3)C有限公司。C有限公司按照任务书所提出的技术路线进行课题研究。总体完成任务书规定的研究内容,达到相关考核指标见表 6-2。

表 6-2 任务书规定的研究任务和核心指标

项目	子课题任务要求	完成情况	完成情况概述
研究任务	(1)高精度数控珩磨机的制造;(2)智能化高速高效精密柔性珩磨加工单元设备的制造;(3)精密偶件以珩代研国产珩磨工艺装备适应性改进	已完成	完成 2 台珩磨设备技术方案书及评审报告各 1 份。形成高精度数控珩磨机的全套生产资料,包括图纸、物料清单、工艺、电气清单、电气图等。完成×××高精度数控珩磨机的制造的整体研究设计工作。完成×××高精度数控珩磨机的制造的全套生产资料,包括图纸、物料清单、工艺、电气清单、电气图等。完成×××智能化高速高效精密柔性珩磨加工单元设备的制造整体研究设计工作;完成×××智能化高速高效精密柔性珩磨加工单元设备的制造全套生产资料,包括图纸、物料清单、工艺、电气清单、电气图等
核心指标	(1)相比于研磨,精密偶件珩磨加工周期缩短 15%;精密偶件内孔尺寸精度±0.01mm,素线平行度 0.001mm/30mm,表面粗糙度 Ra0.1μm;珩磨头往复速度可达 80m/min;珩磨头最大转速可达 6 000rpm。(2)完成 2 000 小时以上的模拟实际工况的运行试验,并形成试验报告。(3)数控机床 MT-BF 达到 1 500 小时以上。(4)申请国内发明专利 3 项,技术规范或标准 4 项	已完成	完成×××高精度数控珩磨机制造;完成×××智能化高速高效精密柔性珩磨加工单元的制造;设备交付用户珩磨工具制造工艺关键技术研究;工具、夹具、油石的制造和交付,形成整套珩磨工具、夹具、油石设计资料,以及珩磨工艺制定及其优化,智能化高速高效精密柔性珩磨加工单元设备试运行;完成 2 台数控珩磨设备的检测、调试,形成批量试车及珩磨工艺试验和加工程序验证;完成数控珩磨机及工具性能测试;完成数控珩磨机及工具性能考核;完成珩磨加工表面完整性控制研究;完成 2 000 小时以上的模拟实际工况的运行试验;完成机床主机 MTBF 1 500 小时运行测试;申请专利 3 项、技术标准 4 项

(4)D 有限公司。D 有限公司按照任务书所提出要求实施了课题研究,完成任务书规定的研究内容,达到相关技术指标见表 6-3。

表 6-3 任务书规定研究内容

研究任务		成果形式	完成情况
国产数控系统的配套应用示范与设备升级替换	国产数控系统模拟工况运行与配套验证		完成 4 台国产机床的配套应用
	基于国产数控系统的升级替换		完成 DMG-64V 立式加工中心、WLF-M50 车铣复合加工中心升级改造并已交付车间使用
	基于国产数控系统的信息采集与系统集成	功能实现	完成基于国产数控系统的信息采集与系统集成
	10 000 小时以上的模拟实际工况运行试验	报告	完成 10 000 小时以上的模拟实际工况运行试验

(5)E 有限公司。E 有限公司按照任务书的要求,课题组预定的课题年度计划和年度目标,基本完成了协议规定的各项研究任务。具体实施情况见表 6-4。

表 6-4 研究任务完成情况

任务名称	任务合同书研究内容	实际完成的考核指标	完成情况
国产功能部件与刀具的配套应用示范	形成滚动功能部件的设计选型报告,完成滚动功能部件的样件制造;配合主机厂联机调试,产品可靠性试验报告及项目总结	(1)完成滚动功能部件选型计算并完成产品研制 (2)产品交付用户使用前,对滚珠丝杠副、滚动导轨副模拟工况进行 2 000 小时以上的可靠性试验,并结合乙方产品开展的可靠性试验工作,保证产品可靠性试验时间在 10 000 小时以上,并编写试验报告	(1)完成了滚珠丝杠副和滚动直线导轨副选型计算,详见《1-B×××精密卧式加工中心滚珠丝杠副选型计算》《2-B×××精密卧式加工中心滚动导轨副选型计算》《3-C 有限公司滚珠丝杠副选型计算》《4-C 有限公司滚动导轨副选型计算》 (2)完成了四川 B 精密卧式加工中心及 C 有限公司数控深孔立式珩磨、数控深孔钻镗珩磨滚珠丝杠副、滚动导轨副产品制造及应用验证 (3)完成了《5-B 滚珠丝杠副可靠性试验报告》《6-B 滚动导轨副可靠性试验报告》《7-C 有限公司滚珠丝杠副可靠性试验报告》《8-C 有限公司滚动导轨副可靠性试验报告》

(6) F 股份有限公司。F 股份有限公司按照任务书所提出的技术路线进行课题研究。总体完成任务书规定的研究内容,达到相关考核指标。

1) 课题目标完、任务成情况。本课题围绕×××复杂壳体与精密偶件两大类典型零件进行分析,开展国产刀具应用和加工适用性能的研究,分别整理和开发出车、铣两类典型刀具,通过现场验证已形成典型应用案例。优化其现有工艺,高集成度的开发非标定制刀具 160 余款配套应用于示范线。现已实现智能化高效生产。

2) 课题考核指标完成情况见 6-5。

表 6-5 考核指标完成情况

年份	研究内容考核指标	完成情况	备注
2015 年	用户现场刀具需求情况调研报告编写	刀具调研报告 1 份完成	完成前期现场刀具调研,并出具调研报告 1 份
2016 年	完成复杂壳体零件试刀报告; 完成根据试刀情况优化刀具选型或改进刀具; 完成精密偶件零件试刀报告; 根据试刀情况优化刀具选型或改进刀具	试刀报告 2 份完成精密偶件、复杂壳体优选改进报告完成	进行现场试用,整理出试用报告 2 份。对于反馈效果欠佳的刀具进行验证和优选,并出具优选报告
2017 年	完成课题典型复杂壳体刀具配套方案; 完成课题精密偶件刀具配套方案 1 项	刀具配套方案 2 份完成	根据零件特征整理出刀具配套方案 2 份
2018 年	完成企业标准 1 项; 完成自评报告; 数据文档整理、项目总结、协助项目验收	企业标准完成自评报告完成	完成

(7) G 大学。G 大学研究内容主要是以×××复杂零件的加工需求为牵引,围绕复杂壳体零件的高速高效加工、精密偶件的高精度加工需求,开展面向国产装备的复杂壳体高速高效加工方法的研究,包括复杂壳体深孔的加工测量一体化技术、面向国产装备的精密偶件车铣复合加工、面向国产装备精度控制的工艺补偿技术、基于国产数控系统的信息采集与系统集成等五方面。项目(课题)考核指标主要有:申请国家发明专利 4 项,软件著作权 2 项;培养研究生 10 名以上,其中博士研究生 3~4 名。

G 大学已完成了全部研究任务:针对面向国产装备的复杂壳体高速高效加工,开发了复杂壳体加工轨迹自动生成软件模块,完善了复杂壳体的特征识别技术;针对复杂壳体孔系加工-测量一体化技术,开展了深孔钻削试验,提出了复杂壳体零件深孔钻削参数优化方法以及壳体孔系在机检测方法;针对面向国产装备的精密偶件车铣复合加工,开发了精密偶件制造特征快速编程软件模块;针对面向国产装备精度控制的工艺补偿技术,建立了典型三轴数控立式铣床与五轴数控加工中心的体积误差模型及误差补偿方法;针对基于国产数控系统的信息采集与系统集成,建立了面向国产装备的航空典型零件数控加工工艺数据库。围绕上述研究,本课题已申请国内发明专利4项,软件著作权2项,培养研究生13名,其中博士研究生4名。

3. 课题调整情况

(1)任务单位名称变更。课题承担单位名称由K有限公司变更为A有限公司。

(2)课题完成时间调整。课题承担单位A有限公司于2018年底向"×××"科技重大专项实施管理办公室报送《关于"×××"课题调整请示》(技字〔2018〕×××号)申请将课题完成时间由2018年12月延期至2019年12月,调整原因为:课题指标涉及示范单元内共有设备13台,其中直接示范应用前期04专项成果设备4台,通过购买的方式示范前期04专项成果设备5台,数控系统的国产化升级替换设备4台。课题中,一台车铣加工复合中心CHD25A/1000和一台CH7516GS精密数控车削中心,属于公司通过购买的方式采购H集团有限公司的设备,对04专项前期成果进行示范应用。由于H集团有限公司重组,该两台设备制造进度一度停滞,交付拖延,影响课题正常进度。

2019年4月22日工业和信息化部产业发展促进中心根据《"×××"科技重大专项实施管理办公室关于2019年第三批课题调整申请的批复》(数控专项办函〔2019〕×××号)批准了课题延期申请(产发函〔2019〕×××号)。

(3)课题组人员调整。课题参与单位A有限公司、B有限公司、C有限公司、D有限公司、E有限公司、F股份有限公司、G大学向课题承担单位A有限公司提出调整申请报告并经课题承担单位A有限公司同意。

(4)课题预算调整。课题参与单位在总预算总额不变的情况下,向课题承担单位A有限公司提出调整项目预算金额申请报告并经课题承担单位A有限公司同意。本课题在执行期间对中央财政资金预算科目进行了调剂,并履行了必要的调剂程序,由本课题负责人提出申请,A有限公司于2019年11月15日审核批准,相关调剂符合《财政部 科技部 发展改革委关于印发〈国家科技重大专项(民口)资金管理办法〉的通知》(财科教〔2017〕74号)、《进一步深化管理改革激发创新活力确保完成国家科技重大专项既定目标的十项措施》(国科发重〔2018〕315号)文件相关规定,详见表6-6。

第6章 对国家重大专项经费审计案例的调研分析

表6-6 课题预算批复及预算调整明细表

单位:万元

科目	中央财政资金			地方财政资金			自筹资金		
	原预算	预算调整	调整后	原预算	预算调整	调整后	原预算	预算调整	调整后
总计	3 832.69		3 832.69	797.00		797.00	8 603.00		8 603.00
一、直接费用	3 633.44		3 633.44	797.00		797.00	8 603.00		8 603.00
1.设备购置费	1 489.00	−19.47	1 469.53	797.00		797.00	7 257.00		7 257.00
(1)设备购置费	990.00	−15.77	974.23				6 718.00		6 718.00
(2)试制改造费	499.00	−3.70	495.30				539.00		539.00
(3)租赁使用费									
2.材料费	1 467.48	50.78	1 518.26						
3.测试化验加工费	409.96	−4.91	405.05						
4.燃料动力费	29.94	−15.18	14.76				30.00		30.00
5.会议/差旅/国际合作与交流费	166.00	−25.07	140.93						
(1)会议费	20.28	−9.92	10.36						
(2)差旅费	102.72	12.13	114.85						
(3)国际合作与交流费	43.00	−27.28	15.71						
6.出版费/文献/信息传播/知识产权事务费	11.86	0.08	11.94				116.00	135.20	251.20
7.劳务费	45.40		45.40						
8.专家咨询费	13.80	−2.00	11.80						
9.基本建设费							1 200.00	−135.20	1 064.80
10.其他费用		15.77	15.77						
二、间接费用	199.25		199.25						

二、课题预算安排及执行情况

(一)课题预算安排情况

根据"×××"科技重大专项课题任务合同书,本课题预算为 13 232.69 万元,其中中央财政资金 3 832.69 万元,地方财政资金 797.00 万元,单位自筹资金 8 603.00 万元。

1. 课题承担单位和参与单位预算安排情况见表 6-7

表 6-7　课题承担单位和参与单位预算安排情况

单位:万元

序号	单位名称	中央财政经费	地方配套	自筹经费	合计
1	A 有限公司	1 550.60	797.00	5 446.00	7 793.60
2	B 有限公司	531.10		539.00	1 070.10
3	C 有限公司	1 233.23		2 618.00	3 851.23
4	D 有限公司	159.68			159.68
5	E 有限公司	19.39			19.39
6	F 股份有限公司	31.80			31.80
7	G 大学	306.89			306.89
累计		3 832.69	797.00	8 603.00	13 232.69

2. 课题预算明细见表 6-8

表 6-8　课题预算明细表

单位:万元

预算科目	A 有限公司	B 有限公司	C 有限公司	D 有限公司	E 有限公司	F 股份有限公司	G 大学	合计
经费总计	7 793.60	1 070.10	3 851.23	159.68	19.39	31.80	306.89	13 232.69
(一)直接费用	7 686.84	1 051.90	3 813.68	156.63	17.38	31.80	275.21	13 033.44
1.设备费	6 981.80	1 038.00	1 523.20					9 543.00
(1)设备购置费	6 981.80		1 523.20					8 505.00
(2)试制改造费		1 038.00						1 038.00
(3)租赁使用费								
2.材料费	312.33		842.58	129.97	6.10	19.11	157.39	1 467.48
3.测试化验加工费	62.50	9.70	280.33	18.63			38.80	409.96

(二)项目(课题)预算下达和到位情况

1. 课题预算下达情况

2015年11月21日中华人民共和国工业和信息化部办公厅以《关于下达"×××"科技重大专项2015年度国拨经费计划的通知》(工信厅装函〔2015〕×××号)文件批复下达课题资金总额13 232.69万元,其中财政资金为3 832.69万元,地方财政资金797.00万元,自筹经费为8 603.00万元。

2. 课题预算到位情况

截至2019年12月31日,实际到位13 232.69万元,其中:中央财政资金3 832.69万元,中央财政资金拨付符合任务书要求,垫付地方财政资金797.00万元,自筹经费以支代筹到位8 603.00万元。课题经费已足额到位,详见表6-9。

表6-9 课题经费到位情况表

单位:万元

序号	经费来源	预算批复数	经费到位明细			差异
			到款日期	拨入单位	金额	
1	中央财政资金	3 832.69	2015.10.20	A有限公司	1 556.33	0.00
2			2016.6.30	A有限公司	1 935.67	
3			2017.12.25	A有限公司	273.99	
4			2018.7.3	A有限公司	66.70	
5	地方财政资金	797.00	代垫地方财政专项资金	A有限公司	797.00	0.00
6	企业自筹资金	8 603.00	以支代筹	A有限公司	5 446.00	0.00
7				B有限公司	539.00	
8				C有限公司	2 618.00	
9				D有限公司	0.00	
10				E有限公司	0.00	
11				F股份有限公司	0.00	
12				G大学	0.00	
合计	13 232.69				13 232.69	0.00

地方财政配套资金截止审计日未到位,全部由A有限公司垫付。

(三)项目(课题)资金拨付情况

根据A有限公司与工业和信息化部签订的"×××"科技重大专项课题任务合同书,对任务分解、分工及经费安排的规定,课题承担单位A有限公司按批准预算足额、及时拨付。A有限公司自留中央财政资金为1 550.60万元,向课题参与单位拨付中央财政资金为

228 209万元。中央财政资金对外拨付明细见表6-10。

表6-10 中央财政资金对外拨付明细表

单位：万元

序号	拨付时间	拨付金额	拨入单位名称	单位性质
1	2015年12月26日	517.43	B有限公司	企业
2	2016年7月19日	12.31	B有限公司	企业
3	2017年12月27日	1.36	B有限公司	企业
4	2015年12月26日	752.11	C有限公司	企业
5	2016年7月19日	410.04	C有限公司	企业
6	2017年12月27日	64.08	C有限公司	企业
7	2018年8月27日	7.00	C有限公司	企业
8	2015年12月26日	27.41	D有限公司	企业
9	2016年7月19日	130.91	D有限公司	企业
10	2017年12月27日	0.68	D有限公司	企业
11	2018年8月27日	0.68	D有限公司	企业
12	2015年12月26日	3.45	E有限公司	企业
13	2016年7月19日	10.26	E有限公司	
14	2017年12月27日	5.68	E有限公司	
15	2015年12月26日	15.43	F股份有限公司	
16	2016年7月19日	9.15	F股份有限公司	
17	2017年12月27日	5.02	F股份有限公司	
18	2018年8月27日	2.20	F股份有限公司	
19	2015年12月26日	57.40	G大学	
20	2016年7月19日	129.88	G大学	
21	2017年12月27日	90.43	G大学	
22	2018年8月27日	29.18	G大学	
	合计		2 282.09	

(四)资金使用情况

1. 课题资金累计支出认定情况和账面结余情况

(1)课题执行期内课题资金账面累计支出使用情况。本课题批准预算总额13 232.69万元，经费账面累计支出13 121.66万元，结余111.03万元。其中，中央财政资金批准预算3 832.69万元，经费账面累计支出3 664.58万元，结余168.11万元。

(2)课题资金累计支出认定情况。本课题批准预算总额13 232.69万元，截至2019年12月31日，经费账面累计支出13 121.66万元，审计审减57.08万元，审减原因为申报支出超批复预算支出，审计认定支出13 064.58万元，结余168.11万元。详见表6-11。

表6-11 课题资金果计支出认定情况表

单位:万元

科目	预算批复数	调剂后预算数	账面支出数	审增审减数	审计认定支出数	审计认定支出数与调剂后预算数差异	审计认定结余数
一、资金支出	13 232.69	13 232.69	13 121.66	−57.08	13 064.58	168.11	168.11
(一)直接费用	13 033.44	13 033.44	12 988.30	−57.08	12 931.22	102.22	102.22
1.设备费	9 543.00	9 523.53	9 476.62	−5.00	9 471.62	51.91	51.91
(1)设备购置费	8 505.00	8 489.23	8 442.26	−4.94	8 437.32	51.91	51.91
(2)试制改造费	1 038.00	1 034.30	1 034.36	−0.06	1 034.30	0.00	0.00
(3)租赁使用费							
2.材料费	1 467.48	1 518.26	1 517.74		1 517.74	0.52	0.52
3.测试化验加工费	409.96	405.05	394.66		394.66	10.39	10.39
4.燃料动力费	59.94	44.76	44.76		44.76	0.00	0.00
5.会议/差旅/国际合作与交流费	166.00	140.93	128.18		128.18	12.75	12.75
(1)会议费	20.28	10.35	8.37		8.37	1.98	1.98
(2)差旅费	102.72	114.86	107.58		107.58	7.28	7.28
(3)国际合作与交流费	43.00	15.72	12.23		12.23	3.49	3.49
6.出版/文献/信息传播/知识产权事务费	127.86	263.14	310.98	−52.08	258.90	4.24	4.24
7.劳务费	45.40	45.40	45.39		45.39	0.01	0.01
8.专家咨询费	13.80	11.80	5.17		5.17	6.63	6.63
9.基本建设费	1 200.00	1 064.80	1 064.80		1 064.80	0.00	0.00
10.其他费用		15.77				15.77	15.77
二、间接费用	199.25	199.25	133.36		133.36	65.89	65.89

1) 预算与任务单位实际支出对比见表 6-12。

表 6-12 预算与任务单位实际支出对比情况表

单位：万元

预算科目	调整后预算数	实际支出						合计	结余
		A 有限公司	B 有限公司	C 有限公司	D 有限公司	E 有限公司	F 股份有限公司	G 大学		
经费总计	13 232.69	7 635.53	1 070.10	3 851.23	159.68	19.39	30.04	298.61	13 064.58	168.11
(一)直接费用	13 033.44	7 594.66	1 051.90	3 813.68	156.63	17.38	30.04	266.93	12 931.22	102.22
1. 设备费	9 523.53	6 914.12	1 034.30	1 523.20					9 471.62	51.91
(1)设备购置费	8 489.23	6 914.12	—	1 523.20					8 437.32	51.91
(2)试制改造费	1 034.30	—	1 034.30	—					1 034.30	0.00
(3)租赁使用费										
2. 材料费	1 518.26	316.80	—	858.39	131.22	5.36	17.17	188.80	1 517.74	0.52
3. 测试化验加工费	405.05	47.61	13.40	286.17	17.38			30.10	394.66	10.39
4. 燃料动力费	44.76		3.60	30.00		9.57	5.19		44.76	0.00
5. 会议/差旅/国际合作与交流费	140.93	62.57	4.20	27.76	8.03	2.45	7.14	16.03	128.18	12.75
(1)会议费	10.35	6.09	0.60	3.08				1.68	8.37	1.98
(2)差旅费	114.86	56.48	3.60	15.53	8.03	2.45	7.14	14.35	107.58	7.28
(3)国际合作与交流费	15.72			12.23					12.23	3.49
6. 出版/文献/信息传播/知识产权事务费	263.14	252.82		3.08				3.00	258.90	4.24
7. 劳务费	45.40		19.00	1.28		26.39	45.39	0.01		
8. 专家咨询费	11.80	0.74		1.28			0.54	2.61	5.17	6.63
9. 基本建设费	1 064.80	—	—	1 064.80		0.00		1 064.80	0.00	
10. 其他费用	15.77	—	—				15.77			
(二)间接费用	199.25	40.87	18.20	37.55	3.05	2.01		31.68	133.36	65.89

2) 中央财政资金账面支出及审计认定情况 本课题期间(2015年1月1日—2019年12月31日),本课题中央财政资金预算382.6万元,课题中央财政资金账面累计支出364.58万元审计审减0.00万元,审计认定资金支出3664.58万元,审计认定结余168.11万元,本课题执行期间不存在承担单位、参与单位之间资金调剂情况。详见下表6-13。

表6-13 中央财政资金使用情况汇总表

项目	预算批复数	调剂后预算数	账面支出数	审增审减数	审计认定支出数	审计认定支出数与调剂后预算数的差异	审计认定结余数
一、资金支出	3 832.69	3 832.69	3 664.58		3 664.58	168.11	168.11
(一)直接费用	3 633.44	3 633.44	3 531.22		3 531.22	102.22	102.22
1. 设备费	1 489.00	1 469.53	1 417.62		1 417.62	51.91	51.91
(1)设备购置费	990.00	974.23	922.32		922.32	51.91	51.91
(2)试制改造费	499.00	495.30	495.30		495.30		
(3)租赁使用费							
2. 材料费	1 467.48	1 518.26	1 517.74		1 517.74	0.52	0.52
3. 测试化验加工费	409.96	405.05	394.66		394.66	10.39	10.39
4. 燃料动力费	29.94	14.76	14.76		14.76		
5. 会议/差旅/国际合作交流费	166.00	140.93	128.18		128.18	12.75	12.75
(1)会议费	20.28	10.35	8.37		8.37	1.98	1.98
(2)差旅费	102.72	114.86	107.58		107.58	7.28	7.28
(3)国际合作与交流费	43.00	15.72	12.23		12.23	3.49	3.49
6. 出版/文献/信息传播/知识产权事务费	11.86	11.94	7.70		7.70	4.24	4.24
7. 劳务费	45.40	45.40	45.39		45.39	0.01	0.01
8. 专家咨询费	13.80	11.80	5.17		5.17	6.63	6.63
9. 基本建设费							
10. 其他费用		15.77				15.77	15.77
(二)间接费用	199.25	199.25	133.36		133.36	65.89	65.89

中央财政资金支出明细如下：

设备费。本课题设备费原预算 1 489.00 万元，为设备购置费和设备试制改造费，执行期间预算调减 19.47 万元，调整后预算 1 469.53 万元。设备费账面申报支出 1 417.62 万元，审计审减 0.00 万元，审计认定支出 1 417.62 万元，审计认定支出与调整后预算对比结余 51.91 万元。

材料费。本课题材料费原预算 1 467.48 万元，执行期间预算调增 50.78 万元，调整后预算 1 518.26 万元。材料申报支出 1 517.74 万元，审计审减 0.00 万元，审计认定支出 1 517.74 万元。大宗材料采购均签订了采购合同，审批手续完整，出入库管理制度健全。

A 有限公司采购材料与预算采购材料不一致，原因为 A 有限公司于 2017 年采购 F 股份有限公司刀具，课题实施过程中 A 有限公司结合课题任务"基于特征的典型数控加工工艺的匹配与重用"、"复杂壳体深孔的加工-测量一体化技术""面向国产装备的优化切削参数库"等研究内容，对示范单元复杂壳体典型数控加工工艺进行了优化设计，实现了基于特征的工艺设计和快捷编程，并基于国产装备特性、复杂零件结构特征重新进行了刀具设计和配置需求输出，对课题预算数中测算的刀具明细做出调整。

测试化验加工费支出管理和使用情况。本课题测试化验加工费原预算 409.96 万元，执行期间预算调减 4.91 万元，调整后预算 405.05 万元。测试化验加工费申报支出 394.66 万元，审计审减 0.00 万元，审计认定支出 394.66 万元。

燃料动力费。本课题燃料动力费原预算 29.94 万元，执行期间预算调减 15.18 万元，调整后预算 14.76 万元。燃料动力费申报支出 14.76 万元，审计审减 0.00 万元，审计认定支出 14.76 万元。

会议/差旅/国际合作交流费。本课题会议/差旅/国际合作交流费原预算 166.00 万元，执行期间预算调减 25.07 万元，调整后预算 140.93 万元。此费用申报支出 128.18 万元，审计审减 0.00 万元，审计认定支出 128.18 万元。

出版/文献/信息传播/知识产权事务费。本课题出版/文献/信息传播/知识产权事务费原预算 11.86 万元，执行期间预算调增 0.08 万元，调整后预算 11.94 万元。此费用申报支出 7.70 万元，审计审减 0.00 万元，审计认定支出 7.70 万元。

劳务费。本课题劳务费原预算 45.40 万元，执行期间未作预算调整。此费用申报支出 45.39 万元，审计审减 0.00 万元，审计认定支出 45.39 万元。

专家咨询费。本课题专家咨询费原预算 13.80 万元，执行期间预算调减 2.00 万元，调整后预算 11.80 万元。此费用申报支出 5.17 万元，审计审减 0.00 万元，审计认定支出 5.17 万元。

其他费用。本课题其他费用原预算 0.00 万元，执行期间预算调增 15.77 万元，调整后预算 15.77 万元。此费用用于后期预计后续审计费支出。

3) 地方财政资金支出情况。截至 2019 年 12 月 31 日，本课题的地方财政资金预算为 797.00 万元，账面支出 797.68 万元，审计审减 0.68 万元，审计认定支出 797.00 万元，结余 0.00 万元。详见表 6-14。

表 6-14 单位地方财政资金使用情况表

单位：万元

科目	预算批复数	调剂后预算数	账面支出数	审增审减数	审计认定支出数	审计认定支出数与调剂后预算数的差异	审计认定结余数
一、资金支出	797.00	797.00	797.68	-0.68	797.00	0.00	0.00
(一)直接费用	797.00	797.00	797.68	-0.68	797.00	0.00	0.00
1.设备费	797.00	797.00	797.68	-0.68	797.00	0.00	0.00
(1)设备购置费							
(2)试制改造费							
(3)租赁使用费							
2.材料费							
3.测试化验加工费							
4.燃料动力费							
5.会议/差旅/国际合作与交流费							
(1)差旅费							
(2)会议费							
(3)国际合作与交流费							
6.出版/文献/信息传播/知识产权事务费							
7.劳务费							
8.专家咨询费							
9.基本建设费							
10.其他费用							
二、间接费用							

地方财政资金支出明细如下:

设备费。本课题设备费原预算797.00万元,执行期间预算未调整。设备费原预算批复出预算支出、审计认定支出、审计审减797.00万元,结余0.00万元。

4)单位自筹资金支出情况。截至2019年12月31日,本课题的自筹资金预算为8 603.00万元,本课题决算报审中单位自筹资金支出8 659.40万元,审计认定支出8 603.00万元,审计审减56.40万元,报审率为100.66%,审计审减原因为超出批复预算支出,审计审减0.68万元,审计审减原因中单位自筹资金797.68万元。详细情况见表6-15。

表6-15 单位自筹资金使用情况表

单位:万元

科目	预算批复数	调剂后预算数	账面支出数	审增审减数	审计认定支出数	审计认定支出数与调剂后预算数的差异	审计认定结余数
一、资金支出	8 603.00	8 603.00	8 659.40	-56.40	8 603.00	0.00	0.00
(一)直接费用	8 603.00	8 603.00	8 659.40	-56.40	8 603.00	0.00	0.00
1.设备费	7 257.00	7 257.00	7 261.32	-4.32	7 257.00	0.00	0.00
(1)设备购置费	6 718.00	6 718.00	6 722.26	-4.26	6 718.00	0.00	0.00
(2)试制改造费	539.00	539.00	539.06	-0.06	539.00	0.00	0.00
(3)租赁使用费							
2.材料费							
3.测试化验加工费							
4.燃料动力费	30.00	30.00	30.00		30.00	0.00	0.00
5.会议/差旅/国际合作交流费							
(1)会议费							
(2)差旅费							
(3)国际合作与交流费							
6.出版/文献/信息传播/知识产权事务费	116.00	251.20	303.28	-52.08	251.20	0.00	0.00
7.劳务费							
8.专家咨询费							
9.基本建设费	1 200.00	1 064.80	1 064.80		1 064.80	0.00	0.00
10.其他费用							
(二)间接费用							

单位自筹资金支出明细如下：

设备费原预算7 257.00万元，执行期间预算未调整。设备费申报支出7 261.32万元，审计审减4.32万元，审减原因为超出批复预算支出，审计认定支出7 257.00万元，结余0.00万元。

燃料动力费原预算30.00万元，执行期间预算未调整。燃料动力费申报支出30.00万元，审计审减0.00万元，审计认定支出30.00万元，结余0.00万元。

出版/文献/信息传播/知识产权事务费原预算116.00万元，执行期间预算调增135.20万元，调整后预算251.20万元。此费用申报支出303.28万元，审计审减52.08万元，审减原因为超出批复预算支出，审计认定支出251.20万元，结余0.00万元。

基本建设费原预算1 200.00万元，执行期间预算调减135.20万元，调整后预算1 064.80万元。此费用申报支出1 064.80万元，审计审减0.00万元，审计认定支出1 064.80万元，结余0.00万元。

2. 项目(课题)资金累计应付未付认定情况和结余审定情况

(1)截至2019年12月31日(现场审计日)，本课题应付未付款项0.00万元，支付应付未付后结余为168.11万元。

(2)中央财政资金预算科目结余审定情况。本课题中央财政资金支付应付未付支出后，结余为168.11万元。明细如下：

设备费结余51.91万元。主要为A有限公司购置设备结余，结余原因为课题执行期间，增值税税率变化，A有限公司购置设备进项税额抵扣后导致设备费结余。

材料费结余0.52万元。

测试化验加工费结余10.39万元，主要结余原因为实际产品外协工序加工数量减少及壳体模具费用降低，资金结余。

会议/差旅/国际合作与交流费结余12.75万元，其中：会议费结余1.99万元，差旅费结余7.27万元，国际合作与交流费结余3.49万元。主要结余原因为减少出差、出国人数和将多次会议合并为一次来减少出差次数，节省了差旅费用。结余资金用于后续验收所需相关支出。

出版/文献/信息传播/知识产权事务费结余4.24万元，主要结余原因为部分知识产权成果还未进行专利申请以及成果发表及后续验收的审计费、打印费等。

劳务费结余0.01万元。

专家咨询费结余6.63万元，结余资金用于后续验收会议所需专家咨询费。

其他费用结余15.77万元，结余资金用于课题财务验收审计费用。

间接费用结余65.89万元，结余资金用于课题成员绩效奖励。

3. 课题各子课题支出认定数、应付未付认定数、预计支出数及结余审定情况

(1)预计支出情况。课题预计发生后续支出92.76万元，详见表6-16。

表 6-16 预计支出情况表

单位：元

序号	预算科目	单位	支出内容	测算依据	金额
1	差旅费	A 有限公司	预计在项目最终验收时，赴北京、西安项财务验收差旅费	课题验收相关技术、财务人员等 15 人在返北京差旅费，交通费 0.28 万元/每人，共 4.20 万元；住宿费和补助 0.057 万元/每人，共 0.86 万元	50 600.00
2		G 大学	预计在项目最终验收时，赴北京、西安项财务验收差旅费	财务验收差旅费 6 人，估计 2 天北京差旅费：机票费 0.12 万元*6 人*2 次=1.44 万元，住宿 0.05 万元*3 间*2 天=0.30 万元，补助（老师）0.018 万元*3 人*2 天=0.11 万元，补助（学生）0.009 万元*3 人*2 天=0.05 万元，共计 1.90 万元	19 000.00
	小计				69 600.00
3	会议费	A 有限公司	组织各参研单位在北京召开课题预验收会	会议通知、会议签到表、发票	12 000.00
	小计				12 000.00
4	专家咨询费	A 有限公司	组织各参研单位在西安召开课题预验收会邀请评审专家 6 名。	专家签收明细表	4 800.00
	小计				4 800.00
5	出版/文献/信息传播/知识产权	A 有限公司	申请"针对零件孔系制造特征的 XX 方法"专利 1 项	专利受理通知书、发票	16 000.00
6		G 大学	结题报告审计费；资料打印、复印、装订费	业务约定书	8 631.82
	小计				24 631.82
7	其他费用	A 有限公司	结题报告审计费	业务约定书	157 700.00
	小计				157 700.00
8	间接费用	A 有限公司	课题成员绩效奖金	绩效奖金明细表	658 937.12
	小计				658 937.12
	总计				927 668.94

(2) 课题结余情况。

专项经费预算 3 832.69 万元,截至 2019 年 12 月 31 日,审计认定专项经费支出 3 664.58 万元,专项经费结余 168.11 万元,课题应付未付款 0.00 万元,预计后续支出 92.76 万元,预计净结余 75.35 万元。结余情况见表 6-17。

表 6-17 结余情况表

单位:万元

序号	单位名称	审计基准日结余	财务验收申请日后应付未付支出		财务验收申请日后预计后续支出		净结余
			至2020年1月10日已记账支出	至2020年1月10日应付未付支出	至2020年1月10日已记账预计支出	至2020年1月10日未记账预计后续支出	
1	A有限公司	158.07	1.60		1.60	88.40	68.07
2	B有限公司	0.00					0.00
3	C有限公司	0.00					0.00
4	D有限公司	0.00					0.00
5	E有限公司	0.00					0.00
6	F股份有限公司	1.76					1.76
7	G大学	8.28				2.76	5.52
合计		168.11	1.60		1.60	91.16	75.35

三、项目(课题)资金管理和使用中的主要问题及建议

无。

四、其他需要说明的事项

自筹经费来源情况：

A有限公司提供的地方配套资金和自筹资金来源说明中列示：A有限公司垫支地方配套资金和自筹资金的来源为"×××"项目募集资金和企业自有资金，使用"×××"项目募集资金购置本课题所需设备及软件，完成本课题任务中的"毛坯加工、热表处理、性能测试试验、相关管控系统以及精加工能力补充"等工序。

五、汇总意见段

我们认为，课题承担单位A有限公司及其参与单位承担的本课题资金投入、使用、管理在所有重大方面符合科研项目资金相关法律法规以及经批准的本课题任务书和预算书的规定，不存在重大违规事项。本课题已按规定编制财务决算报告，在所有重大方面符合相关规定，没有其他违反国家财经纪律的行为。

六、其他事项

本审计汇总报告仅供A有限公司承担的科研项目验收使用。非法律、行政法规规定，本审计汇总报告的全部或部分内容不得提供给其他任何单位和个人，不得见诸于公共媒体。本审计汇总报告正文部分及附表不可分割，应一同阅读使用。对任何因审计汇总报告使用不当产生的后果，与执行本汇总业务的注册会计师及其所在的会计师事务所无关。

附表：(略)

表A1. 项目(课题)基本情况表

表A2. 项目(课题)牵头单位资金拨付情况审计表

表A3. 项目(课题)资金支出情况汇总表

×××计师事务所(盖章)

20XX年X月XX日

下面是调查的各课题审计报告的内容：

国家科技重大专项(民口)课题

审计报告

课题编号：×××-001

课题名称：×××示范单元建设

所属计划(专项)：科技重大专项

所属项目：×××

承担单位：A有限公司

×××会计师事务所

2020年1月30日

第6章 对国家重大专项经费审计案例的调研分析

国家科技重大专项(民口)课题
审计报告

报告号：×××号

A有限公司：

我们接受委托，于2019年12月31日对A有限公司承担的"×××"项目，2015年经工业和信息化部批准立项的"×××"课题(课题编号：×××)的任务一"×××示范单元建设"(任务一编号：×××-001)(以下简称"本课题")截至审计截止日(2019年12月31日)的科研项目资金投入、使用和管理情况进行审计。

本课题承担单位的责任是负责课题资金的日常管理，保证资金投入、使用、管理符合重大专项各项资金管理办法，严格执行国家科研项目资金有关支出管理制度，严格按照资金开支范围和标准办理支出，对所提供的与科研课题审计相关的资料负责，并保证资料真实、合法、完整。我们的责任是对课题的财务执行情况发表审计意见。我们的审计是依据《国务院关于改进加强中央财政科研项目和资金管理的若干意见》(国发〔2014〕11号)、《关于进一步完善中央财政科研项目资金管理等政策的若干意见》(中办发〔2016〕50号)、《财政部 科技部 发展改革委关于印发〈国家科技重大专项(民口)资金管理办法〉的通知》(财科教〔2017〕74号)、《进一步深化管理改革 激发创新活力 确保完成国家科技重大专项既定目标的十项措施》(国科发变〔2018〕315号)等文件以及经批准的本课题任务书和预算书的规定。

我们的目标是按照审计准则和《中央财政科技计划项目(课题)结题审计指引》的要求，对中央财政科技计划项目(课题)结题执行审计，出具审计报告，报告审计中发现的问题并提出相关建议。在审计过程中，我们结合该课题的实际情况实施了包括抽查会计账簿及凭证、实地核查、访谈等我们认为必要的审计程序。按照中国注册会计师职业道德守则，我们独立于本课题承担单位，并履行了职业道德方面的其他责任。

现将审计情况和审计意见报告如下：

一、课题基本情况

(一)课题承担单位基本情况

本课题承担单位A有限公司(原名：XX有限公司)。A有限公司于2019年07月05日取得西安市工商行政管理局审批局换发的统一社会信用代码为×××的营业执照，注册资本：140 635.76万元；法定代表人：×××；住所：西安市莲湖区×××路×××号。

公司经营范围：(略)。

"×××"课题在实施过程中本课题承担单位于2017年2月变更为A有限公司，课题承担单位名称变更于2019年4月22日获得工业和信息化产业发展促进中心批准(产发函〔2019〕×××号)。

(二)课题立项及实施情况

1. 项目(课题)基本情况

(1)2015年工业与信息化部批准项目(课题)所属"×××"项目立项，项目(课题)承担单位有 7 家,分别为 A 有限公司、B 有限公司、C 有限公司、D 有限公司、E 有限公司、F 股份有限公司、G 大学。

本课题是"×××"课题的任务一。

(2)课题名称:×××示范单元建设。

(3)课题编号:×××-001。

(4)课题起止时间:2015 年 1 月至 2019 年 12 月。

(5)课题负责人:×××;项目(课题)主要研究人员:×××等 150 人。

(6)根据课题任务书,本课题主要任务包括:以×××复杂壳体、精密偶件为加工对象,基于国产数控机床与数控系统建立应用示范单元,对国产数控机床与数控系统的可靠性及高效应用进行研究与应用示范,具体内容包括:①航空燃油控制系统复杂壳体加工工艺分析;②航空燃油控制系统精密偶件加工工艺分析;③基于航空燃油控制系统零件加工工艺的装备需求分析;④基于国产装备的复杂零件示范单元建设方案;⑤复杂壳体内芯的快速原型制造技术;⑥精密偶件复杂型孔的电加工工艺优化;⑦基于国产数控系统的信息采集与系统集成;⑧应用示范单元的运行。

本课题预算总经费 7 793.60 万元,其中:国拨经费 1 550.6 万元,地方配套经费 797.00 万元,自筹经费 5 446.00 万元。

2. 课题实施情况

根据课题任务书主要研究内容及考核指标,完成了航空燃油控制系统复杂壳体及精密偶件加工工艺分析,完成了基于航空燃油控制系统零件加工工艺的装备需求分析;完成了示范单元整体建设方案制定,示范单元的建设、运行及验证工作;完成了复杂壳体内芯的快速原型制造技术及精密偶件复杂型孔的电加工工艺优化技术研究;完成了国产数控系统的信息采集与系统集成需求分析与方案制定,进行了相关测试及总结通过研究;申请了相关专利 3 项;发表了相关论文 4 篇;形成了相关标准规范 10 项;建立了专职研发团队,培养了相关研究生及高级职称人员。

课题承担单位 A 有限公司于 2018 年底向"×××"科技重大专项实施管理办公室报送《关于"×××"课题调整请示》(技字〔2018〕×××号)申请将课题完成时间由 2018 年 12 月延期至 2019 年 12 月,调整原因为:课题指标涉及示范单元内共有设备 13 台,其中直接示范应用前期 04 专项成果设备 4 台,通过购买的方式示范前期 04 专项成果设备 5 台,数控系统的国产化升级替换设备 4 台。课题中,一台车铣加工复合中心 CHD25A/1000 和一台 CH7516GS 精密数控车削中心,属于公司通过购买的方式采购 H 集团有限公司的设备,对 04 专项前期成果进行示范应用。由于 H 集团有限公司重组,该两台设备制造进度一度停滞、交付拖延,影响课题正常进度。

2019 年 4 月 22 日工业和信息化部产业发展促进中心根据《"×××"科技重大专项实施管理办公室关于 2019 年第三批课题调整申请的批复》(数控专项办函〔2019〕×××号)批准了课题延期申请(产发函〔2019〕×××号)。

本课题在实施过程中,调整增加 73 名课题组成员,调整后课题组成员共计 150 名。本课题组成员调整经课题承担单位 A 有限公司批准。

(三)课题资金核算情况

A有限公司执行《企业会计准则》及有关规定,使用浪潮财务核算系统。与专项经费有关的会计核算全部纳入A有限公司财务统一管理,在会计核算系统的"研发支出"二级科目"费用化支出"和"资本化支出"分别增加三级科研"国家重大课题专项",同时按照专项预算科目增加了四级科目,并增加项目辅助核算,区分课题、资金来源(中央财政资金和其他来源资金)对专项经费进行单独核算。会计核算课题经费支出全部计入研发支出。

(四)单位与课题资金管理相关内部管理制度建设及执行情况

1. 单位内部财务管理制度建设

A有限公司制定了《差旅费借款报销管理办法》《固定资产财务管理办法》《无形资产财务管理办法》《经济合同财务管理办法》《基本建设财务管理办法》《物资采购财务管理办法》、《资金审批管理办法》等财务管理制度。为规范专项资金,制定了《科技重大专项项目(课题)财务管理办法》,A有限公司资金管理实行专项存储、专项核算、专款专用,对资金预算、审批、使用进行制定了严格的管理程序,确保了项目资金的有效利用,防止了挤占、挪用专项资金。

2. 项目(课题)资金内部管理制度执行

A有限公司制定了《科技重大专项项目(课题)财务管理办法》,本办法明确了公司科技重大专项项目(课题)的预算管理、收支管理、列支范围及财务验收等内容,适用于公司牵头组织或参与的各项科技重大专项项目(课题)管理。

项目资金额使用纳入公司年度预算和月度资金预算,项目主管部门按照《科技重大专项项目(课题)财务管理办法》《全面预算管理办法》,按年度、月度编制项目预算和资金预算。月度资金使用按照《资金审批管理办法》执行,并经过课题组长审批后方可进行会计核算和支付。

项目采购设备严格依照《固定资产财务管理办法》《采购管理办法》等相关制度,设备采购资金严格执行预算批复,200万元以上的设备采购提供设备联合评议报告,与预算不一致的采购执行公司内部招(议)标流程。设备到厂后,组成验收小组,由项目主管部门、设备主管部门、使用部门、工艺部门参与完成设备验收,由设备主管部门对实物进行编号、入账,同时进行日常维护和年度盘点,确保账实相符。

财务档案严格按《财务档案管理办法》执行,2年内的财务档案由财务自行管理,2年以上的交由公司档案管理部门进行集中统一管理。

二、课题预算安排及执行情况

(一)课题预算安排情况

根据本课题任务合同书,本课题预算为7 793.60万元,其中中央财政资金1 550.60万元,地方配套资金797.00万元,单位自筹资金5 446.00万元。详情见表6-18。

表 6-18 预算安排情况表

单位：万元

科目	中央财政资金	预算批准数 地方配套资金	自筹资金
一、经费合计	1 550.60	797.00	5 446.00
(一) 直接费用	1 443.84	797.00	5 446.00
1. 设备费	990.00	797.00	5 194.80
(1) 设备购置费	990.00		5 194.80
(2) 试制改造费			
(3) 租赁使用费			
2. 材料费	312.33		
3. 测试化验加工费	62.50		
4. 燃料动力费			
5. 会议/差旅/国际合作与交流费	68.89		
(1) 会议费	17.28		
(2) 差旅费	41.61		
(3) 国际合作与交流费	10.00		
6. 出版/文献/信息传播/知识产权事务费	5.00		
7. 劳务费			116.00
8. 专家咨询费		5.12	
9. 基本建设费			135.20
10. 其他费用			
(二) 间接费用	106.76		

(二) 课题预算调整情况

本课题在执行期间对中央财政资金预算科目进行了调剂,并履行了必要的调剂程序,由本课题负责人提出申请,A 有限公司于 2019 年 11 月 15 日审核批准,相关调剂符合《财政部 科技部 发展改革委关于印发〈国家科技重大专项(民口)资金管理办法〉的通知》(财科教〔2017〕74 号)、《进一步深化管理改革激发创新活力确保完成国家科技重大专项既定目标的十项措施》(国科发重〔2018〕315 号)文件相关规定。详情见表 6-19。

表 6-19 课题预算批复及预算调整明细表

单位:万元

科目	中央财政资金			地方财政资金			自筹资金		
	原预算	预算调整	调整后	原预算	预算调整	调整后	原预算	预算调整	调整后
一、经费合计	1 550.60		1550.60	797.00		797.00	5 446.00		5 446.00
(一)直接费用	1 443.84	-15.77	1 443.84	797.00		797.00	5 446.00		5 446.00
1. 设备费	990.00		974.23	797.00		797.00	5 194.80		5 194.80
(1)设备购置费	990.00	-15.77	974.23				5 194.80		5 194.80
(2)试制改造费									
(3)租赁使用费									
2. 材料费	312.33	4.50	316.83						
3. 测试化验加工费	62.50	-4.50	58.00						
4. 燃料动力费	68.89		68.89						
5. 会议/差旅/国际合作与交流费		-9.92	7.36						
(1)会议费	17.28								
(2)差旅费	41.61	19.92	61.53						
(3)国际合作与交流费	10.00	-10.00							
6. 出版/文献/信息传播/知识产权事务费	5.00		5.00						
7. 劳务费									
8. 专家咨询费	5.12		5.12						
9. 基本建设费							135.20	-135.20	
10. 其他费用		15.77	15.77				116.00	135.20	251.20
(二)间接费用	106.76		106.76						

(三)课题资金到位及拨付情况

1. 资金下达情况

(1)中央财政资金下达情况。2015年11月21日中华人民共和国工业和信息化部办公厅以《关于下达"×××"科技重大专项2015年度国拨经费计划的通知》(工信厅装函〔2015〕×××号)文件批复下达项目总的财政资金为3 832.69万元。

其中:A有限公司根据任务书批复中央财政资金预算为1 550.60万元。

(2)地方财政资金下达情况。2015年11月30日I集团公司承诺配套地方财政资金797.00万元。

(3)单位自筹资金下达情况。2015年11月27日A有限公司承诺配套自筹经费5 446.00万元。

2. 资金到位情况

本课题预算批复经费7 793.60万元,截至2019年12月31日,实际到位7 793.60万元,其中:A有限公司收到专项经费1 550.60万元,中央财政资金拨付符合任务书要求,中央财政资金拨付符合任务书要求,A有限公司垫付地方财政配套资金797.00万元,自筹经费以支代筹到位5 446.00万元。

(1)中央财政资金到位情况。截至2019年12月31日,A有限公司已收到中央财政资金1 550.60万元,中央财政资金足额到位,与预算批复一致。收到日期及到账金额见表6-20。

表6-20 收到中央财政资金情况表

单位:万元

收到日期	拨款单位	下达预算的文件号	到账金额
2015年10月20日	中华人民共和国财政部	工信厅装函〔2015〕×××号	183.10
2016年6月30日	中华人民共和国财政部	工信厅装函〔2015〕×××号	1 233.12
2017年12月25日	中华人民共和国财政部	工信厅装函〔2015〕×××号	106.74
2018年7月3日	工业和信息化部产业发展促进中心	工信厅装函〔2015〕×××号	27.64
合计			1 550.60

(2)地方财政资金到位情况。截至审计日(2019年12月31日),A有限公司垫付地方财政配套资金797.00万元。

(3)单位自筹资金到位情况。截至审计日(2019年12月31日)自筹经费以支代筹到位5 446.00万元。

3. 资金拨付情况

课题承担单位A有限公司收到专项经费共计3 832.69万元,按任务书自留1 550.60万元,剩余2 282.09万元,根据A有限公司与工业和信息化部产业发展促进中心签订的"×××"科技重大专项课题任务合同书,对任务分解、分工及经费安排的规定,课题承担单位A

有限公司向课题联合单位足额拨付专项资金,专项经费对外拨付情况见表6-21。

表6-21 专项经费对外拨付情况表

单位:万元

序号	拨付时间	拨付金额	拨入单位名称	单位性质
1	2015年12月26日	517.43	B有限公司	企业
2	2016年7月19日	12.31	B有限公司	企业
3	2017年12月27日	1.36	B有限公司	企业
4	2015年12月26日	752.11	C有限公司	企业
5	2016年7月19日	410.04	C有限公司	企业
6	2017年12月27日	64.08	C有限公司	企业
7	2018年8月27日	7.00	C有限公司	企业
8	2015年12月26日	27.41	D有限公司	企业
9	2016年7月19日	130.91	D有限公司	企业
10	2017年12月27日	0.68	D有限公司	企业
11	2018年8月27日	0.68	D有限公司	企业
12	2015年12月26日	3.45	E有限公司	企业
13	2016年7月19日	10.26	E有限公司	企业
14	2017年12月27日	5.68	E有限公司	企业
15	2015年12月26日	15.43	F股份有限公司	企业
16	2016年7月19日	9.15	F股份有限公司	企业
17	2017年12月27日	5.02	F股份有限公司	企业
18	2018年8月27日	2.20	F股份有限公司	企业
19	2015年12月26日	57.40	G大学	学校
20	2016年7月19日	129.88	G大学	学校
21	2017年12月27日	90.43	G大学	学校
22	2018年8月27日	29.18	G大学	学校
合计		2 282.09		

(四)课题资金使用情况

1. 课题执行期内课题资金账面累计支出使用情况

本课题批准预算总额7 793.60万元,经费账面累计支出7 689.25万元,结余104.35万元。其中,中央财政资金批准预算1 550.60万元,经费账面累计支出1 392.53万元,结余158.07万元。

2. 项目(课题)预算科目资金支出审计认定情况

(1)中央财政资金支出情况。截至2019年12月31日,本课题决算报审中央财政资金支出1 392.53万元,审计审减0.00万元,审计认定支出1 392.53万元。详细情况见表6-22。

表 6-22 中央财政资金使用情况表

单位：万元

项目	预算批复数	调剂后预算数	账面支出数	审增审减数	审计认定支出数	审计认定支出数与调剂后预算数的差异	审计认定结余数
一、资金支出	1 550.60	1 550.60	1 392.53		1 392.53	158.07	158.07
(一)直接费用	1 443.84	1 443.84	1 351.66		1 351.66	92.18	92.18
1.设备费	990.00	974.23	922.32		922.32	51.91	51.91
(1)设备购置费	990.00	974.23	922.32		922.32	51.91	51.91
(2)试制改造费							
(3)租赁使用费							
2.材料费	312.33	316.83	316.80		316.80	0.03	0.03
3.测试化验加工费	62.50	58.00	47.61		47.61	10.39	10.39
4.燃料动力费							
5.会议差旅/国际合作交流费	68.89	68.89	62.57		62.57	6.32	6.32
(1)会议费	17.28	7.35	6.09		6.09	1.26	1.26
(2)差旅费	41.61	61.54	56.48		56.48	5.06	5.06
(3)国际合作与交流费	10.00						
6.出版/文献/信息传播/知识产权事务费	5.00	5.00	1.62		1.62	3.38	3.38
7.劳务费							
8.专家咨询费	5.12	5.12	0.74		0.74	4.38	4.38
9.基本建设费							
10.其他费用		15.77				15.77	15.77
(二)间接费用	106.76	106.76	40.87		40.87	65.89	65.89

中央财政资金实际支出主要内容、资金使用情况、支出审计认定内容与调剂后预算内容的差异及原因说明如下：

1) 型仪器设备（购置、试制）使用与管理情况。本课题设备费原预算990.00万元，全部为设备购置费，执行期间预算调减15.77万元，调整后预算974.23万元。此费用申报支出922.32万元，审计审减0.00万元，审计认定支出922.32万元。

A有限公司按照本课题任务书中预算批复，购置了5台设备，分别为购置J研究所有限公司的"精密电火花机床DK7140-5Z"，K销售有限公司的"高精度六轴数控单项走丝线切割机床LA350A"，L有限公司的"双光源选择性激光烧结设备"，H（数控）股份有限公司的"卧式车铣复合加工中心、精密高速车削中心"。

上述设备在采购之前签订购买合同、资产投资招标程序完善、审批手续完整、验收入库程序规范。专项经费支出内容与预算批复内容基本一致。

2) 材料费支出管理和使用情况。

本课题材料费原预算312.33万元，执行期间预算调增4.50万元，调整后预算316.83万元。此费用申报支出316.80万元，审计审减0.00万元，审计认定支出316.80万元。

A有限公司大宗原辅材料的采购均签订了采购合同，进行单一来源采购价格谈判，审批手续完整，出入库管理制度健全。

支出内容与预算批复内容对比有较大差异，差异原因为：A有限公司于2017年采购F股份有限公司刀具，课题实施过程中A有限公司结合课题任务"基于特征的典型数控加工工艺的匹配与重用""复杂壳体深孔的加工-测量一体化技术""面向国产装备的优化切削参数库"等研究内容，对示范单元复杂壳体典型数控加工工艺进行了优化设计，实现了基于特征的工艺设计和快捷编程，并基于国产装备特性、复杂零件结构特征重新进行了刀具设计和配置需求输出，对课题预算数中测算的刀具明细做出调整。

3) 测试化验加工费支出管理和使用情况。本课题测试化验加工费原预算62.50万元，执行期间预算调减4.50万元，调整后预算58.00万元。此费用申报支出47.61万元，审计审减0.00万元，审计认定支出47.61万元。此项费用主要用于本课题执行过程中的工序加工费用。

A有限公司与M机械加工厂、N有限公司、O有限公司签订内容为"加工NO：10-50工序、加工NO：5-105工序、模具加工"的加工合同，加工部件验收单据审批完整。外聘加工价格进行了比价程序，审计认定内容与调剂后预算内容基本一致。

4) 会议/差旅/国际合作交流费支出管理和使用情况。

本课题会议/差旅/国际合作交流费原预算68.89万元，执行期间预算未调整。此费用申报支出62.57万元，审计审减0.00万元，审计认定支出62.57万元。主要用于召开课题技术研讨会会议相关费用、技术调研、零部件加工验收的差旅费及课题执行过程中课题启动会、推进会、中期检查会、验收准备启动会等支出。

5) 出版/文献/信息传播/知识产权事务费。本课题出版/文献/信息传播/知识产权事务费原预算5.00万元，执行期间预算未调整。此费用申报支出1.62万元，审计审减0.00万元，审计认定支出1.62万元。主要用于专利的申请费用、论文发表、查新认证。审计认定内容与调剂后预算内容基本一致。

6)专家咨询费管理和使用情况。本课题专家咨询费原预算 5.12 万元,执行期间预算未调整。此费用申报支出 0.74 万元,审计审减 0.00 万元,审计认定支出 0.74 万元。主要用于本课题会议研讨中支付专家的咨询费用。按 A 有限公司的《科技重大专项项目(课题)财务管理办法》发放给会议中咨询教授、研究员、研高人员,发放标准为税后高级专业技术职称人员 500~800 元/人天,咨询记录、签收凭证完整。审计内容与预算内容基本一致。

7)间接费用管理和使用情况。本课题间接费用原预算 106.76 万元,执行期间预算未调整。间接费用申报支出 40.87 万元,审计审减 0.00 万元,审计认定支出 40.87 万元,主要用于本课题课题科研人员激励支出及分摊的管理费用。

A 有限公司制定了《科技重大专项项目(课题)财务管理办法》,按照课题预算书和《科技重大专项项目(课题)财务管理办法》的要求计提管理费用和人员绩效支出。

(2)地方财政资金支出情况。截至 2019 年 12 月 31 日,本课题决算报审中地方财政资金出 797.68 万元,审计审减 0.68 万元,审计认定支出 797.00 万元,结余 0.00 万元,详见表 6-23。

表 6-23 地方财政资金使用情况表

单位:万元

科目	预算批复数	调整后预算数	账面支出数	审增审减数	审计认定支出数	审计认定支出数与调剂后预算差异	审计认定结余数
一、资金支出	797.00	797.00	797.68	-0.68	797.00	0.00	0.00
(一)直接费用	797.00	797.00	797.68	-0.68	797.00	0.00	0.00
1. 设备费	797.00	797.00	797.68	-0.68	797.00	0.00	0.00
(1)设备购置费	797.00	797.00	797.68	-0.68	797.00	0.00	0.00
(2)试制改造费							
(3)租赁使用费							
2. 材料费							
3. 测试化验加工费							
4. 燃料动力费							
5. 会议/差旅/国际合作与交流费							
(1)差旅费							
(2)会议费							
(3)国际合作与交流费							
6. 出版/文献/信息传播/知识产权事务费							
7. 劳务费							

续 表

科目	预算批复数	调整后预算数	账面支出数	审增审减数	审计认定支出数	审计认定支出数与调剂后预算差异	审计认定结余数
8.专家咨询费							
9.基本建设费							
10.其他费用							
二、间接费用							

地方财政资金支出明细如下：

大型仪器设备(购置、试制)使用与管理情况。本课题设备费原预算 797.00 万元，执行期间预算未调整。设备费申报支出 797.68 万元，审计审减 0.68 万元，审减原因为超出批复预算支出，审计认定支出 797.00 万元，结余 0.00 万元。主要用于购置本课题执行期间所需"机器人浇注工作站""ZM 系列综合试验台""热敏元件试验台"等课题所需设备。

(3)单位自筹资金支出情况。截至 2019 年 12 月 31 日，本课题决算报审中单位自筹资金支出 5 499.04 万元，报审率为 100.97%，审计审减 53.04 万元，审计认定支出 5 446.00 万元。详情见表 6-24。

表 6-24 单位自筹资金使用情况表

单位：万元

项目	预算批复数	调整后预算数	账面支出数	审增审减数	审计认定支出数	审计认定支出数与调剂后预算差异	审计认定结余数
一、资金支出	5 446.00	5 446.00	5 499.04	−53.04	5 446.00	0.00	0.00
(一)直接费用	5 446.00	5 446.00	5 446.00	−53.04	5 446.00	0.00	0.00
1.设备费	5 194.80	5 194.80	5 195.76	−0.96	5 194.80	0.00	0.00
(1)设备购置费							
(2)试制改造费							
(3)租赁使用费							
2.材料费							
3.测试化验加工费							
4.燃料动力费							
5.会议/差旅/国际合作交流费							

续 表

项目	预算批复数	调整后预算数	账面支出数	审增审减数	审计认定支出数	审计认定支出数与调剂后预算差异	审计认定结余数
(1)会议费							
(2)差旅费							
(3)国际合作与交流费							
6.出版/文献/信息传播/知识产权事务费	116.00	251.20	303.28	−52.08	251.20	0.00	0.00
7.劳务费							
8.专家咨询费							
9.基本建设费	135.20	0.00					
10.其他费用							
(二)间接费用							

单位自筹资金支出明细如下：

1)本课题设备费原预算 5 194.80 万元，执行期间预算未调整。设备费申报支出 5 195.76 万元，审计审减 0.96 万元，审减原因为超出批复预算支出，审计认定支出 5 194.80 万元，结余 0.00 万元。主要用于购置"五轴加工中心、卧式四轴加工中心、电火花成型加工机床"等设备。

2)本课题出版/文献/信息传播/知识产权事务费原预算 116.00 万元，执行期间预算调增 135.20 万元，调整后预算 251.20 万元。出版/文献/信息传播/知识产权事务费申报支出 303.28 万元，审计审减 52.08 万元，审减原因为超出批复预算支出，审计认定支出 251.20 万元，结余 0.00 万元。主要用于购置"生产线管理信息系统"、"生产线管理信息系统集成"、"热表处理集群控制系统"相关软件。

3)基本建设费 135.20 万元，执行期间预算调减 135.20 万元，调整后预算 0.00 万元。

3. 中央财政资金应付未付情况

截至 2019 年 12 月 31 日，本课题应付未付款项 0.00 元。

4. 中央财政资金预计支出情况

截至 2019 年 12 月 31 日，本课题申报预计支出 900 037.12 元，为 A 有限公司预计将在截止日之后发生的与课题验收或成果发表相关的费用支出，我们对其测算依据的合理性以及支出内容的相关性进行了核实，具体情况披露见表 6−25。

表 6-25 中央财政资金预计交出情况表

单位:万元

序号	预算科目	支出内容	测算依据	预计支出金额
1	差旅费	课题北京验收会人员差旅费	课题验收相关技术、财务人员等15人往返北京差旅费,交通费0.28万元/每人,共4.20万元;住宿费和补助0.057万元/每人,共0.86万元	5.06
2	会议费	课题预验收会	由A有限公司牵头,开预验收会议1次。单据有会议通知、会议签到表、发票	1.20
3	出版文献	专利	申请"刀具转换衔接载体""薄壁铝合金铸件铸造的铸造方法"专利2项,专利受理通知书、发票	1.60
4	专家咨询费	预验收会专家咨询费	预验收会议专家咨询费、专家签收明细表	0.48
5	其他费用	课题结题财务审计费	业务约定书	15.77
6	间接费用	计提项目结题后发放人员绩效奖励	绩效奖金明细表	65.89
	合计			90.00

5. 单位资金结余情况

本课题预算为 7 793.60 万元,截至课题结题日(2019 年 12 月 31 日)本课题申报支出 7 689.25 万元,审计审减 53.72 万元,审减原因为超出批复预算支出,审计认定支出 7 635.53 万元,应付未付支出 0.00 万元,预计后续支出 90.00 万元,支付应付未付和预计后续后与调整后预算对比结余 68.07 万元。

三、资金管理和使用中的主要问题及建议

无。

四、审计意见

我们认为,A 有限公司承担的本课题资金投入、使用、管理在所有重大方面符合科研项目资金相关法律法规以及经批准的本课题任务书和预算书的规定,不存在重大违规事项。本课题已按规定编制财务决算报告,在所有重大方面符合相关规定,没有其他违反国家财经纪律的行为。

五、其他需要说明的事项

自筹经费来源情况。A 有限公司提供的地方配套资金和自筹资金来源说明中列示：A 有限公司垫支地方配套资金和自筹资金的来源为"×××"募集资金和企业自有资金，使用"×××"募集资金购置本课题所需设备及软件，完成本课题任务中的"毛坯加工、热表处理、性能测试试验、相关管控系统以及精加工能力补充"等工序。

六、其他事项

本审计报告仅供课题承担单位科研项目验收使用。非法律、行政法规规定，本审计报告的全部或部分内容不得提供给其他任何单位和个人，不得见诸于公共媒体。

本审计报告正文部分及附表不可分割，应一同阅读使用。对任何因审计报告使用不当产生的后果，与执行本审计业务的注册会计师及其所在的会计师事务所无关。

附表：（略）

表 B1. 项目（课题）基本情况表

表 B2. 项目（课题）承担单位资金拨付情况审计表

表 B3. 项目（课题）资金支出情况审计汇总表

表 B4. 项目（课题）购置/试制设备情况审计表

表 B5. 项目（课题）测试化验加工费支出情况审计表

表 B6. 项目（课题）劳务费支出情况审计表

表 B7. 项目（课题）出版/文献/信息传播/知识产权事务费情况审计表

×××会计师事务所　　　　　　　　　　中国注册会计师：

（盖章）　　　　　　　　　　　　　　中国注册会计师：

2020 年 1 月 30 日

第7章 对国家重点研发计划项目(课题)研发经费审计的调研分析

7.1 调查问卷

我们课题组面向社会审计机构发放调查问卷100份,收回100份,调查结果见表7-1。

表7-1 调查问卷内容及结果

调查内容	发放调查问卷	收回调查问卷	调查结果			
			了解	基本了解	不了解	未回答
是否掌握开展初步业务活动内容	100份	100份	20份	50份	24份	6份
是否掌握计划审计工作内容	100份	100份	18份	46份	28份	8份
是否掌握风险评估内容	100份	100份	12份	15份	58份	15份
是否掌握控制测试的内容	100份	100份	5份	22份	51份	22份
是否掌握实施实质性审计程序	100份	100份	6份	51份	41份	2份
是否掌握出具专项审计报告的要点	100份	100份	4份	12份	69份	15份

从表7-1可以看出审计人员目前存在的问题,主要是部分审计人员未掌握科研项目风险评估内容,未掌握科研项目级单位控制测试内容,归根到底就是未掌握具体相关政策和相关法规。

7.2　某国家重点研发计划项目经费审查意见表

表7-2为某国家重点研发计划项目经费审查意见表。

表7-2　某国家重点研发计划项目经费审查意见表

课题	承担及参加单位	存在问题	针对性建议
课题1	A有限公司	1.审计资料与审计报告披露的国别有差异； 2.因公出国未提供邀请函或者出国报告等证明文件； 3.因私出国有待于提供深度调查，单位未出具证明材料	这一笔经费需核实，不允许因私出国使用财政资金报销个人出国费用
	B研究院	1.审计报告未披露预算执行率偏低的原因； 2.未提供单位科研经费管理制度及相关内控管理制度； 3.审计报告未披露主要承担单位××分院是否是独立法人	1.会计师事务所应披露预算执行率偏低的原因； 2.会计师事务所应披露本单位科研经费管理制度文件件及执行情况，披露内控制度建立情况及执行有效性； 3.应披露B研究院××分院是否是法人单位
	C大学	1.C大学财务提供给会计师事务所的明细账未有项目名称和编号，无法核实经费支出与项目的相关性；核实经费是否单独核算的问题。 2.本科研项目存在这样核算。 收到经费时： 借：银行存款 108 000.00元 贷：非同级财政拨款收入 108 000.00元 支付会议、材料等报销时： 借：研发支出 68 500.00元 贷：零余额账户用款额度 68 500.00元 资金支付有问题，账务核算错误，有挤占财政资金现象	1.核实本项目科研经费是否做到了分别单独核算，是否与本项目相关； 2.非同级财政拨款收入核算从非同级政府财政部门取得的经费拨款，包括从同级政府其他部门取得的横向转拨财政款从上级或下级政府财政部门取得的经费拨款等，事业单位因开展科研及其辅助活动从非同级政府财政部门取得的经费拨款，应当通过"事业收入-非同级财政拨款"科目核算，不通过非同级财政拨款收入核算； 3.零余额账户用款额度核算实行国库集中支付的单位根据财政部门批复的用款计划收到和支用的零余额账户用款额度，所以应将挤占的财政资金予以调回
	D大学	审计报告底稿中： 1.无材料购入、验证手续，或没有出入库相关凭证； 2.会议费中单独的餐费需要做说明，需补充会议签到手续； 3.无间接费管理办法	1.补充完善材料购买手续； 2.补充会议费管理制度，补充会议签到表，补充本校间接经费管理制度

续 表

课题	承担及参加单位	存在问题	针对性建议
课题1	F大学	1.存在有非预算技术骨干列支的差旅费。任务书中没有该骨干研究人员； 2.燃料动力费与项目(课题)承担单位日常运行的水、电、气、燃料费用没有区分，列支实验室日常运行的水、电、气、燃料等支出在该科目中开支	1.补充该技术人员的名单并予以备案； 2.燃料动力费与项目(课题)承担单位日常运行的水、电、气、燃料费用应予以区分。实验室日常运行的水、电、气、燃料等支出应由间接费用开支，不能在该科目中开支； 3.项目(课题)中直接使用的相关的仪器设备、专用科学装置等运行实际时间记录及标准，以及水、电、气、燃料等的按运行记录
课题2	G大学	1.报销项目支出费用单据中，没有技术负责人的签字，相关性不清楚； 2.差旅费中没有出差的事由； 3.劳务费存在执行期外的费用，如：××学生2017.2—2017.6津贴需调出项目开始执行日前的费用	1.报销项目支出费用单据中，应有技术负责人的签字，对照科研经费管理制度执行，体现相关性； 2.差旅费中应有出差的事由，体现相关性和必要性； 3.给××学生发放的2017.2—2017.6津贴劳务费需调出，在项目执行期外
课题2	H研究院有限公司	1.公司科研经费管理办法都是国家相关的科研经费相关办法，没有结合自己本单位的实际情况制定科研经费管理办法，没有提供相关的内控制度； 2.项目(课题)聘用人员的劳务费开支标准，有个人劳务费25万元，超过标准	1.根据国家相关科研经费管理制度，制定适合本单位科研活动的管理制度； 2.项目(课题)聘用人员的劳务费开支标准，参照当地科学研究和技术服务从业人员的平均工资水平，根据其在项目(课题)中承担的工作任务确定，其社会保险补助纳入劳务费用科目列支
课题2	E大学	在会计师事务所底稿中： 1.设备费凭证中，无固定资产验收转固手续； 2.大额专用材料购买，没有验收、入库、领用的材料办理手续； 3.差旅费中，没有学生×××2017.8.1—8.22出差事由； 4.有工资性收入的课题参加人员发放劳务费	1.按照该大学的科研经费管理办法，补充设备的验收转固手续； 2.购买大额的专业材料，一般应有验收手续； 3.学生×××出差，应有出差事项理由，与本科研项目相关； 4.有工资性收入的课题参加人员不得以专项经费发放劳务费，劳务费不得支付给课题研究过程中临时聘请的咨询专家

续　表

课题	承担及参加单位	存在问题	针对性建议
课题2	F大学	审计工作底稿中： 1.明细账中投标保证金的使用是否与项目相关； 2.凭证中材料费单据不全，无发票； 3.版面费，原始单据不能涂改，涂改要签章	补充完善： 1.核实明细账中投标保证金的使用是否与项目相关，如果不相关，应予以调减； 2.补充凭证中材料费单据和发票
	I股份有限公司	审计工作底稿中： 1.凭证中差旅费没有提供票据及相关资料； 2.材料费的支出，按照计划成本入账，没有调整为实际成本	1.完善凭证中差旅费提供票据及相关资料； 2.材料费的支出，应把计划成本入调整为实际成本
课题3	J大学	1.设备费没有标明"试制""购置"，与预算不相符的，经过调整的支出没有责任专家签字确认； 2.材料购买的验收管理、进出库管理（学校层面）不完善； 3.开题启动会没有财务专家参加	1.设备费需标明试制、购置，与预算不相符的，经过调整的支出需找责任专家签字确认； 2.材料购买的验收管理、进出库管理（学校层面）需要有相关制度和执行要求； 3.建议开题启动会有财务专家参加
	K研究院有限公司	1.经费支出少，预算执行率偏低，与研究任务进展不匹配； 2.测试化验加工费签订的为研究任务合同，交付物（结果）为本项目考核指标之一； 3.劳务费采用分摊方式计列	1.说明经费支出较少、预算执行率偏低的原因； 2.本应由单位承担完成的研究任务，不得以测试化验加工费的名义委托分包，在测试化工费中列支某一全过程研究且交付物（结果）为本项目考核指标之一； 3.劳务费应该据实列支，不得以计提或分摊方式列支劳务费
	L股份有限公司	实际执行由L股份有限公司集团公司，而任务书规定由L股份有限公司承担执行，没有履行相关批复手续，没有说明变更的理由	应组织专家进行论证，报主管管理机构审批，报科技部主管司批复

续 表

课题	承担及参加单位	存在问题	针对性建议
课题3	M工程有限公司	1. 预算执行情况中,专项经费和自筹经费未分别单独核算; 2. 设备合同签订时间、付款时间、发票时间及到货时间没有在项目执行期内(合同尾款可在执行期后); 3. 设备进行招标,没有提供中标通知书,没有采购(升级改造或租赁)合同,没采购进口科研仪器设备的备案手续; 4. 设备安装使用没有相关手续,没有使用记录; 5. 租赁设备未提供相关租赁使用手续	1. 专项经费和自筹要求分别单独核算,应根据相关性原则,按照核算要求分别列号调整账务进行核算; 2. 设备合同签订时间、付款时间、发票时间及到货时间应在项目执行期内(合同尾款可在执行期后); 3. 设备进行招标,需要有中标通知书、采购(升级改造或租赁)合同,采购进口科研仪器设备的相关手续; 4. 设备通常要有出入库手续,有使用记录; 5. 租赁设备要提供相关租赁使用手续
	N电气有限公司	1. 经费支出比较少,预算执行率偏低; 2. 预算支出主要为差旅费,差旅人员名单中,个别人员不是课题组人员; 3. 试制设备为目标产品,即项目(课题)主要任务就是研制该设备,列支为试制设备费	1. 应说明预算执行率偏低的理由; 2. 预算支出主要为差旅费,差旅人员名单,个别不是课题组人员,需要进行调整说明; 3. 当试制设备为过程产品时(即为完成项目(课题)任务而研制的零部件或工具性产品),试制设备发生的相关成本(含直接相关的小型仪器设备费、材料费、测试加工费、燃料动力费等)应列入试制设备费科目;当试制设备为目标产品(即项目(课题)主要任务就是研制该设备)时,应当分别在设备费、材料费、测试化验加工费、燃料动力费、劳务费等科目中核算
课题4	O大学	1. 项目组成员从课题中列支专家咨询费; 2. 设备维修费在设备费中"设备改造与租赁"列支; 3. 劳务费以现金的方式支付	1. 项目组成员不能从课题中列支专家咨询费; 2. 设备维修费不应在设备费中列支,应列间接费用; 3. 劳务费原则应当以银行转账的方式支付

续　表

课题	承担及参加单位	存在问题	针对性建议
课题4	P集团有限公司	1. 测试化验加工费不是第三方或内部独立核算单位发生费用；2. 租赁外单位仪器设备发生的费用在测试化验加工费中列支，租赁合同签订时间、交付使用时间在项目执行期外	1. 测试化验加工费内部进行的测试化验加工费，应按照材料、燃料动力费等分别项目列支经费；2. 租赁外单位仪器设备发生的费用应在设备租赁费中列支，不应该在测试化验加工费中列支。租赁合同签订时间、交付使用时间应在项目执行期内予以核减
课题4	W大学	1. 劳务费发放没有提供劳务人员的姓名、身份证号、银行卡号、提供劳务内容，发放期间、金额、领取人签字，以及劳务聘用合同或其他支持性证据；2. 访问学者没有提供资格认定、审批备案程序和工作协议等	1. 劳务费发放需提供劳务人员的姓名、身份证号、职称(职务)、银行卡号、提供劳务内容，发放期间、金额、领取人签字，以及劳务聘用合同或其他支持性证据；2. 访问学者应准备资格认定、审批备案程序和工作协议等
课题4	S大学	1. 在"材料费"中列支大量资料打印费等；2. 其他费用中列支向学生捐赠费用	1. 其他费用可以列支审计费用、在农业、林业等领域发生的土地租赁费及青苗补偿费、在人口与健康领域发生的临床试验费等，要有正规发票，无发票的需要到当地税务部门开具正规发票或提供翔实佐证材料。资料打印费可在出版文献费用中列支。2. 存在与项目无关的费用，如各种罚款、捐款、赞助、投资等支出，不得列支，予以调减
课题5	Q有限公司	列支应付未付支出的材料费，材料尚未购进单位，验收截止日尚未使用	应付未付支出，是指课题执行期内发生的与课题研发活动直接相关的费用尚未支付、需在基准日后支付的款项。审计时关注：获取应付未付支出明细清单，检查相关支出是否为课题执行期内已发生业务且与课题研发活动直接相关。询问并逐一确认未支付原因，是否存在不需支付事项，获取协议或合同、使用计划(须经单位和课题负责人签章确认的证明材料)等。审计报告中附送课题应付未付证明材料(合同、发票等复印件)，在验收日尚未使用的不得列支
课题5	R研究院	预计专项经费支出中预计有材料费、劳务费等	预计支出是指审计基准日后发生的或预计发生的与课题验收相关的必需支出。审计时关注：获取预计支出明细清单，逐一检查各预算科目预计后续支出金额及使用计划；审计报告中附送课题预计支出说明材料。课题已经结题，任务已经完成，不得再列支材料费、劳务费等

7.3 通过检查、调研发现审计人员存在的问题

7.3.1 个别审计人员相关文件精神掌握不透

个别会计师事务所审计人员学习科技部或工信部相关政策文件不深入,不了解管理机构及管理方式的要求。要想彻底了解管理项目的方方面面,首先了解下面几个方面。

工业和信息化产业发展促进中心(以下简称"中心")是工业和信息化部直属事业单位,是工业和信息化部所属的项目管理专业机构,中心秉承寓管理于服务的管理理念,施行"三个强化,三个探索"的管理措施,即强化咨询服务,强化信息公开,强化风险管理,探索动态调整机制,探索绩效评价机制,探索信用管理机制,为政府部门、高校及企事业单位、社会公众等对象提供服务。

为了保证预算编制的目标相关性、政策相符性、经济合理性,强化咨询服务,提高服务质量,有关部门编制了《重点专项预算编制手册》(以下简称"手册"),汇总整理了涉及预算编制和重点专项项目经费管理的有关文件和规定,提供相应的支出标准,供项目申报单位预算编制参考使用。

手册的第一部分为涉及重点研发计划重点专项管理的有关政策和文件;第二部分为预算编制过程以及资金管理过程中涉及的有关支出管理规定和相关标准,如会议费、差旅费、专家咨询费、国际交流与合作费等费用的预算额应参照相关规定和标准测算;第三部分为科技部发布的《财政部 科技部关于印发〈国家重点研发计划资金管理办法〉的通知》(财教〔2021〕178号)的内容及相关附件。手册中有关表格的格式和表述若与国科管填报系统中不一致的内容,以国科管填报系统为准。中央高校和科研院所如已按照中办〔2016〕50号文件制定了相应的会议及差旅费管理办法,则按照本校(本所)制定的标准执行;企业会议、差旅费标准,按照手册中的会议、差旅费文件执行。

(1)项目资金管理有关文件,包括以下几项:

1)中办国办印发《关于进一步完善中央财政科研项目资金管理等政策的若干意见》(中办发〔2016〕50号);

2)国务院印发《关于改进加强中央财政科研项目和资金管理的若干意见》(国发〔2014〕11号);

3)国务院印发《关于深化中央财政科技计划(专项、基金等)管理改革方案的通知》(国发〔2014〕64号);

4)《国家重点研发计划资金管理办法》的通知(财教〔2021〕178号);

5)《国家重点研发计划重点专项资金管理规定》(产发〔2017〕70号);

6)国务院办公厅《关于改革完善中央财政科研经费管理的若干意见》(国办发〔2021〕32号)。

(2)有关经费支出管理办法及相关支出标准,包括以下几项:

1)《中央和国家机关差旅费管理办法》(财行〔2013〕531 号);

2)《关于调整中央和国家机关差旅住宿费标准等有关问题的通知》(财行〔2015〕497号);

3)《因公临时出国经费管理办法》(财行〔2013〕516 号);

4)《中央和国家机关会议费管理办法》(财行〔2016〕214 号);

5)《引进人才专家经费管理实施细则》(外专发〔2010〕87 号);

6)《中央财政科研项目专家咨询费管理办法》(财科教〔2017〕128 号)。

(3)预算编制相关规定,包括以下几项:

1)〈国家重点研发计划资金管理办法〉配套实施细则》(国科发资〔2017〕261 号);

2)《国家重点研发计划重点专项项目预算编报指南》;

3)《国家重点研发计划项目预算申报书填表说明》;

4)《国家重点研发计划重点专项项目预算评估规范》。

7.3.2　个别审计人员未全面透彻掌握科研经费审计程序和规律

会计师事务所接受项目(课题)承担单位委托,承接对重大专项项目(课题)审计,需学习中国注册会计师协会颁布的中央财政科技计划项目(课题)结题审计指引。本指引是依据国家有关财政法律法规、中央财政科技计划相关管理规定以及中国注册会计师审计准则而制定的。注册会计师应按照审计准则和本指引的要求,对中央财政科技计划项目(课题)执行结题审计工作,出具审计报告,按照科研项目(课题)资金相关法律法规以及经批准的项目(课题)任务书和预算书的规定,对科研项目(课题)资金投入、使用、管理的具体情况发表审计意见,同时报告审计中发现的问题并提出相关建议。

重大专项项目(课题)审计对会计师事务所和审计人员的总体要求:

掌握和尊重科研活动规律。审计人员应当认真学习并贯彻 2016 年 5 月召开的全国科技创新大会精神,以 2018 年国务院关于优化科研管理提升科研绩效若干措施的通知(国发〔2018〕25 号)等科研项目(课题)资金相关法律法规政策为依据,在执行中央财政科技计划项目(课题)结题审计工作时,掌握和尊重科研活动规律,注重实质,提高服务意识,避免给被审计项目(课题)承担单位和项目(课题)负责人造成不必要的负担。

遵守职业道德要求。审计人员执行中央财政科技计划项目(课题)结题审计业务,应当遵守中国注册会计师职业道德守则,遵循诚信、客观和公正原则,在执行审计业务时保持独立性,获取和保持专业胜任能力,保持应有的关注,对执业过程中获知的涉密信息保密,维护职业声誉,树立良好的职业形象。

勤勉尽责。审计人员在接受委托执行业务时,应当与项目主管部门充分沟通审计目标和审计报告具体要求,围绕目标和要求收集充分、适当的审计证据,并发表恰当的审计意见,以将审计风险降至可接受的低水平。在能够利用被审计项目(课题)承担单位内部审计人员或其他外部第三方工作的情况下,注册会计师应当考虑利用其工作,以减轻被审计项目(课题)承担单位和项目(课题)负责人的负担。

中央财政科技计划项目(课题)结题审计属于特殊目的审计,在审计准则的总体框架下,根据中央财政科技计划项目(课题)资金管理的要求,既遵从风险导向审计思路,又着重突出中央财政科技计划项目(课题)结题审计工作的特殊性。对于未文中涉及的其他事项,注册会计师需要遵守相关审计准则中适用的规定。

7.3.3 个别审计人员未充分了解课题验收的主要依据和验收程序

7.3.3.1 课题验收依据

(1)《进一步深化管理改革 激发创新活力 确保完成国家科技重大专项既定目标的十项措施》(国科发重〔2018〕315号);

(2)《国家科技重大专项(民口)档案管理规定》(国科发专〔2017〕348号);

(3)《国家科技重大专项(民口)验收管理办法》(国科发专〔2018〕37号);

(4)《国家科技重大专项(民口)项目(课题)财务验收办法》(财科教〔2017〕75号);

(5)《工业和信息化部产业发展促进中心国家科技重大专项(民口)课题综合绩效评价工作细则(试行)》(产发〔2019〕13号);

(6)《国务院关于改进加强中央财政科研项目和资金管理的若干意见》(国发〔2014〕11号);

(7)《财政部 科技部关于印发〈国家重点研发计划资金管理办法〉的通知》(财教〔2021〕178号);

(8)《中共中央办公厅 国务院办公厅印发〈关于进一度完善中央财政科研项目资金管理等政策的若干意见〉的通知》(中办发〔2016〕50号);

(9)《关于进一步做好中央财政科研项目资金管理等政策贯彻落实工作的通知》(财科教〔2017〕6号);

(10)《科技部 财政部关于印发〈国家重点研发计划管理暂行办发〉的通知》(国科发资〔2017〕152号)

(11)《科技部关于印发〈国家重点研发计划资金管理办法〉配套实施细则的通知》(国办发资〔2017〕261号);

(12)国务院办公厅《关于抓好赋予科研机构和人员更大自主权有关文件贯彻落实工作的通知》(国办发〔2018〕127号);

(13)《国务院关于优化科研管理提升科研绩效若干措施的通知》(国发〔2018〕25号);

(14)中共中央办公厅 国务院办公厅印发的《关于深化项目评审、人才评价、机构评估改革的意见》(中办发〔2018〕37号);

(15)中共中央办公厅、国务院办公厅印发《关于进一步加强科研诚信建设的若干意见》(厅字〔2018〕23号);

(16)国务院《关于优化科研管理提升科研绩效若干措施的通知》(国发〔2018〕25号)

(17)科技部办公厅《关于印发〈国家重点研发计划项目综合绩效评价工作规范(试行)〉的通知》(国科办资〔2018〕107号);

(18)国务院办公厅《关于抓好赋予科研机构和人员更大自主权有关文件贯彻落实工作的通知》(国办发〔2018〕127号);

(19)科技部、财政部《关于进一步优化国家重点研发计划项目和资金管理的通知》(国科发资〔2019〕45号);

(20)《科技部印发〈关于破除科技评价中"唯论文"不良导向的若干措施(试行)〉》(国科发监〔2020〕37号);

(21)科技部办公厅《关于进一步完善国家重点研发计划项目综合绩效评价财务管理的通知》(国科办资〔2021〕137号);

(22)《财政部 科技部关于印发〈国家重点研发计划资金管理办法〉的通知》(财教〔2021〕178号);

(23)国务院办公厅《关于改革完善中央财政科研经费管理的若干意见》(国办发〔2021〕32号)。

7.3.3.2 课题综合绩效评价材料准备

(1)任务审查资料,包括以下几项:

1)课题综合绩效评价申请书;

2)课题评前审查整改报告;

3)课题自评价报告及子课题评价报告。

课题自评价报告及子课题评价报告内容应完整全面,全面概括课题执行过程中的技术研究、成果应用、项目管理等各项内容。必要时可编制独立的课题技术研究报告(关键产品或技术的研究过程描述,份数不限)、工作总结报告(偏重于阐述课题的项目管理过程)等,作为课题自评估报告的附件。

各课题参加单位应分别编制各自的子课题自评估报告(格式可参考课题自评估报告格式),作为课题自评估报告的附件。自评价报告包括以下几项:

1)科技报告;

2)使用科技报告填报软件填报并生成下载文件;

3)课题所获主要成果一览表和成果证明材料;

4)取得专利、软件著作权等证书或受理文件;

5)技术标准文件;

6)课题试验基地、中试线、示范点等一览表;

7)产品检验或测试报告(复印件);

8)获得省部级以上科技奖励证书(复印件);

9)发表论文清单及论文首页(需注明由数控机床专项资助,复印件);

10)用户使用报告;

11)课题成果影像资料(录像及照片);

12)课题任务合同书和其他有关批复文件。

用户使用报告中应对课题成果(产品及技术)的应用效果进行详细描述,使用时间不得少于6个月,一般应附上成果应用过程中的运行报告、试验数据、可靠性运行情况(故障记录及故障处理报告)。报告中不得使用相对量数据(如提高20%之类的描述),在应用效果方面应使用绝对量的对比数据。对于不规范的用户使用报告,综合绩效评价专家组应拒绝将其列入综合绩效评价材料附件,并在综合绩效评价意见中明确指出。如课题出具的用户使用报告均不能准确描述该课题成果(产品及技术)按课题任务书要求应达到的实际应用效果,则该课题应以综合绩效评价不通过处理。

(2)财务审查资料,包括以下几项:

1)资金管理的有关内部控制及财务管理制度:科技重大专项相关管理制度、单位内控财务管理制度和针对重大专项制定的相关制度,包括预算管理、资金管理、合同管理、政府采购、审批报销、资产管理等。

2)财务收支执行情况报告及附表:包括牵头单位和联合单位,并按顺序装订成册。

3)审计报告及附表:会计师事务所出具的审计报告及附表,包括汇总报告及联合单位审计报告分本,单独装订。

4)科目明细账:课题责任单位和参与单位中央财政资金、地方财政资金、单位自筹资金、其他资金等科目明细账。

5)资金支出相关补充说明材料。

(3)档案审查资料,包括以下几项:

1)课题档案清单;

2)课题档案归档范围表

3)课题档案评价材料:按申报立项、过程管理、综合绩效评价阶段排列。

7.3.3.3 课题综合绩效评价会议程序

课题综合绩效评价时间一般按一天准备,具体时间安排可参考:

1)09:00—09:15 通报课题前期情况(立项、中期评估、监督评估、知识产权审核与查证等),综合绩效评价专家组审阅上会资料并内部讨论(此环节课题单位回避);

2)09:00—10:30 会议开始,宣布综合绩效评价专家组名单,地方主管部门、集团公司、课题责任单位简要致辞;

3)10:30—12:00 课题基本情况汇报,课题自评估报告汇报(课题牵头单位和所有参与单位分别单独汇报,原则上课题牵头单位汇报时间不少于45分钟),财务审查,档案审查;

4)14:00—15:00 现场检查,财务审查,档案审查;

5)15:00—16:30 技术专家质询,财务审查,档案审查;

6)16:30—17:30 综合绩效评价专家组内部讨论,形成个人意见和小组意见(此环节课题单位回避)。

(2)课题承担单位参会人员:课题组长、课题牵头单位主要技术、财务、档案人员;课题参与单位人员;负责课题审计的事务所代表;用户代表。

(3)评审注意事项:

1)严格审核课题成果,避免成果抵充现象的出现;

2)在课题综合绩效评价过程中,如发现课题用本专项其他课题成果进行充抵,则该课题以综合绩效评价不通过处理,并酌情追究课题责任单位、课题组长的责任;

3)在课题综合绩效评价过程中,如发现课题用其他科技计划(863计划、973计划、科技支撑计划、国家自然科学基金等)的成果进行抵充,除酌情追究课题责任单位、课题组长的责任外,专项办还将向三部门及科技计划的主管部门通报具体情况。

7.3.3.4 课题综合绩效评价结论

(1)课题综合绩效评价专家应认真履行职责、独立客观地评价课题研究成果。如发现课题在关键研究内容、考核指标、用户应用等存在明显问题的,应如实反映,并给出相对应的课题综合绩效评价结论。

(2)课题综合绩效评价专家不得在课题综合绩效评价过程中故意引导,影响其他专家的判断与决策;综合绩效评价专家应独立做出课题是否通过综合绩效评价的结论。在课题综合绩效评价中,半数以上专家同意后,该课题方可通过综合绩效评价。

(3)在专家个人意见基础上,专家组进行充分讨论,形成课题综合绩效评价专家组意见。

(4)课题综合绩效评价专家所在单位如参与该课题研究,专家应主动申请回避。

(5)课题综合绩效评价中,综合绩效评价专家不得接受被评价单位任何形式的劳务费、礼品等,课题综合绩效评价专家咨询费由专业机构按标准统一支付。

7.3.4 个别审计人员未掌握中央财政资金科研经费预算的要求

会计师事务所审计人员应学习财政部、科技部印发的《国家重点研发计划资金管理办法》(财教〔2021〕178号),《国家重点研发计划重点专项项目预算编报指南》和《国家重点研发计划重点专项项目预算评估规范》,明确并了解预算编制相关规定。

7.3.4.1 应了解《国家重点研发计划重点专项项目预算编报指南》的主要内容

(1)项目(课题)预算的概述。国家重点研发计划由若干目标明确、边界清晰的重点专项组成,重点专项下设项目,项目可根据自身特点和需要下设课题。重点专项项目实行预算管理。经过批复的项目预算,将作为任务书签订、资金拨付、预算执行、财务验收和监督检查的重要依据。重点专项项目预算由课题预算汇总形成。负责项目预算申报工作的项目牵头单位、课题承担单位和课题参与单位(以下统称"承担单位")按照分级管理、分级负责的原则,由项目牵头单位负责协调各课题承担单位编报课题预算,课题承担单位负责组织课题参与单位以课题为单元编报课题预算,在此基础上,由项目牵头单位审核、汇总提交项目预算。重点专项项目预算由收入预算与支出预算构成。收入预算包括中央财政资金和其他来源资金(包括地方财政资金、单位自筹资金和从其他渠道获得的资金)。对于其他来源资金,应充分考虑各渠道的情况,不得使用货币资金之外的资产或其他中央财政资金作为资金来源。支出预算应当按照财政部、科技部印发的《国家重点研发计划资金管理办法》(财教〔2021〕178号)确定的支出科目和不同来源分别编列,并与项目研究开发任务密切相关。本指南主要规范中央财政安排的重点研发计划资金,其他来源资金应当按照国家有关会计制度和相关资金提供方的具体要求编列。

(2)项目(课题)预算的政策依据和编报原则、总体要求内容。

1)项目(课题)预算的政策依据:中央办公厅、国务院办公厅《关于进一步完善中央财政科研项目资金管理等政策的若干意见》、《国务院关于改进加强中央财政科研项目和资金管理的若干意见》(国发〔2014〕11号)、《国务院印发关于深化中央财政科技计划(专项、基金等)管理改革方案的通知》(国发〔2014〕64号),财政部、科技部印发的《国家重点研发计划资金管理办法》(财教〔2021〕178号)、《关于落实〈关于进一步完善中央财政科研项目资金管理等政策的若干意见〉的通知》(财科教〔2017〕6号)、国务院办公厅《关于改革完善中央财政科研经费管理的若干意见》(国办发〔2021〕32号)等相关制度。

2)项目(课题)预算的编报原则：项目(课题)收入预算由中央财政资金预算和其他来源资金预算构成，其他来源资金预算包括地方财政资金、单位自筹资金和其他资金。因资金来源各有不同，在编报预算时要结合项目(课题)任务实际需要以及资金来源方的要求编制预算，做到全面、完整、真实、准确填报，不得虚假承诺配套。

项目(课题)支出预算的开支范围和开支标准，应符合《资金管理办法》及国家财经法规的规定。政策相符性：项目(课题)预算科目的开支范围和开支标准，应符合国家财经法规和《资金管理办法》的相关规定。目标相关性：项目(课题)预算应以其任务目标为依据，预算支出应与项目(课题)研究开发任务密切相关，预算的总量、结构等应与设定的项目(课题)任务目标、工作内容、工作量及技术路线相符。经济合理性：项目(课题)预算应综合考虑国内外同类研究开发活动的状况以及我国相关产业行业特点等，与同类科研活动支出水平相匹配，并结合项目(课题)研究开发的现有基础、前期投入和支撑条件，在考虑技术创新风险和不影响项目(课题)任务的前提下进行安排，并提高资金的使用效益。

3)编报总体对承担单位要求：编报总体要求承担单位应当按照政策相符性、目标相关性和经济合理性原则，科学、合理、真实地编制预算，在明确项目(课题)研究目标、任务、实施周期和资金安排(包括间接费用分配)等内容的基础上，对仪器设备购置、承担单位资质及拟外拨资金进行重点说明，并申明现有的实施条件和从单位外部可能获得的共享服务。承担单位对直接费用各项支出不得简单按比例编列。承担单位已形成的工作基础及科研条件等前期投入不得列入项目(课题)资金预算。在同一支出科目中需要同时编列中央财政资金和其他来源资金的，应在预算说明中分别就中央财政资金、其他来源资金在本科目中的具体用途予以说明。承担单位对项目(课题)资金管理使用负有法人责任，按照"谁申报项目(课题)、谁承担研究任务、谁管理使用资金"的要求，如法人单位实际承担研究任务且管理使用资金，不应以上级单位的名义申报；如以法人单位名义申报的，应由本单位组织任务实施并管理使用资金，不得将资金转拨给其下级法人单位，如大学的附属医院、集团公司或母公司的全资子公司或控制子公司、科研院及下属的研究所等。若项目牵头单位、课题承担单位、课题参与单位之间存在关联关系，或项目负责人、课题负责人与课题参与单位之间存在关联关系的，应予以披露。项目牵头单位在预算编报、资金过程管理以及财务验收等工作中应重点予以审核、把关。承担单位应采用支出预算和收入预算同时编制的方法编制项目(课题)预算，平衡公式为：资金支出预算合计＝资金收入预算合计。项目(课题)预算期间应与项目(课题)实施周期一致。课题预算应以课题为单元编报，无须再将课题预算拆分成参与单位或子任务进行编报。

课题预算说明的主要内容：对承担单位前期已形成的工作基础及科研条件，以及相关部门承诺为本课题研发提供的支撑条件等情况进行详细说明。重点按以下内容进行说明：一是说明项目牵头单位、课题承担单位、课题参与单位以及相关部门，在课题研发方面的前期投入情况和已经形成的相关科研条件，如为课题研究开发提供的场地(实验示范基地、实验室等)，提供的仪器设备、装置、软件、数据库，具备的测试化验加工条件，以及研究团队等情况；二是上述相关科研条件对课题研发活动起到的支撑保障作用。

（3）各明细科目的审核。对本课题各科目支出主要用途、与课题研发的相关性、必要性及测算方法、测算依据进行详细说明；本部分是预算说明的重点，若在同一科目既有中央财政资金预算又有其他来源资金预算，应对中央财政资金和其他来源资金分别说明。课题资金由直接费用和间接费用组成，各科目具体如下：

1）设备费：是指在项目（课题）实施过程中购置或试制专用仪器设备，对现有仪器设备进行升级改造，以及租赁外单位仪器设备而发生的费用。

编制设备费预算应当严格控制设备购置，鼓励开放共享，自主研制，租赁专用仪器设备以及对现有仪器设备进行升级改造，避免重复购置。

应对购置仪器设备重点予以说明，包括设备的主要性能指标、主要技术参数和用途，对项目（课题）研究的作用，购置单台（套）50万元（含）以上的仪器设备，还需重点说明购买的必要性和数量的合理性等。购置仪器设备的选型应在能够完成项目（课题）任务的前提下，选择性价比好的仪器设备。购置单台（套）10万元（含）以上的设备，需提供3家以上报价单。如果是独家代理或生产，可提供1家报价单，但应予以说明。

试制设备费是现有仪器设备无法满足项目（课题）检测、实验、验证或示范等研究任务需要而试制专用仪器设备发生的费用，一般由零部件、材料等成本，以及零部件加工、设备安装调试、燃料动力等费用构成。当试制设备为过程产品时［即为完成项目（课题）任务而研制的零部件或工具性产品］，试制设备发生的相关成本（含直接相关的小型仪器设备费、材料费、测试加工费、燃料动力费等）应列入试制设备费科目，试制10万元（含）以上仪器设备需提供相应成本清单；当试制设备为目标产品［即项目（课题）主要任务就是研制该设备］时，应当分别在设备费、材料费、测试化验加工费、燃料动力费、劳务费等科目编列测算。

应区分设备购置费和设备试制费，不得为提高间接费用水平将设备购置费列入试制设备费。

设备改造费是指因项目（课题）任务目标需要，对现有设备进行局部改造以改善提升性能而发生的费用，及项目（课题）实施过程中相关设备发生损坏需维修而发生的费用，一般由零部件、材料等成本和安装调试等费用构成。因安装使用新增设备而对实验室进行小规模维修改造的费用，可在设备改造费中编列，应提供测算依据和说明。

设备租赁费是指项目（课题）研究过程中需要租用承担单位以外其他单位的设备而发生的费用。租赁费主要包括设备的租金、安装调试费、维修保养费及其他相关费用等。与项目（课题）研究任务相关的科学考察、野外实验勘探等车、船、航空器等交通工具的租赁费可在设备租赁费中编列，并提供测算依据和说明。不得编列承担单位自有仪器设备的租赁费用。

原则上，中央财政资金中不应编列生产性设备的购置费、基建设施的建造费、实验室的常规维修改造费以及属于承担单位支撑条件的专用仪器设备购置费，并严格控制常规或通用仪器设备的购置。

2）材料费：是指在项目（课题）实施过程中消耗的各种原材料、辅助材料、低值易耗品等的采购及运输、装卸、整理等费用。编制材料费预算应注意以下问题：

项目（课题）实施过程中消耗的主要材料，如某一品种材料预算合计达到10万元（含）以上的大宗原辅材料、贵重材料等，应详细说明其与项目（课题）任务的相关性、购买的必要性、数量的合理性等。其余辅助材料、低值易耗品可按类别简要说明。

材料的运输、装卸、整理费用主要是指采购材料时必须发生的物流运输、材料装卸、整理等费用。编报材料费预算应将材料运输、装卸、整理等费用与材料出厂（供应）价格统一合并测算，无须单独编列测算。

应避免与试制设备费中的材料重复编列。

中央财政资金中不应编列用于生产经营和基本建设的材料。

与专用设备同时购置的备品、备件等可纳入设备费预算，单独购置备品、备件等可纳入材料费预算。

3）测试化验加工费：是指在项目（课题）实施过程中支付给外单位（包括承担单位内部独立经济核算单位）的检验、测试、化验及加工等费用。编制测试化验加工费预算应注意：

单次或累计费用在10万元（含）以上的测试化验加工项目，应详细说明其与项目（课题）研究任务的相关性、必要性，以及次数、价格等测算依据，并详细说明承接测试化验加工业务的外单位（包括承担单位内部独立经济核算单位）所具备的资质或相应能力。如承接方与承担单位存在利益关联关系，应披露双方利益关联情况。

单次或累计费用在10万元以下的测试化验加工项目，可结合项目（课题）研究任务分类说明。内部独立经济核算单位是指在单位统一会计制度控制下，单位内部实行独立经济核算的机构或部门，其承担的测试化验加工任务应按照测试、化验、加工内容发生的实际成本或内部结算价格进行测算。与项目（课题）研究任务相关的软件测试、数据加工整理、大型计算机机时等费用可在本科目编列。按照研究任务分工，需由承担单位独立完成的测试化验加工任务，相关费用不在本科目中核算，应在材料费、燃料动力费和劳务费等预算科目编列。应由承担单位完成的研究任务，不得以测试化验加工费的名义分包。

4）燃料动力费：是指在项目（课题）实施过程中直接使用的相关仪器设备、科学装置等运行发生的水、电、气、燃料消耗费用等。编制燃料动力费预算应注意：

详细说明直接使用的相关仪器设备、科学装置等在项目（课题）研究任务中的作用。应按照相关仪器、科学装置等预计运行时间和所消耗的水、电、气、燃料等即期（预算编报时）价格测算，在测算过程中还应提供各参数来源或分摊依据、测算方法等。承担单位的日常水、电、气、暖消耗等费用不应在此科目编列，应在间接费用中解决。与项目（课题）研究任务相关的科学考察、野外实验勘探等发生的车、船、航空器的燃油费用可在燃料动力费中编列。

5）出版/文献/信息传播/知识产权事务费：是指在项目（课题）实施过程中，需要支付的出版费、资料费、专用软件购买费、文献检索费、查新费、专业通信费、专利申请及其他知识产权事务等费用。编制出版/文献/信息传播/知识产权事务费预算应注意：

出版费主要包括项目（课题）研究任务产生的论文、专著、标准、图集等出版费用。

资料费主要包括项目（课题）研究任务必需的图书、学术资料、数据资源等购买费用，以及与项目（课题）任务相关的资料翻译、打印、复印、装订等费用。对于单价10万元（含）以上的资料购买费用，应说明其购买的必要性和数量的合理性等。

购买单价在10万元（含）以上的专用软件，应说明专用软件的主要技术指标和用途，购买的必要性和数量的合理性等，并需提供3家以上报价单。如果专用软件为独家代理或生产，可提供1家报价单，但应予以说明。中央财政资金中不应编列通用性操作系统、办公软件等非专用软件的购置费。

委托外单位开发的单价在 10 万元(含)以上的定制软件,应说明定制软件的用途,定制的必要性、数量的合理性等。如项目(课题)主要任务目标为软件开发,不应将课题研究的主要任务通过定制软件的方式外包,其研发软件发生的费用应计入相应科目中,不计入本科目。

中央财政资金中不应编列日常手机和办公固定电话的通信费、日常办公网络费和电话充值卡费用等。

专利申请及其他知识产权事务费用:为完成本项目(课题)研究目标而申请专利的费用,以及该专利在项目(课题)实施周期内发生的维护费用,和办理其他知识产权事务发生的费用,如计算机软件著作权、集成电路布图设计权、临床批件、新药证书等。

6)会议/差旅/国际合作交流费:是指在项目(课题)实施过程中发生的差旅费、会议费和国际合作交流费。承担单位和科研人员应当按照实事求是、精简高效、厉行节约的原则,严格执行国家和单位的有关规定,统筹安排使用。编制会议/差旅/国际合作交流费预算应注意:

本科目预算不超过直接费用预算 10%的,不需要对预算内容和资金安排进行说明,更不需要提供测算依据。

本科目预算超过直接费用 10%的,应对会议费、差旅费、国际合作交流费分类分别进行测算。

会议费:是指在项目(课题)实施过程中承担单位为组织开展学术研讨、咨询以及协调项目(课题)等活动而发生的会议费用。会议费可按照会议类别(如学术交流研讨、咨询座谈、验收等)对会议次数、规模、开支标准等进行说明,无需对每次会议做单独的测算和说明。会议次数、天数、人数以及会议费开支范围、标准等,中央高校、科研院所应按照其内部制定的管理办法测算,并提供管理办法附件。除中央高校、科研院所外,其他单位应参照国家关于会议费的相关开支标准进行测算。

差旅费:是指在项目(课题)实施过程中开展科学实验(试验)、科学考察、业务调研、学术交流等所发生的外埠差旅费、市内交通费用等。差旅费可按照差旅类别(如科学实验/试验、科学考察、业务调研、学术交流等)对出差次数、人数、人均出差费用等进行分类说明,无需对每一次出差事项做单独的测算和说明。预算中若涉及乘坐交通工具等级和住宿费标准等,中央高校、科研院所应按照其内部制定的管理办法测算,并提供管理办法作为附件。除中央高校、科研院所外,其他单位应参照国家关于差旅费的相关开支标准进行测算。

国际合作交流费:是指项目(课题)实施过程中课题研究人员出国(境)及外国专家来华的费用。国际合作交流费应根据国际合作交流的类型,如项目(课题)研究人员出国(境)进行的学术交流、考察调研等,海外专家来华进行的技术培训、业务指导等,分别说明相关活动与项目(课题)研究任务的相关性、必要性。课题研究人员出国(境)和外国专家来华应与项目(课题)研究任务相关,在编报预算时应合理考虑出国(境)目的地、外国专家主要工作内容、出国(境)或来华的天数、出国(境)批次数和出国(境)团组人数等。出国(境)费用应按照国家的相关规定测算。外国专家来华工作发生的住宿费、差旅费,应参考国内同行专家的标准编报。

参加与项目（课题）研究任务相关的国内和国际学术交流会议的注册费，以及因项目（课题）研究任务需要，邀请国内外专家、学者和有关人员参加会议，对确需负担的城市间交通费、国际旅费、签证费等可列入会议/差旅/国际合作交流费科目编列。

7) 劳务费：是指在项目（课题）实施过程中支付给参与项目（课题）的研究生、博士后、访问学者以及项目（课题）聘用的研究人员、科研辅助人员等的劳务性费用。编制劳务费预算应注意：

劳务费预算不设比例限制，应根据科研人员以及相关人员参与项目（课题）的全时工作时间、承担的任务等因素据实编制并进行说明。

承担单位应有健全的劳务费管理办法，对访问学者、项目（课题）聘用研究人员应有细化的管理要求。在单位的相关管理规定中应明确访问学者的资格认定、审批或备案程序、归口管理部门及公开公示等内容，并制定岗位设立、工作协议、日常管理、发放标准等方面的具体规定。

编列研究生、博士后等人员的劳务费，应综合考虑参与项目（课题）研究的人数、本单位研究生、博士后的科研劳务费发放管理制度规定，并结合本地区和本领域科研单位的研究生、博士后平均发放水平据实测算。

编列访问学者劳务费用时，应对其承担研究任务的必要性、投入工作时间的合理性以及费用标准予以重点说明。访问学者的资格应符合承担单位制订的相关管理规定，并经承担单位审批或备案程序确认。课题组成员不得以访问学者名义在项目下各课题中编列劳务费。

编列项目（课题）聘用研究人员劳务费时，应对其承担研究任务的必要性、投入工作时间的合理性等予以重点说明。项目（课题）聘用研究人员应当为承担单位通过劳务派遣方式或者签订劳动合同、聘用协议等方式为项目（课题）聘用的研究人员。

编列项目（课题）聘用的科研辅助人员劳务费时，应对参与相关工作的必要性、投入的工作时间、工作量等进行测算说明。项目（课题）聘用的科研辅助人员包括与项目（课题）科研工作相关的操作员、实验员等辅助工作人员；项目（课题）组因研究任务需要临时聘用人员，如科学考察、野外实验勘探等临时用工、农业季节性用工等；以及为项目（课题）组提供服务的科研助理、科研财务助理等。

承担单位为事业单位的，在编人员不得编列劳务费；承担单位为企业的，除为项目（课题）实施专门聘用的人员外，其他人员不得编列劳务费。上述人员可在项目（课题）间接费用的绩效支出中列支。

项目（课题）聘用的研究人员及科研辅助人员劳务费开支标准，可结合其在项目（课题）研究中的工作情况，参照当地科学研究和技术服务业从业人员平均工资水平以及当地相应的社会保险补助编列，从业人员平均工资水平具体可参考国家统计局上一年度发布的《中国统计年鉴》中关于从事"科学研究和技术服务业"相关地区城镇单位人员平均工资统计数据，社会保险补助包括养老保险、医疗保险、失业保险、工伤保险、生育保险。

劳务费的发放应符合本单位统一的薪酬体系规定，不得重复发放。

8) 专家咨询费：是指在项目（课题）实施过程中支付给临时聘请的咨询专家的费用。

咨询专家是指承担单位在项目（课题）实施过程中，临时聘请为项目（课题）研发活动提供咨询意见的专业人员,包括高级专业技术职称人员和其他专业人员。

专家咨询费应按照财政部关于中央财政科研项目专家咨询费管理的有关规定编列。

专家咨询费的发放应当按照国家有关规定由单位代扣代缴个人所得税。编列专家咨询费预算时,可将代扣代缴的个人所得税编列在内。

访问学者和项目(课题)聘用的研究人员应在劳务费中编列,不应在本科目中编列。

专家咨询费不得支付给参与项目(课题)研究及其管理的相关人员。

9)其他支出:是指在项目(课题)实施过程中除上述支出范围之外的其他相关支出。其他支出应当在申请预算时详细说明并单独列示,单独核定。编制其他支出预算时应该注意:对项目(课题)研究过程中必须发生但不包含在上述科目中的支出,如财务验收审计费用、在农业、林业等领域发生的土地租赁费及青苗补偿费、在人口与健康领域发生的临床试验费等,可在其他支出中编列,应详细说明该支出与项目(课题)研究任务的相关性和必要性,并详细列示测算依据。对于列支的财务验收审计费用,应本着经济合理的原则进行编制,不得列支财务咨询业务发生的费用。

10)间接费用:是指承担单位在组织实施项目(课题)过程中发生的无法在直接费用中列支的相关费用,主要包括承担单位为项目研究提供的房屋占用,日常水、电、气、暖消耗,有关管理费用的补助支出,以及激励科研人员的绩效支出等。单位在申报间接费用预算时,应统筹安排,处理好分摊间接成本和对科研人员激励的关系。绩效支出安排应当与科研人员在项目工作中的实际贡献挂钩,绩效支出在间接费用中无比例限制。

课题间接费用实行总额控制,一般按照不超过直接费用扣除设备购置费后的一定比例核定。具体比例如下:500万元及以下部分为20%;超过500万元至1 000万元的部分为15%;超过1 000万元以上的部分为13%。

课题间接费用无须编制预算说明。

项目间接费用由课题间接费用汇总形成。

相关利益关联关系情况,需对项目牵头单位、课题承担单位和课题参与单位之间,以及项目负责人或课题负责人与课题参与单位是否存在利益关联关系进行说明。相关利益关联关系是指导致单位利益转移的各种关系。如不存在,填写"无"。如存在,需对利益关联关系情况进行披露。如:承担单位之间为母公司与子公司,或为同一母公司下两个子公司关系;两家承担单位受同一自然人控制的,或项目(课题)负责人或其直系亲属直接或间接持有承担单位股权等。项目预算申报材料上报要求《国家重点研发计划项目预算申报书》须经国家科技管理信息系统填报,纸件申报书须通过信息系统打印,各方签章齐全后才能上报。上报的纸件应与系统最终提交版本一致。

7.3.4.2 国家重点研发计划重点专项项目预算评估规范主要包括的内容

(1)制定规范目的和根据。制定规范目的和根据,是为规范和指导国家重点研发计划重点专项(以下简称重点专项)项目预算评估工作,充分发挥评估活动对预算决策的参考和咨询作用,根据有中共中央办公厅、国务院办公厅印发《关于进一步完善中央财政科研项目资金管理等政策的若干意见》和财政部、科技部印发的《国家重点研发计划资金管理办法》(以下简称资金管理办法)等文件精神。项目管理专业机构(以下简称专业机构)委托相关评估机构开展项目预算评估,评估机构应当按照规范的程序和要求,坚持独立、客观、公正、科学的原则,对项目申报预算进行评估。评估机构应当具有丰富的国家科技计划预算评估工作经验,熟悉国家科技计划和资金管理政策,建立了相关领域的科技专家队伍支撑,拥有专业的预算评估人才队伍等。

重点专项项目预算由课题预算汇总形成。评估机构以课题为单元进行预算评估,并汇总形成项目预算评估结果。

(2)预算评估主要任务。预算评估主要任务是评价项目申报预算的政策相符性、目标相关性和经济合理性,为项目预算的决策提供参考。

1)政策相符性。预算开支范围和开支标准应符合国家财经法规和资金管理办法的相关规定。

2)目标相关性。预算应与项目研究开发任务密切相关,预算的总量、结构等,应与设定的项目任务目标、工作内容与工作量及技术路线相符。

3)经济合理性。预算应综合考虑国内外同类研究开发活动的状况以及我国国情,与同类科研活动的支出水平相匹配,并结合项目研究开发的现有基础、前期投入和支撑条件,在考虑技术创新风险和不影响项目任务的前提下进行安排,并提高资金的使用效益。

评估机构应遵循科研活动规律,根据研发任务目标要求和不同单位实际情况,科学评价项目预算,不得简单按比例核减预算。预算评估应当健全沟通反馈机制,实现信息公开,接受各方监督。评估机构协助解答项目承担单位在预算编制过程中遇到的问题。

(3)评估委托。专业机构根据资金管理办法要求委托评估机构开展预算评估。专业机构与评估机构协商签订工作约定书,对委托事项、时间要求、双方权利与义务以及保密要求等进行约定。专业机构应为评估机构开展预算评估提供充分的保障支撑。

评估机构根据工作约定书设计评估方案,评估方案需提交专业机构备案。评估方案应明确具体的评估内容、评估原则和依据、评估工作安排、重要的时间节点等事项。

专业机构对项目预算申报书进行形式审查,主要审查申请材料是否齐全,纸质申报材料是否签字盖章以及与电子材料是否一致等,确保相关材料的规范性和完备性。

专业机构将每个项目的拟立项项目清单、项目申报书及项目预算申报书等纸质材料移交评估机构,评估机构按照工作约定书和评估方案的进度要求,开展对拟立项项目的预算评估工作。评估机构应在接受委托后15个工作日内完成评估工作。

评估程序:项目预算评估程序包括专家遴选、初评、初评意见反馈、综合评估、报告形成与提交等环节。

1)专家遴选。评估机构按照被评项目任务情况进行分组,并从国家科技专家库中根据项目任务特点选择咨询专家。各组咨询专家由59人组成,包含13名财务或管理方面的专家,其余为技术专家,可特邀不超过3名专家。评估机构应对聘请的咨询专家进行培训。

2)初评。评估机构组织对拟立项项目预算开展初评工作,重点对直接费用(设备费、材料费、测试化验加工费、燃料动力费、出版/文献/信息传播/知识产权事务费、会议/差旅/国际合作交流费、劳务费、专家咨询费和其他支出)预算的政策相符性、目标相关性和经济合理性进行评价与分析,提出需要申报单位进一步说明的问题。

3)初评意见反馈。评估机构通过国家科技管理信息系统及时反馈初评发现的问题和需要补充说明的内容。项目申报单位应将反馈的问题及时通知各课题单位,汇总各课题单位的补充材料,形成说明材料并在规定时间内提交。

4)综合评估。评估机构结合项目申报单位提交的说明材料、初评结论和沟通反馈的情况,组织召开咨询专家会议,形成咨询专家意见。评估机构对预算申报材料、项目申报单位提交的说明材料、咨询专家意见等多方面信息进行分析与综合,形成项目综合评估结论。

5)报告的形成与提交。评估机构根据综合评估结论,撰写评估报告。评估报告内容应包括预算评估总体结论、预算存在的问题及调整原因、预算调整建议等。评估结论应明确、严谨;评估数据应满足平衡关系,数据调整意见应与文字意见相符;对于预算调整额度较大或预算编制可信度太差等重大问题必须在评估报告中明确说明。

评估机构按工作约定书的要求,将预算评估报告、预算调整建议及有关说明加盖评估机构公章后提交专业机构。

在预算评估工作结束后,评估机构应及时将有关材料分别归档,包括纸介质和电子版材料,供有关方面查询使用。档案保存应按档案管理和相关专项管理的有关规定执行。

预算评估方法主要包括政策对比法、目标任务对比法、调查法、专家经验法、案例参照法和成果反推法等。在评估过程中,应在考虑不同领域、不同规模、不同研究阶段、不同类型项目特点的基础上,选择或组合运用合适的方法,不得简单按比例核减。

1)政策对比法,指通过对比重点专项资金管理的政策规定、国家相关财务政策等,审核预算是否与政策相符的方法。

2)目标任务对比法,指根据项目的研究开发任务,审核预算是否与项目任务目标相关的方法。

3)调查法,即通过调查项目某项与特定科研活动相关的支出预算在领域内的常规支出标准,判断预算合理性的方法。

4)专家经验法,即根据同行专家对科研支出规律和特点的经验,判断项目预算合理性的方法。

5)案例参照法,即通过对照以往领域内同类项目的典型案例,判断项目预算支出合理性的方法。

6)成果反推法,即根据项目申报书承诺的产出成果反推项目预算资金规模合理性的方法。

(4)质量控制。评估机构应建立评估活动的内部质量控制体系,明确相关各方应遵守的行为准则,制定评估管理制度,规范地开展评估活动,以保证预算评估质量。

评估机构制定工作方案和评估手册,采取包括评估培训、进度控制、行为控制、痕迹化管理、评估管理审查等措施,对评估活动进行质量控制。

1)评估培训。评估机构应组织咨询专家进行集中培训,使咨询专家了解评估活动的要求、评估原则,掌握评估的方法,统一认识,统一要求,统一标准。

2)进度控制。评估机构应按照评估方案的时间要求,对评估启动、项目分组与专家遴选、初评、初评结果反馈、综合评估、评估报告撰写等关键环节开展进度控制,并对关键环节相关人员的阶段性工作结果进行检查,及时发现和解决问题,纠正偏差,以保证关键环节工作内容顺利完成。

3)行为控制。在评估活动中评估机构应采取必要的措施,坚持第三方立场,保证独立、客观、公正地开展工作。

当参与评估活动的相关人员与被评对象有直接利害关系时,评估机构应向委托方事先申明并采取相应的回避措施,维护被评对象的知识产权,不得向与预算评估活动无关的任何单位或个人扩散项目申报材料。应为咨询专家创造有利于独立、客观、公正、充分发表意见的氛围,不得向被评单位及与预算评估活动无关的任何单位或个人透露专家咨询意见,不得以评估事项为由采取任何方式收取被评对象的报酬、费用和礼品等,不得篡改项目预算申报材料、专家咨询意见。评估机构是评估结果的责任者,应加强对项目预算申报材料的理解,提高对咨询专家意见的分析和判断能力。评估机构应当与委托方进行必要的沟通,提示其合理理解并恰当使用评估报告。未经委托方同意,评估机构不得对外发布评估结果,不得向被评对象及与预算评估无关的任何单位或个人提供项目评估报告和有关项目评估结果。

4) 咨询专家的行为控制。评估机构应与咨询专家签订工作协议,约束和规范咨询专家的行为。

维护被评对象的知识产权,专家不得向与预算评估活动无关的任何单位或个人扩散项目申报材料。专家有对评估所涉及课题的研究内容、技术路线、预算方案等进行保密的义务。

专家不得向单位或个人泄露项目咨询结果。

专家有义务接受评估机构组织的专业培训。

专家应独立、客观、实事求是地提供咨询意见。

专家不得以任何方式收取被评对象的报酬、费用和礼品等。

评估机构应建立评估咨询专家的信用管理制度,对专家的行为表现、工作质量等进行信用记录。

5) 痕迹化管理。预算评估组织过程中,建立对各个环节和每项工作内容的过程档案管理,对专家在调研咨询、问题分析等评估中的关键信息进行记录。

6) 应建立评估工作审查机制。审查内容包括组织程序的规范性、专家遴选与工作的合规性、过程档案管理的规范性、评估报告格式是否符合要求、结论是否明确和严谨、分析推理是否合乎逻辑、依据是否充分、文字表述是否清晰等。

(5) 监督检查。科技部应建立专业机构、评估机构、专家、项目负责人及申报单位在预算评估活动中的信用记录和动态调整机制,实现对预算评估工作的有效监督。专业机构、评估机构均有义务接受科技部、财政部等部门对项目预算评估工作的检查和监督。

专业机构应当及时提供拟立项项目清单、项目申报材料、组织协调等资源和条件,保障评估活动规范开展,不得以任何方式干预评估机构独立开展预算评估工作。预算评估流程结束后,若出现针对项目预算评估结果的申诉情况,专业机构可根据申诉要求调取评估文档,评估机构有义务配合专业机构了解相关评估文档。评估机构应当遵守国家法律法规和评估行业规范,加强能力和条件建设,健全内部管理制度,规范评估业务流程,加强高素质人才队伍建设。评估机构存在违反评估行业规范行为的,科技部可视情节轻重,采取记录机构不良信用、批评、通报、相关项目预算评估结果无效,或取消该单位的重点专项项目预算评估资格等处理措施。专家应当具备评估所需的专业能力,恪守职业道德,独立、客观、公正开展评估工作,遵守保密、回避等工作规定,不得利用评估谋取不当利益。专家存在向评估机构以外的单位或个人扩散评估结果、利用评估谋取不当利益等违规行为的,评估机构可视情节轻重,采取记录专家不良信用、专家意见无效、取消专家评估资格等处理措施,相关情况及信息应及时书面报告科技部,科技部视情节轻重,将专家不良信用信息计入严重失信行为数据库。涉嫌存在违纪行为的,移送其所在单位或主管单位的纪检监察部门调查核实处理。

项目负责人或申报单位应当积极配合开展评估工作,及时提供真实、完整和有效的评估信息,不得以任何方式干预评估机构独立开展评估工作。项目负责人或申报单位存在干扰评估机构独立开展评估工作的违规行为的,科技部可视情节轻重,采取记录该项目负责人或申报单位不良信用、通报、暂缓甚至撤销项目及其预算,阶段性或永久取消其申请中央财政资助项目或参与项目管理的资格等处理措施。涉嫌存在违纪行为的相关人员,移送其所在单位或主管单位纪检监察部门调查核实处理。

7.3.4.3 个别审计人员掌握不了审计关键点、难点和风险点

通过大量的调查,通过验收环节和绩效评价问题的分析,会计师事务所应重点关注以下问题。

(1)重点关注重大问题。重点关注重大问题是科技部和财政部相关部门审计要求,凡承担国家重点研发计划的企事业单位必须坚持下制度红线,即"五不得""九不准"。审计人员在审计中央财政资金科研经费过程中,必须重点关注的内容,一旦发现应予重点披露。"五不得"包括不得擅自调整外拨资金;不得利用虚假票据套取资金;不得通过编造虚假合同、虚构人员名单等方式虚报冒领劳务费和专家咨询费;不得通过虚构测试化验内容、提高测试化验支出标准等方式违规开支测试化验加工费;不得随意调账变动支出,随意修改记账凭证,以表代账应付财务审计和检查。

"九不准"包括不准编报虚假预算,套取国家财政资金;未对专项资金进行单独核算;不准截留、挤占、挪用专项资金;不准违反规定转拨、转移专项资金;不准提供虚假财务会计资料;未按规定执行和调剂预算;不准虚假承诺,单位自筹资金不到位;资金管理使用存在违规问题拒不整改;其他违法国家财经纪律的行为。

财政部、科技部印发的《国家重点研发计划资金管理办法》规定,重点研发计划项目资金管理使用不得存在以下行为:编报虚假预算;未对重点研发计划资金进行单独核算;列支与本项目任务无关的支出;未按规定执行和调剂预算、违反规定转拨重点研发计划资金;虚假承诺其他来源资金;通过虚假合同、虚假票据、虚构事项、虚报人员等弄虚作假,转移、套取、报销重点研发计划资金;截留、挤占、挪用重点研发计划资金;设置账外账、随意调账变动支出、随意修改记账凭证、提供虚假财务会计资料等;使用项目资金列支应当由个人负担的有关费用和支付各种罚款、捐款、赞助、投资,偿还债务等;其他违反国家财经纪律的行为。

(2)应关注个别企事业单位在本预算项列支未列入预算的电脑、打印机等通用设备,列支不合理的设备维修等费用,事务所审计时予以认可。

(3)应关注个别企事业单位没有合理安排设备购置时间,在项目临近结题时购买或到货,无法解释该设备在任务中的必要性。个别会计师事务所审计时未予充分关注,其购买设备的相关性不充分,相应的课题研究的技术路线不清晰。

(4)应关注个别企事业单位当试制设备为过程产品时,发生的相关成本(含直接相关的小型仪器设备费、材料费、测试加工费、燃料动力费等)没有列入"试制设备费"科目,导致固

定资产账、实不符,固定资产管理混乱。

(5)应关注个别企事业单位在材料费预算执行中,列支普通办公材料(复印纸、硒鼓、墨盒、打印纸等)费用,甚至把课题的支撑条件的一般办公设备的电脑列支进去,把固定资产拆分列支材料费,等等,由于缺少技术支持和相关理工知识,审计予以确认。根据资金管理办法,中央财政资金中不应列支用于生产经营和基本建设的材料,不得列支普通办公耗材。

(6)应关注个别企事业单位通过虚构测试化验内容、提高测试化验支出标准等方式套取经费。由于审计人员技术专业知识缺失,无法判断测试、化验、委托加工内容和市场价格,也没有利用专家的意见,随意确认了委外费用。个别企事业单位测试化验加工合同不规范,或者是合作开发,或者是把关键研究内容委托给预算外单位开发,这些都是不允许的。个别企事业单位资质审核不严格,委托不具备相关业务资质或经营范围不符的单位开展测试化验加工任务,出具的测试化验报告质量不合格或加工的试验件有问题,保证不了研究工作的任务顺利完成。个别单位某项目发生测试业务,合同约定两年后出具测试结果,但项目组刚签完合同就付了全款,不利于把控测试结果质量,不利于资金安全。

(7)应关注个别企事业单位燃料动力费分摊依据不充分、测算方法不合理,在本预算项列支日常办公发生的水、电、气、暖等费用,列支无合理事由的私家车汽油费。在审计过程中,A会计师事务所针对某项目在"燃料动力费"中开支电费5万元用于某设备,但审计发现该设备既无独立电表,单位也未能提供通过设备运行时间、使用记录等方式进行测算的依据,审计结论为:项目相关设备发生电费支出分摊依据不充分,燃料动力费管理不规范。在审定数中,从账面数中予以核减。

(8)应关注个别企事业单位在出版/文献/信息传播/知识产权事务费预算项中,列支日常办公用途的固话费、网络费、手机充值费用及邮寄费等,列支与本项目不相关的专利年费、版面费、论文润色费等,从项目经费列支版面费,但发表版面上未标注本项目资助信息等,会计师事务所不予认可。

(9)个别企事业单位在会议/差旅/国际合作交流费中,虚构会议事项,或通过提供虚假参会人员名单、伪造参会人员签字等方式报销会议费,报销因私或不相关业务发生的火车票、机票、住宿等费用,在本预算项列支不合理的市内交通费、汽油费、过路过桥费等。个别会计师事务所审计人员由于政策把握不好,予以认可"公私不分"的支出内容,为后期财政项目检查埋下了"地雷"。

(10)应关注个别企事业单位在劳务费及专家咨询费预算项中,虚构人员名单,虚报、冒领劳务费和专家咨询费,在本预算项变相或直接列支应在间接费用额度中列支的科研人员绩效,专家咨询费发放给本课题组人员或超标准发放,给利益相关人员不合理发放劳务费用,并无法提供必要性、发放标准公允性等情况说明,在专家咨询费中列支毕业论文答辩费等与项目研究不相关的支出。个别企事业单位劳务费和专家咨询费不分,给行政事业单位人员发放劳务费。个别企事业单位甚至列支招待费等。有些会计师事务所审计人员知识不全面,对国家其他相关财经政策了解不透,把不合理的与课题不相关的支出列支于合理的支出予以确认。尽管有财务专家最后验收确认,也会给会计师事务所带来负面的名誉影响。

(11)应关注个别承担单位在其他费用预算项下,虚构经济业务,购买与科研活动无关的设备、材料等,或列支其他无关支出,套取科研经费。这在企事业单位尤其民营企业提供的明细账中会有出现。用科研经费报销不合理的招待费、礼品费或其他个人家庭消费性支出。个别会计师事务所不认真审核,把不符合国家政策的支出予以确认为中央财政科研支出,这种报告质量不高,科技部会把这种报告列为不合格审计报告。

(12)应关注个别企事业单位转拨经费中存在相关常见问题,个别会计师事务所不认真审核,未对常见问题进行审查;未按规定程序增加预算外单位,擅自转拨资金;未按约定的进度或任务进展情况将经费转拨协作单位,影响项目任务进展;虚假合作,将科研经费转拨至预算外的关联方。

将大额单项经济业务支出拆分支付,故意规避内控监管。审计时,某项目为规避本单位关于10万元及以上测试费等单项经济业务需进行大额资金审批的规定,将一项测试业务以每笔支出9万余元、分多笔列支的方式转汇给外单位,审计认定经费使用及管理不规范。随意调账变动支出,影响账务核算严肃性及准确性。项目临近结题时从其他项目调入大额支出,且没有合理的理由,审计认定为经费使用不规范,存在"突击"花钱的问题。

(13)应关注项目经费预算执行进度与任务执行进度严重不匹配。某项目执行周期过半,科研项目资金预算执行率仅为10%,但根据中期报告陈述任务已基本完成,项目中期财务检查发现,大部分项目成果为其他资金支持,存在成果充抵的问题。

(14)应关注审计过程中,国家重点研发计划资金管理中资金拨付及核算存在的问题。

个别会计师事务所内部事先固化理解一种资金拨付方式,除此之外的一概不认可。国家重点研发计划项目(课题)在资金转拨时,作为课题参与单位,再给其他外协单位拨款开展研究工作。根据规定项目牵头单位应当根据课题研究进度和资金使用情况,及时向课题承担单位拨付资金;课题承担单位应当按照研究进度,及时向课题参与单位拨付资金,相关单位应加强转拨资金的监督管理。课题参与单位不得再向外转拨资金,逐级转拨资金时,项目牵头承担单位或课题承担单位不得无故拖延资金拨付,对于出现上述情况的单位,专业机构将采取约谈、暂停项目后续拨款等措施。确因研究任务调整,需要变动参与单位或变动拨付金额的,应自下而上向项目管理专业机构履行报批手续,经批准后再拨款。给课题或子课题单位转拨款时,直接费用和间接费用是分开拨付还是一并拨付,专业机构在给各项目牵头单位拨款时都有相应的拨款通知,直接费用和间接费用是分开拨付的。牵头单位转拨款时分开拨付或一并拨付均可,如果一并拨付,应注明相关单位的直接费用和间接费用的金额,避免收款单位混淆资金性质。因此,项目承担单位给课题承担单位拨付资金、课题承担单位给课题参与单位拨付资金,会计事务所在审计时不能事先约定一种方式,而应该根据科研活动的需要拨付即可。

会计师事务所执业人员审计中,要求承担单位拨付参与单位经费需要开具正式发票,需要交纳增值税。项目牵头单位向课题承担单位拨款以及承担单位向任务书中的课题参与单位拨款,如果是任务书中明确需要拨付的财政资金,无论收款方单位性质是企业还是事业单位,均应凭银行结算凭证入账,无须开具发票,自然也无须缴纳增值税。

会计师事务所在审计时,专项资金未到位前,不确认单位列支的支出,专项资金支出不以到位时间界定自有资金中"垫支"了部分费用。国家重点研发计划专项资金直接拨付到单位的基本账户,课题研究周期内满足单独核算要求且符合"政策相符性、目标相关性和经济合理性"支出,均可作为专项资金支出。在专项资金到位前由本单位"垫支"使用的课题相关支出,待专项资金到位后归垫即可。

个别会计事务所在审计过程中确认物理区分或摘要或人工登记簿作为单独核算予以认可。企事业单位中央财政资金和其他来源资金没有分别单独核算,这是在财务账上的表面现象。更深的问题是计划部门没有立项,财务部门没法单独核算,经费没法列支,把生产经营或其他研发项目混在一起,等到验收时,无法从单位财务核算系统中打印出明细账。个别会计师事务所未在单位核算系统中亲自打印财务明细账,仅靠企事业单位提供的手工编制的明细账确认支出,在国家科技部管理中心验收时又不确认,验收不得通过。按照规定,承担单位及参与单位应当将项目资金纳入单位财务统一管理,对中央财政资金和其他来源的资金分别单独核算,确保专款专用。单独核算是准确归集项目支出、确保专款专用的前提,一般应在单位统一的会计核算系统中通过辅助核算方式或通过单独设置明细会计科目实现。除此之外,通过备查登记、记账凭证摘要等方式记录支出均不视为规范的单独核算。

(15)应关注个别会计师事务所对责任主体相关科研经费管理办法、科研经费内部控制制度未进行测试,未进行风险评估。

参研单位(含项目牵头单位、课题承担单位和参与单位)预算执行中的总体要求为:参研单位是项目资金管理使用的责任主体,负责专项资金的日常管理和监督。①应当严格执行国家有关财经法规和财务制度,切实履行法人责任,建立健全项目资金内部管理制度和报销规定,明确内部管理权限和审批程序,完善内控机制建设,强化资金使用绩效评价,确保资金使用安全规范有效。②加强会计核算和财务管理,应当将项目资金纳入单位财务统一管理,对中央财政资金和其他来源的资金分别单独核算,确保专款专用。按照承诺保证其他来源的资金及时足额到位。③建立信息公开制度,在单位内部公开项目立项、主要研究人员、资金使用(重点是间接费用、外拨资金、结余资金使用等)、大型仪器设备购置以及项目研究成果等情况,接受内部监督。④应当在项目综合绩效评价完成后一个月之内及时办理财务结账手续。同时,项目牵头承担单位应当加强对课题承担单位的指导和监督,积极配合有关部门和机构的监督检查工作。

(16)应关注个别会计师事务所审计时把关不严,课题资金支出、支付审批程序不严,未有出入库手续,支付未有技术研究负责人签字。相关单位应当严格执行国家有关财经法规和财务制度,建立健全项目资金内部管理制度和报销规定,明确内部管理权限和审批程序,完善内控机制建设。办理课题资金支付时应严格遵守单位建立的审批制度和流程。

(17)应关注个别会计事务所在审计时对于大额资金的支出未进行追踪审计,课题发生的支出大量使用现金结算。承担单位应当严格执行国家有关支出管理制度。对应当实行"公务卡"结算的支出,按照中央财政科研项目使用公务卡结算的有关规定执行。对于设备费、大宗材料费和测试化验加工费、劳务费、专家咨询费等,原则上应当通过银行转账方式结算。

(18)应关注个别会计师事务所对于项目使用单位自有设备确认租赁费,在中央财政资金或其他来源资金中列支。设备费是指在项目实施过程中购置或试制专用仪器设备,对现有仪器设备进行升级改造,以及租赁外单位仪器设备而发生的费用,但不得列支承担单位自有仪器设备的租赁费用。

(19)应关注个别会计师事务所在审计设备费时,对于设备购置的品牌或预算型号已停产或参数满足不了研究的需求,在价格不调增的基础上,变更购置设备的品牌或型号不予认可。设备费预算总额调减、设备费内部预算结构调整、拟购置设备的明细发生变化,以及其他科目的预算调剂权下放给承担单位。承担单位可结合实际情况进行审批或授权课题负责人自行调剂使用;承担单位应按照国家有关规定完善管理制度,及时为科研人员办理预算调剂手续。

(20)应关注个别会计师事务所在审计过程中,对于预算任务书设备费中未编制购买电脑和打印机的预算,项目实施期间发现需要购买,没有任何审批手续,完全没原则的予以认可。原则上,中央财政资金中不应列支生产性设备的购置费、基建设施的建造费、实验室的常规维修改造费以及属于承担单位支撑条件的专用仪器设备购置费,并严格控制常规或通用仪器设备的购置。不得列支未列入预算的电脑、打印机等通用设备。

(21)应关注个别会计师事务所在审计过程中,对于材料购买时发生的差旅支出列入材料费中。材料费指在项目实施过程中消耗的各种原材料、辅助材料等低值易耗品的采购及运输、装卸、整理等费用。材料购买时发生的差旅支出可以列支在差旅费中。

(22)应关注个别会计师事务所在审计过程中,对于设备费/材料费等支出进项税完全不予认可。对于增值税一般纳税人,如申报进项税额抵扣,则支出不含进项税,也就是按照不含税价记入材料费支出;单位不抵扣进项税额的,则可按材料含税价全额计入支出。

(23)应关注个别会计师事务所在审计过程中,内部测试化验费完全予以认可。单位内部具备相关检验、测试、化验加工能力且独立经济核算的部门,可以支付相关检验、测试、化验及加工费。内部独立经济核算的部门是指在课题承担单位或合作单位统一会计制度控制下,实行内部经济核算和独立计算盈亏的单位或部门。若不是内部独立经济核算的部门,不能列支内转测试化验加工费,但测试化验加工过程中发生的相关费用可在相应科目列支(如设备费、材料费、燃料动力费等)。承担单位把本单位未实行自负盈亏发生的费用列支为测试化验加工费。按照研究任务分工,需由承担单位独立完成的测试化验加工任务,相关费用不在测试化验加工费中核算,应在材料费、燃料动力费和劳务费等预算科目列支。正常对外委托的测试化验加工任务时,双方需签署委托合同,被委托方完成测试化验加工工作后需出具正式的测试报告。应由承担单位完成的研究任务,不得以测试化验加工费的名义转包科研任务。

(24)应关注个别会计师事务所在审计过程中,不区分情况把课题研究期间使用的实验室、办公室的电费或者水费全部在燃料动力费列支。会计师事务所需要区分不同情况。项目实施过程中直接使用的相关仪器设备、科学装置等运行发生的水、电、气、燃料消耗费用等可以在燃料动力费列支。承担单位的日常水、电、气、暖消耗等费用不应在此科目列支,应在间接费用中列支。

(25)应关注个别会计师事务所在审计过程中,对课题研究进行野外科考发生的汽车油费不予认可。按照相关要求,与项目(课题)研究任务相关的科学考察、野外实验勘探等发生的车、船、航空器的燃油费用可在燃料动力费中列支。单位应建立相应管理制度,确保公私分明。

(26)应关注个别会计师事务所在审计过程中,项目研究中发生的软件著作权申请费,在出版/文献/信息传播/知识产权事务费中支出中不予认可。根据相关政策,出版/文献/信息传播/知识产权事务费中的专利申请及其他知识产权事务费用包括为完成本项目(课题)研究目标而申请专利的费用,以及该专利在项目(课题)实施周期内发生的维护费用,和办理其他知识产权事务发生的费用,如计算机软件著作权、集成电路布图设计权、临床批件、新药证书等。

(27)应关注个别会计师事务所在审计过程中,对论文发表费和软件购置费在课题经费中列支全部予以认可。按照相关政策要求,对于国家科技计划项目产生的代表作和"三类高质量论文",发表支出可在国家科技计划项目专项资金按规定据实列支,其他论文发表支出均不允许列支。对于单篇论文发表支出超过2万元人民币的,需经该论文通讯作者或第一作者所在单位学术委员会对论文发表的必要性审核通过后,方可在国家科技计划项目专项资金中列支。需要注意对于发表在"黑名单"和预警名单学术期刊上的论文,相关的论文发表支出不得在国家科技计划项目专项资金中列支。不允许使用国家科技计划项目专项资金奖励论文发表,对于违反规定的,追回奖励资金和相关项目结余资金。

在出版/文献/信息传播/知识产权事务费中可以列支软件购买费。专项资金中可以列支专用软件购置费,不应列支通用性操作系统、办公软件等非专用软件的购置费。如果项目(课题)主要任务目标为软件开发,其研发软件发生的费用应计入相应劳务费等科目中,不计入本科目。不应将课题研究的主要任务通过定制软件的方式外包。

个别会计师事务所在审计过程中,日常电话通讯费可在出版/文献/信息传播/知识产权事务费中列支。专项资金直接经费中不应列支日常手机和办公固定电话的通讯费、日常办公网络费和电话充值卡费用等。

(28)应关注个别会计师事务所在审计过程中,对于课题组邀请课题组外的专家参会或指导工作报销的差旅费不予认可。按照相关规定,会议代表参加会议所发生的城市间交通费,原则上按差旅费管理规定由所在单位报销;因工作需要,邀请国内外专家、学者和有关人员参加会议,对确需负担的城市间交通费、国际旅费,可由主办单位在会议费等费用中报销。邀请专家前来指导工作,可以承担专家发生的差旅费。非课题任务书的人员可以报销国际合作交流费,通常课题出国任务应由任务书中的主要研究人员执行,任务书以外的人员,如果确因项目研究相关工作有出国的必要,也可以报销相关费用。

(29)应关注个别会计师事务所在审计过程中,在课题劳务经费中列支研究生培养费。专项资金中,只允许在劳务费中列支在项目实施过程中支付给参与项目的研究生、博士后、访问学者以及项目聘用的研究人员、科研辅助人员等的劳务性费用。研究生培养费不能从科研经费中列支。

劳务费发放对象包括参与项目的研究生、博士后、访问学者以及项目聘用的研究人员、科研辅助人员等。

劳务费发放标准,五险一金都可以作为社会保险补助在劳务费列支,课题聘用人员的劳务费开支标准,参照当地科学研究和技术服务业从业会人员平均工资水平,根据其在项目研究中承担的工作任务确定,其社会保险补助纳入劳务费科目开支。这里的社会保险补助包括养老保险、医疗保险、失业保险、工伤保险、生育保险、住房公积金。

课题中劳务费和专家咨询费的支出,应包括扣缴的税金。劳务费、专家咨询费的发放应当按照国家有关规定由单位代扣代缴个人所得税。编列专家咨询费预算时,可将代扣代缴的个人所得税编列在内。

（30）应关注个别会计师事务所在审计过程中，对于专家咨询费的发放未严格审核。项目下有多个课题，邀请同一项目一个课题的参研人员参与评审了另一个课题，并发放了咨询费，根据财政部、科技部印发的《国家重点研发计划资金管理办法》的通知（财教〔2021〕178号），专家咨询费不得支付给参与本项目及所属课题研究和管理的相关工作人员。

（31）应关注个别会计师事务所在审计过程中，科研活动中有些支出无法取得发票或财政票据，不予认可。会计事务所应建议单位制定符合科研活动需要的内部报销规定，在保证业务真实的前提下，切实解决野外考察、心理测试等科研活动无法取得发票或财政票据的支出报销问题。

（32）应关注个别会计师事务所在审计过程中，不清楚间接费用开支范围和管理要求。间接费用是指承担单位在组织实施项目过程中发生的无法在直接费用中列支的相关费用，应分别纳入课题承担单位与课题合作单位财务统一管理，依据相关单位内部制定的管理办法统筹安排使用。课题承担单位与课题合作单位应当按照国家有关规定强化间接费用的管理，制定具体的管理办法。间接费用主要包括承担单位为项目研究提供的房屋占用，日常水、电、气、暖消耗，有关管理费用的补助支出，以及激励科研人员的绩效支出等。

为加大对科研人员的激励力度，国家相关规定对间接费用中绩效支出比例没有限制。项目承担单位在统筹安排间接费用时，处理好合理分摊间接成本和对科研人员激励的关系即可，绩效支出安排应与科研人员在项目工作中的实际贡献挂钩，具体可依照单位间接费用管理办法执行。

（33）应关注个别会计师事务所在审计过程中，不了解审计预算调整审批程序和审批权限，给承担单位造成思想上的混乱，给项目（课题）造成的混乱。按照《国家重点研发计划资金管理办法》，中央财政资金预算确有必要调剂时，应当按照以下调剂范围和权限，履行相关程序。

1）项目预算总额调剂，项目预算总额不变、课题间预算调剂，变更课题承担单位、课题参与单位，由项目牵头单位或课题承担单位逐级向专业机构提出申请，专业机构审核评估后，按有关规定批准。

2）课题预算总额不变，课题参与单位之间预算调剂的，由项目牵头单位审批，报专业机构备案；课题预算总额不变，设备费预算调剂的，由课题负责人或参与单位的研究任务负责人提出申请，所在单位统筹考虑现有设备配置情况和科研项目实际需求，及时办理审批手续。

3）除设备费外的其他直接费用调剂，由课题负责人或参与单位的研究任务负责人根据科研活动实际需要自主安排。承担单位应当按照国家有关规定完善内部管理制度。

4）课题间接费用预算总额不得调增，经课题承担单位与课题负责人协商一致后，可调减用于直接费用；课题间接费用总额不变，课题参与单位之间调剂的，由课题承担单位与参与单位协商确定。

5）对于项目其他来源资金总额不变，不同单位之间调剂的，由项目牵头单位自行审批实施，报专业机构备案。

（34）应关注个别会计师事务所在审计过程中，对于公司承担的重点研发计划项目，由不在预算单位的下属子公司承担具体研究任务审计报告未披露,仍旧以公司名义出具报告。重点专项目牵头承担单位、课题承担单位和课题参与单位,应当是在中国大陆境内注册,具有独立法人资格的科研院所、高等院校、企业等,如需由其他非预算内单位承担研究任务,需按程序向专业机构提出预算变更申请,获批后方可开展相关研究工作。

(35)应关注个别会计师事务所在审计过程中,其他来源资金管理上未纳入单位财务统一管理,设立账外账。课题承担单位应当将项目资金纳入单位财务统一管理,对中央财政资金和其他来源的资金分别单独核算,确保专款专用。按照承诺保证其他来源的资金及时足额到位。对于其他来源资金,应充分考虑各渠道的情况,并提供资金提供方的出资承诺,不得使用货币资金之外的资产或其他中央财政资金作为资金来源。

(36)应关注个别会计师事务所在审计过程中,结题审计基准日错误。重点研发计划课题结题审计基准日应以任务书中载明的截止日期为准;申请提前验收的,以申请日为审计基准日;延期验收的,以批准延期的最终截止日为审计基准日。

(37)应关注个别会计师事务所在审计过程中,对于应付未付和预计支出不予区分。应付未付支出指课题执行期内发生的与课题研发活动直接相关的费用尚未支付,需在基准日后支付的款项。审计基准日后发生的或预计发生的与课题综合绩效评价相关的必需支出为预计支出,在开展审计工作时要注意区分。常见属于应付未付内容包括:已购买并使用的设备或材料、已完成测试化验加工任务等尚未支付的合同款;与项目(课题)研究任务相关,已签订出版(发表)合同的专著、文章或专利申请费用。常见属于预计支出内容包括项目(课题)综合绩效评价必需的支出等。

(38)应关注个别会计师事务所在审计过程中,9项佐证资料附送不全。注册会计师应在审核原文件后,复印相关资料并加盖被审计项目(课题)承担单位财务专用章。会计师事务所将结题审计报告和加盖红章的9项佐证资料扫描件上传至"结题审计服务系统",下载并打印带防伪码的结题审计报告经注册会计师和会计师事务所签章后,与加盖红章的9项佐证资料一起装订交至课题承担单位,同时,复印一份盖章后的佐证资料,注明与原件内容一致,存入审计工作底稿。课题承担单位应将审计报告和相关补充说明材料等统一交至项目牵头单位。

第8章 对中央科技工业单位委托科研项目经费审计问题的调研分析

8.1 中央科技工业单位委托科研项目经费的概念

中央科技工业单位为了获得本集团公司所需要的科技成果,委托具有研发能力的研究机构、大学、企业等单位,开展科研活动,并以本集团或下属子公司的部分利润支付给受委托单位。中央科技工业单位委托科研项目经费是指国家下达并使用国家(地方)财政或其他来源资金,进行科研试制费的装备研制、应用基础研究、技术基础研究和论证研究等项目所发生的科研投入,包括实行计划管理和合同制管理两类项目。其经费来源为国家(地方)财政、中央科技工业单位资金,还包括来源于地方预算安排的项目和单位生产经营积累的自筹、其他单位提供的研发资金的科研试制费。

科研项目价格是指提供资金方为获得项目承担单位完成的科研项目成果,按照国家相关办法的测算规定或合同约定,支付给项目承担单位所耗用的物化劳动和活劳动的价值的货币表现。

8.2 中央科技工业单位委托科研项目分类

考虑到不同任务性质和成果形式的科研项目,其科研工作的内容、方法、形式等有很大差异,可直接计列的材料费、专用费、外协费等成本费用在项目总成本中所占比重不同,如按照同一比例计算会议费、差旅费、专家咨询费、管理费等各项费用,以及按同一种方法测算工资及劳务费,会出现与实际发生额偏差较大的现象。因此,根据项目的性质、成果形式,按照材料费、专用费、外协费在项目成本中所占比重的不同,将科研项目分为试制类项目、技术类项目和研究类项目,并按项目进行预计成本的测算;根据项目的科研任务内容、成果形式以及经费使用特点和管理特点,分为研制类项目、技术类项目、研究类项目。

(1)试制类项目主要是指通过开展相关技术集成性研究,试制和研制形成可直接交付使用的装备产品和样品、样机、试验件以及硬件产品及其配套专用软件的项目,其成果形式主要为装备系统、分系统、单机、部组件、元器件、新材料、测试仪器、专用设备等。

(2)技术类项目主要是指必须经过试验验证、物理仿真试验、原理样机验证等,完成试制方案设计、关键技术攻关和应用研究,以及单件装备、装备系统和装备体系的供电试验鉴定等的项目,其成果形式主要为技术文件、方法模型、数据库、试验测试报告等。

研究类项目主要是指开展发展战略研究、情报研究、立项论证、基础研究、技术方案设计、数字化设计(仿真实验)、软件研发及测试、参数(模型)计算、全系统(分系统)联调联试等的项目,其成果形式主要为研究报告、试验报告、技术报告、论文、标准、规范规程、独立软件等。

8.3 科技工业单位委托科研项目的分类

技术类项目成果表现形式为:技术文件、方法模型、实验测试报告。

研究类项目成果表现形式为:研究及试验报告、技术报告、论文、标准、规范规程、独立软件等。

按照在科研项目中承担研制任务的作用分为主研单位和参研单位。主研单位负责整个项目的科研方案制定及实施,在项目研究中承担主要研制任务;参研单位在项目研制中承担单机或分系统等部分研究工作。

科研经费管理方式:实行预算和决算管理。事务费、管理费、工资及劳务费、固定资产折旧费、不可预见费、项目预计收益实行预算限额管理。财政全额拨款单位其受托科研项目不得发放在职人员工资及福利。

8.4 科研经费管理要求

8.4.1 科研经费财务管理基本要求

(1)建立科研相关内控控制制度。
(2)各承研单位应按照科研项目进行核算。
(3)科研拨款和项目自筹款项专款专用。
(4)各科研项目费用分摊和计提方法保持一致。

8.4.2 建立健全科研财务助理制度

财务助理为科研人员在项目经费测算、预算编制、经费支出、财务决算和项目验收等方面提供专业化服务,切实将科学家从财务报表和审批中解放出来,为其心无旁骛研究探索创造条件。

财务助理所需费用可根据实际情况通过科研项目资金等渠道解决。如果是专职负责项目经费管理工作的财务助理,其所需费用可以通过项目的"工资及劳务"核算;如由项目单位财务部人员提供支撑财务助理服务的,所需费用可通过管理费分摊计入项目成本。

8.5　委托项目科研经费资金来源渠道

科研经费资金来源渠道包括中央(地方)财政资金拨款、中央科技工业单位或委托单位生产经营积累、项目承担单位其他来源资金。

8.6　中央科技工业单位委托科研项目经费概(预)算和价格构成

科研项目概(预)算是指完成科研项目研究、试制工作所需的经费总额,包括项目预计成本、预计收益和必要的不可预见费。

合同价款是指在项目概(预)算内,按研制周期或在研制周期内分年度、分阶段签订的研制合同经费额,包括项目预计成本和预计收益。

8.6.1　预计成本

科研项目预计成本是指项目在研究、试制过程中预计必须发生的成本费用,包括材料费、专用费、外协费、燃料动力费、事务费、固定资产折旧费、管理费、工资及劳务费等。

8.6.2　预计收益

项目预计收益是指项目承担单位完成科研项目预计获得的利润。预计收益按项目预计成本扣除材料费中的外购成品费、专用费及外协费后的10%(假设)计列。

8.6.3　不可预见费

不可预见费是指为应对研制过程中可能出现的不可预见因素而预留的费用,研制周期超过36个月且项目预计成本超过1 000万元的科研项目方可计列。

不可预见费由管理部门掌握,实行合同制管理的项目,动用不可预见费需签订补充合同,并重新测算合同价款;实行计划管理的,动用不可预见费需按程序报批。

8.7　中央科技工业单位委托科研项目经费管理特点

中央科技工业单位委托科研项目经费是国家和中央工业单位用于装备发展和科技研究

的专项经费,这项经费用于保障:通过一系列的研制工作,完成新型装备的定型,以便下一步进行生产形成装备;通过对新概念、新技术论证、研究、试验验证等工作所形成的研究成果,满足进一步发展新装备的技术需求,科研成果一般都是单件小批量,因此,科研以及科研试制费核算管理,与其他项目的研制生产、成本核算财务管理比较有以下主要特点。

8.7.1 项目管理特点

基于国家和中央科技工业单位科研试制费的用途,以及国家和中央企业有关部门的项目管理程序,委托科研试制费按项目管理包括立项、审批、预算、合同及验收等均按单独项目实施管理。

8.7.2 全成本核算特点

遵循权责发生制原则,对项目进行全成本、费用单独核算,不采用制造成本法。

(1)全过程管理。《×××集团公司科研经费管理办法》是编制委托科研项目概算、预算、合同价格以及项目决算和财务验收的主要依据。

(2)各制度兼容。《×××集团公司科研经费管理办法》与国家财政各行业的财务制度衔接兼容,企业制度是A,事业单位是B,本办法科研试制费管理是A+B。各承担任务单位在执行本行业制度的前提下,须满足本办法要求。它不影响承研单位的会计制度,也不影响单位的财务管理规定,它是承担受托科研任务时,对科研项目研制工作所需专项科研经费管理的遵循规则。

8.8 委托科研项目价格的特点

委托科研项目由于科研继承、探索、创造性的特点,加之研制周期一般较长,决定了其风险性较高,造成了科研项目价格构成的特殊性。随着高新技术在装备中的广泛运用,科研项目价格的特点越来越明显:①高新技术开发比例大;②经费使用周期长;③外部协作配套广;④试验费用比例高;⑤系统风险较高;⑥管理监控难度大。

8.9 中央科技工业单位委托科研项目概(预)算审核依据、原则、方法和程序

中央科技工业单位委托单位科研项目概(预)算审核是指承担方根据国家科技方面的有关规定,按照《×××集团公司科研经费管理办法》,运用一定的审核方法和手段,对科研项目概(预)算中有关经费的分配、使用进行审查分析,合理提出科研项目经费总额意见,为制定科研项目的经费预算和合同价格提供依据。

科研项目合同价格审核是指委托方根据国家和本单位有关规定,按照《×××集团公司科研经费管理办法》,运用一定的审核方法和手段,对科研项目整个研制过程有关经费的分配、使用进行审查分析,合理提出科研项目合同价格价款意见,为装备研制项目合同的签订提供依据。

(1)中央科技工业单位委托科研项目价格审核的基本依据:①中共中央办公厅、国务院办公厅印发的《关于进一步完善中央财政科研项目资金管理等政策的若干意见》(中办发〔2016〕50号);②国务院关于优化科研管理提升科研技校若干措施的通知》(国发〔2018〕25号);③《×××集团公司科研经费管理办法》;④其他相关的政策、规定。

(2)中央科技工业单位科研项目价格审核的原则:①编制依据的合法性;②政策法规的符合性;③编制方法的正确性;④编制内容的完整性;⑤费用取值的合理性。

(3)中央科技工业单位委托科研项目价格审核程序:①成立审核组;②拟制计划;③了解情况;④听取介绍;⑤审核分析;⑥问题质询;⑦计算汇总;⑧形成报告。

(4)审核方法:①全面审核法;②对比分析法;③重点抽查法;④查询核实法。

8.10　项目概(预)算方案编制的审核

8.10.1　项目或子项目的分类

需要根据科研任务内容、成果形式以及经费使用特点,对项目或子项目进行分类,详情如图8-1所示。

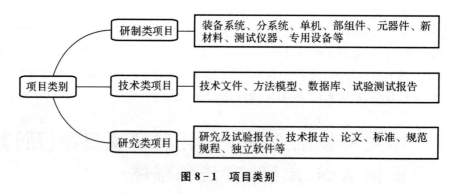

图8-1　项目类别

8.10.2　测算项目概(预)算

开始测算项目概(预)算,包括项目预计成本、预计收益和不可预见费。

(1)预计成本。预计成本构成如图8-2所示。

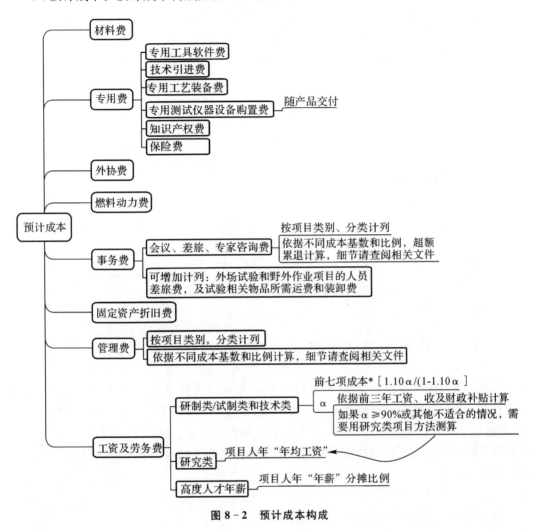

图8-2 预计成本构成

(2)预计收益。预计收益公益公式如图8-3所示。

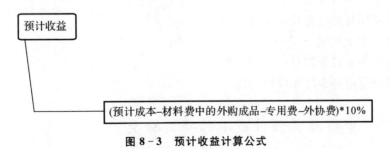

图8-3 预计收益计算公式

假设预计收益率10%。
科研项目完成任务目标并一次通过验收项目概(预)算,合同价款扣除项目成本后的结余资金全部作为项目收益,由项目单位统筹用于研发活动支出。

未通过验收和整改后通过验收的项目,结余资金予以收回。

允许结余资金作为项目收益留存项目单位,统筹用于研发活动支出。

(3)不可预见费。不可预见费计列包含诸项条件,详情如图8-4所示。

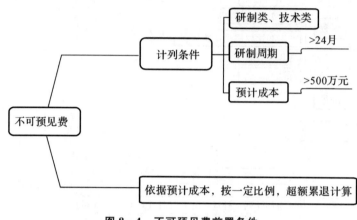

图8-4 不可预见费前置条件

8.10.3 合同价款审核要点

合同价款审核要点也就是概(预)算和合同价格测算审核要点,为委托方确定项目科研经费预算。为了体现项目概算的控制作用,项目合同应在项目概算的范围内约定价款。因此,无论项目按研制周期签订合同还是在研制周期内分年度、分阶段签订分合同,其合同总价款都不应超过项目概算中的预计成本和预计收益之和。在合同价款审核时,应充分把握这一原则。

8.10.4 测算方法要点

(1)测算成本项目分类。
(2)按照费用性质设置成本项目。
(3)部分费用审核明细,部分费用按比例计算。
(4)工资及劳务费根据单位性质区别测算。
(5)与各行业财务会计制度相衔接。

8.10.5 审核测算预计成本的项目分类

审核测算预计成本的项目分类包括试制类项目、技术类项目和研究类项目。

注意事项:

(1)测算项目预计成本需对项目按系统自上而下层层分解到每个法人单位,按系统分单位测算后自下而上逐级加总为一个项目的预计成本。

（2）研制单位按照本单位承担部分的成果形式确定项目类型。

（3）研制单位承担一个项目多个分系统的，按分系统分别分类，分别测算。

（4）预计成本测算分类是仅在进行项目预计成本测算时使用的分类方法。

8.10.6 审核成本费用项目概（预）算

按照成本费用的性质对科研成本进行分类，分为材料费、专用费、外协费、燃料动力费、事务费、固定资产折旧费、管理费和工资及劳务费等八个成本项目。

无论承研单位属于哪种行业，会计制度适用哪种类型，在申报项目概算和合同报价时，都需要按以上八项成本进行测算。研制任务完成后，为准备财务验收编制决算时，也必须按八项成本分别列报成本费用。因此，承研单位应当在本单位行业会计制度规定的成本费用科目下，设置八项明细科目分别反映各项费用，才能符合受托科研项目科研经费全过程管理要求。

8.10.6.1 审核材料费概（预）算

材料费概（预）算包括项目研制中必须消耗和使用的各种外购成品及其构成成品成本价格的相关税费。测算要求：

（1）研制全过程各个环节使用的外购成品，包括自制工装和自制专用设备等所需要的外购材料费。

（2）计入项目成本的材料费应是实际领用、消耗或分摊的费用。

（3）由于订货起点限制而增加应承担或分担的费用。

（4）在预计废品损失率时，应提供历史依据或同行业依据。

注意事项：

（1）材料费不仅包括构成产品实体的原材料和有助于产品实体形成的辅助材料，还包括在研制过程中所需要消耗的其他各类外购成品、半成品。

（2）构成最终交付成果实体或组成部分的外购成品可以计入材料费，作为承研单位单独使用的工具类、手段类的设备仪器等固定资产不得计入材料费的外购成品。

8.10.6.2 审核专用费概（预）算

专用费包括专用工具软件费、技术引进费、专用工艺装备费、随产品交付的专用测试仪器购置费，知识产权使用费以及经国家有关部门认可的保险费等。

（1）专用工具软件费包括购买和使用及相关的文件所需的费用。强调专用性，只能本项目"适用"不是"使用"。

（2）技术引进费包括取得相关资料、文件或技术服务等所需的费用。

（3）专用工装费包括工艺规程制定、工艺研究费、工装购置费。设计定型的计入科研项目成本；试生产阶段的在科研成本和生产成本中各分摊50%。

(4)随产品交付的专用设备包括购置、运输和安装调试等费用。

(5)知识产权使用费的计算方法和标准按有关规定执行。

(6)保险费是指经国家和受托单位批准,大型试验为降低科研费的损失风险向保险公司投保的费用。

注意事项:

专用工具软件费、技术引进费、专用工艺装备费、随产品交付的专用测试仪器购置费,取得方式不同,成本费用归类也不相同。

(1)整体外购的专用工具软件费、技术引进费、专用工艺装备费、随产品交付的专用测试仪器购置费,以采购合同价格直接计入项目成本的专用费。

(2)自研自制的专用工具软件、专用工艺装备、随产品交付的专用测试仪器,其研制费分解计入八项费用。

(3)托外单位开发研制的专用工具软件、专用工艺装备、随产品交付的专用测试仪器,计入外协费。

8.10.6.3 审核外协费概(预)算

外协费指完成项目研究、试制、鉴定、验收等全过程的各个环节中,由于自身条件限制,必须由外单位协助完成所发生的费用。按外协合同或委托研制合同价格计入外协费。

注意事项:

(1)同一法人单位内部各室、车间,以及虽独立核算但非独立法人的部门承担的部分任务,不作为总体部门的外协,各参研部门所消耗的费用应当根据其性质分别计入相应的成本项目,在计算各项费用时不得通过提高价格或标准加计本部门利润。

(2)项目承担单位与关联单位的外协合同价款应按本规定分项测算。关联单位包括本单位的控股、参股公司,特定人员关联单位等存在关联利益的其他单位。

(3)不承担研制任务的总承包单位向所属法人单位拨付的项目研制经费不计入外协费。

8.10.6.4 审核燃料动力费概(预)算

燃料动力费指项目研制过程中直接消耗的且可以单独计算或按标准分摊计入的水、电、气、燃料等费用。燃料动力费一般分为直接燃料动力费和间接燃料费,直接燃料动力费是指其消耗的数量与项目研制工作直接关联,如加工、试验等研制过程中发生的费用。间接燃料动力费属单位的经常性费用,如管理部门日常运行所发生的水、电、汽等费用,其消耗的数量与项目研制工作无直接关联关系。直接动力费计入项目成本燃料动力费,间接燃料动力费计入项目成本管理费。

8.10.6.5 审核事务费概(预)算

事务费包括项目研制过程中必须发生的会议费、差旅费和专家咨询费。

(1)会议费、差旅费和专家咨询费按照国家规定的范围和相应等级标准执行。

(2)专家咨询费指一次性支付给外聘专家的评审咨询费,不得向本单位本项目参研人员发放专家咨询费。

(3)事务费在预计成本时,按基数测算、总额控制;实际使用时,按国家和本行业规定的标准执行。各类项目的测算办法详见表8-1、表8-2。

表8-1 事务费限额标准

序号	材料费、专用费、外协费50%之和/万元	试制类	技术类
1	50以下(含)	13%	18%
2	50~200(含)	12%	17%
3	200~500(含)	11%	16%
4	500~1 000(含)	7%	13%
5	1000~2 000(含)	6.5%	12.5%
6—8档	(略)		

表8-2 事务费限额标准

序号	材料费、专用费、外协费50%、工资及劳务费之和/万元	研究类
1	200以下(含)	35%
2	200~1 000(含)	30%
3	1 000~2 000(含)	28%
4	2 000~5 000(含)	24%
5	5 000~10 000(含)	20%
6	10 000以上	15%

(4)事务费附加是指由于研制工作需要进行外场试验或野外作业时所发生的差旅费和必要的物资装卸、运输费等,该部分费用可作为事务费附加在按表8-1、表8-2计算的基础上增加计入事务费。以上费用强调"外场"和"野外",且对按标准计算的事务费在额度上有较大的影响。实际操作时,还应考虑"外场"或"野外"与主研部门不应在同一个城市。

8.10.6.6 审核固定资产折旧费概(预)算

固定资产折旧费是指直接用于项目研究、试制的固定资产应计提的折旧费。
(1)项目承担单位按本行业财务会计制度的规定计算列支。
(2)实行加速折旧的单位,预计成本时按年限平均法或工作量法计列。
(3)凡国家为某项目专项投资所形成的固定资产或已在项目成本中列支的固定资产,该项目成本中不得计列其折旧费。

8.10.6.7 审核管理费概(预)算

管理费指项目研究、试制过程中发生管理性费用,包括可直接计入的和从此科目分摊转入的费用计算比例。
(1)试制类:按材料费、专用费、外协费50%、燃动费、事务费、折旧费六项之和的12%

计算。

(2)技术类:按材料费、专用费、外协费50%、燃动费、事务费、折旧费六项之和的15%计算。

(3)研究类:按材料费、专用费、外协费50%、燃动费、事务费、折旧费、工资及劳务费七项之和的20%计算。

注意事项:

不承担研制任务的集团公司、管理公司、院、校等合同总承包单位,为项目管理所需发生的管理性支出,应列明细预算,在按规定比例计算的项目成本管理费总额内明确。

8.10.6.8 审核工资及劳务费概(预)算

工资及劳务费包括支付给参与项目研制的本单位员工的工资性支出和其他人员的劳务费。

(1)工资及劳务费计列范围根据单位的性质确定。企业单位、企业化管理的事业单位、人员费用差额管理的事业单位,包括在职人员的工资性支出、工资性支出的差额部分以及劳务费,执行政府会计准则的单位计列绩效支出和劳务费。

(2)行政事业单位工资及劳务费分类计算。如果是行政事业单位委托,试制类和技术类项目,按本单位前三年实际发放的工资劳务费或绩效支出及劳务费平均数,与同期营业总成本平均数的比例关系,作为项目预计工资及劳务费与项目总成本的比例进行计算。假设利润率10%,具计公式如下:

$$S = C\frac{1.10a}{1-1.10a}$$

其中:

$$a = \frac{(S_1-D_1)+(S_2-D_2)+(S_3-D_3)}{(R_1-D_1)+(R_2-D_2)+(R_3-D_3)}$$

式中:S 为工资及劳务费;C 为本项目除工资及劳务费外的其他各项预计成本之和;S_1、S_2、S_3 为项目承担单位前三年实际发放工资总额(或绩效工资总量);D_1、D_2、D_3 为项目承担单位前三年事业费拨款;R_1、R_2、R_3 为项目承担单位前三年营业总收入;a 为单位前三年平均工资总额或差额工资总额与同期单位收入扣除事业费拨款的比例。

研究类项目,按上年实际发放的工资总或绩效工资总额,与当年平均在岗人数计算的年人均支出标准,根据直接从事项目研制人数计算项目工资及劳务费,或绩效支出及劳务费。具体计算公式:

$$S = \sum_{t=n} P_t \times \frac{(S'-D)}{P'}$$

式中:P':上年全年平均在岗职工人数;

P_i:第 i 年直接从事该项目研制人数,不含享受年薪制的人员;

S':单位上年实际发放的工资总额(或绩效工作总额);

D:单位上年事业费拨款。

注意事项:

1)以设计、研究、试验等研究类工作性质为主的科研单位,承担试制类、技术类项目时,测算项目成本中的工资及劳务费时,本单位的应当调整使用。其他单位值明显不合理时,也应参照同行业情况调整。

2)高等院校执行政府会计准则,在科研项目中只能计入绩效工资及劳务费。承担试制类、技术类项目类,绩效总额及劳务费不适用以上公式计算的,可以按照研究类的方法,根据学校上年人均绩效计算。

3)单独为一个项目引进的高端人才,其年薪直接单独计列;参与两个以上项目的,应分摊计列。

4)研究类项目计算事务费和管理费的基数应包括按研制周期内直接参研人数与上年本单位实际发生的平均人员费用计算的工资及劳务费,含上级拨款支付的部分,不含引进高端人才所支付的年薪。

(3)非行政事业单位工资及劳务费分类计算。如果是受托社会企业或财政自收自支单位,试制类和技术类项目,按本单位前三年实际发放的工资劳务费或绩效支出及劳务费平均数,与同期营业总成本平均数的比例关系,作为项目预计工资及劳务费与项目总成本的比例进行计算。假设利润率10%,则计算公式为

$$S = C\frac{1.10a}{1-1.10a}$$

其中:

$$a = \frac{S_1 + S_2 + S_3}{R_1 + R_2 + R_3}$$

研究类项目,按上年实际发放的工资总额或绩效工资总额,与当年平均在岗人数计算的年人均支出标准,根据直接从事项目研制人数计算项目工资及劳务费或绩效支出及劳务费。具体计算公式:

$$S = \sum_{t=n} P_t \times \frac{S'}{P'}$$

除过不扣除事业费拨款外,其他内容与行政事业单位一致。

8.10.6.9 审核收益和不可预见费概(预)算

(1)预计收益。合同价款在概算总额内,按已明确研制任务的研制阶段,或研制周期签订合同的经费总额,包括预计成本和预计收益。收益按预计成本扣除材料费中的外购成品、专用费及外协费后的10%(假设)计列。

(2)不可预见费。研制周期超过36个月且项目预计成本超过1 000万元以上的项目,在项目概算中预留不可预见费(不计入合同总价款,如发生不可预见事项签订补充合同)。

表8-3 不可预见费限额比例

序号	预计成本/万元	计算比例
1	1 000~3 000(含)	5%
2	3 000~10 000(含)	4%
3	10 000~100 000(含)	3%
4	100 000以上	2%

8.10.7 出具概(预)算专项报告

经过对受托方提供的项目概算资料,根据国家和委托方相关要求,经过审核,出具专项审计报告,核定费用和价格。

8.11 项目全面实施预算绩效管理

(1)事前绩效管理。项目承担单位应在科研项目申报、论证、审批等文本中,分类设定科学、合理、具体的项目绩效目标和适用于考核的结果指标,以及项目关键节点阶段性目标。

(2)严格依据任务书开展综合绩效评价。项目单位应按照批复分解确定项目年度预算绩效目标,作为申请年度预算的依据,在科研项目过程中应开展绩效自评,加强绩效允许情况监控,及时纠正问题,确保绩效目标如期实现;严格按照任务书的约定逐项考核结果指标完成情况,对绩效目标实现程度做出明确结论,不得"走过场",无正当理由不得延迟验收,应用研究和工程技术研究要突出技术指标刚性要求,严禁成果充抵等弄虚作假行为;突出代表性成果和项目实施效果评价,对提交评价的论文、专利等做出数量限制规定。

(3)项目管理部门应结合项目决算和项目验收的情况统筹组织开展项目综合绩效评价工作,全面反映经费使用效果和效益。

8.12 年度决算和项目决算

8.12.1 年度决算和项目决算要求

(1)编制决算。要求科研项目完成后两个月内编制决算,项目承担单位只有取得项目决算批复,才能办理项目验收等后续工作。

(2)财务结算。项目通过验收后,项目承担单位应在一个月内办结财务结算手续。

(3)决算审计与批复。决算审计与批复实行分级负责制。

1)项目决算财务以先审核、后批复的方式进行管理,可以委托有专业能力的评审机构或社会中介机构进行审核。

2)决算批复内容。项目批复内容要求为:批复经费、实际到位资金、实际完成投资、经费支出情况、形成资产、结余资金及处理意见,经费使用效果效益情况。

(4)项目决算。承研单位在项目全部完成后,应按照合同约定,分八项成本费用编制项目财务决算,报送合同甲方,并做好接受财务验收准备。

8.12.2 明确各科目经费可调剂使用

项目承担单位可根据科研活动实际需要,在各明细科目间调剂使用成本费用,调剂后的事务费不得超过预计成本,事务费只能调减不能调增。事务费总额是指原预算或合同中确定的事务费额度,并非由于其他费用调剂后重新按规定比例计算的事务费额度。

8.12.3 科研项目概(预)算决算科目审核要点

科研项目概(预)算决算包括预计成本、不可预见费和项目预计收益。

项目预计成本是指在研究开发过程中预计必须发生的成本费用,包括材料费、专用费、外协费、燃料动力费、事务费、固定资产折旧费、管理费、工资及劳务费。

8.12.3.1 材料费审核要点

(1)材料费应注意的事项:

1)应有材料采购合同及材料验收、入库、出库手续。

2)中央财政资金中不应编列用于生产经营和基本建设的材料,不得列支普通办公耗材等。

3)与专用设备同时购置的备品、备件等可纳入设备费预算,单独购置备品、备件等可纳入材料费预算。

4)重点关注科研用材料的采购或领用是否与单位日常经营活动或生产、基本建设用材料有明确区分。

(2)需准备的资料:大宗材料按相关政策要求采购,要求提供采购的手续,需准备采购合同、中标通知书、出入库手续等,关注材料费的支出内容与预算(调整后预算)的一致性,与科研的相关性。

(3)决算编制考虑的关键点包括以下内容:

1)项目使用材料中,材料必须是项目直接耗用的材料,不能以购代耗。

2)原辅材料及外购成品通常按照论证报告的约定,依据预计交付的产品台套数、单产品装机数量及材料单价进行测算。

3)材料费的决算重点是数量和单价。数量主要根据研制方式,考虑研制各阶段消耗的材料,与研制成果相对应,如关键技术攻关、初样、正样、试验等,立项报告中要有相应的内容;单价可依据厂商报价、长期采购价、定型定价等。

4)主要材料需要明确型号、规格、厂家等信息,并对材料价格提供必要的支撑性材料,如补充报价单、历史采购合同等。

5)"外购成品费用"是指项目研制单位在项目研制过程中,直接从外部采购成品的费用,不含分承包合同价款或外部外协部件的费用。因分承包合同价款不属于本单位的计价成本,而外协部件费用应在"外协费"中计算。

6)研制过程采购的属于配套的专用测试设备或仪器及样品样机发生的费用,应在"专用费"中计算。

7)技术文件中要求的随机备件、工具、测试设备等,如已计入专用费,不可重复编报。

8)受订货起点费的原材料必须同时满足两个条件,一是"外购""专用"的原材料,二是由于生产技术条件限制造成的超量供货,这些原材料的保质期较短,而不能转入后续批次生产使用的。

9)受订货起点限制而增加的费用不一定百分百地由科研费负担,如近期内其他产品和项目(包括已确知的未来项目和产品)能够使用剩余的材料,则该项目科研费只负担其中的一部分费用(包括适当考虑资金占用的费用)。同时,对于订货起点还应注意,须经研制方和委托方共同确认。

(4)原材料和辅助材料审核要点:

1)在科研项目价格审核过程中,原材料和辅助材料费用是依据研制立项综合论证报告、研制总要求等文件,规定的研制数量、要求进行计算的,科研项目经费编制必须与研制任务相结合,符合研制任务的特点和规律。研制产品必须耗用的各种原材料和辅助材料的费用按照"每个试样预计耗用量"计算,计划价格可参照国内同类产品价格预测研制产品、零部件价格,也可参照国外类似产品价格或国内外同类研究活动价格预测。

2)对技术稳定、技术储备充分的科研项目,原材料、辅助材料的消耗基本稳定,也可采用原材料、辅助材料消耗定额法计算审核。

3)根据承研单位原材料报价表,对主要的、价格高的原材料逐项审核,对价格偏高、有疑点的原材料重点审核。

(5)成品件和元器件审核要点:

1)对于成品件审核,要以上级批复的研制项目立项综合论证、研制总要求论证中战术技术指标和设计部门编制的技术文件中"外购成品元器件汇总表"为依据,认真细致地核对所用配套外购成品和元器件的装机数量、备份量、规格、型号、单价,合理确定消耗量,防止重复、遗漏和计算错误。

2)对于历史上采购过的成品元器件,审查外购成品元器件购入时市场价、合同价等。凡市场采购须有采购发票、合同或协议等凭证,并对照市场同类产品市场平均价格。

3)对于未采购过的成品元器件,通过元器件询价单或报价单,与同类产品价格的比较分析,测算得到元器件订购价格。

4)凡是经国家或上级有关部门正式批价(含已审价)的外购成品元器件价格,必须严格执行国家或上级有关部门的批价。

8.12.3.2 专用费审核要点

(1)专用费审核应注意的事项:

1)不应用专项经费购买通用性操作系统、办公软件等。

2)不应列支日常手机和办公固定电话的通讯费、日常办公网络费和电话充值卡费用等。

3)专利申请及其他知识产权事务费用可以列支为完成本项目(课题)研究目标而申请专利的费用、该专利在项目(课题)实施周期内发生的维护费用,以及办理其他知识产权事务发生的费用,如计算机软件著作权、集成电路布图设计权等。

4)不应列支广告费用等与本项目(课题)研究无关的费用。

5)委托外单位开发所发生的软件开发费,列入协作费。自行开发的在相关支出科目中列示,如工资及劳务费、材料费、燃料动力费、事务费等。

进一步明确专用费的范围,专用费不包括专用设备购买费、试制设备费、设备租赁与改造费。如果在实际执行研发活动中,需要以上设备怎么办?笔者认为可以在不可预见费用和预计收益中列支,自筹经费也可以列支。

当试制设备为过程产品时[即为完成项目(课题)任务而研制的零部件或工具性产品],试制设备发生的相关成本(含直接相关的小型仪器设备费、材料费、测试加工费、燃料动力费等)应列入自筹经费试制设备费科目,试制10万元(含)以上仪器设备需提供相应成本清单;当试制设备为目标产品[即项目(课题)主要任务就是研制该设备]时,应当分别在委托项目科研经费材料费、专用费、燃料动力费、工资及劳务费等科目编列测算。

注意设备租赁费是指课题研究过程中需要租赁承担单位以外其他单位的设备而发生的费用。使用属于承担单位支撑条件的设备不得在专项经费中列支。与项目(课题)研究任务相关的科学考察、野外实验勘探等车、船、航空器等交通工具的租赁费可在设备租赁费科目预算中编列,有预算则可以支出。

设备改造费是指因项目(课题)任务目标需要,对现有设备进行局部改造以改善提升性能而发生的费用,以及项目(课题)实施过程中相关设备发生损坏需维修而发生的费用,一般由零部件、材料等成本和安装调试等费用构成。

因安装使用新增设备而对实验室进行小规模维修改造的费用也在该科目预算中编列,有预算则可以支出。

概(预)算中的设备费应注意:此处设备费是随产品交付的专用测试仪器设备购置费,是指产品交付时确需附带的专用测试仪器设备费用,包括购置费、运输费、安装调试费;设备费支出的相关性和真实性,合同签订时间、付款时间、发票时间及到货时间是否均在项目执行期内(合同尾款可在执行期后);是否列支了预算外(或调剂后预算外)设备,预算调剂审批流程是否合规,理由是否合理。对于型号升级的设备不突破预算可以采购(大额提供变更申请及审批资料),对于由于技术路线发生重大变化造成的设备购置的变化,需专家论证后报批。用自筹经费购置的设备,单台设备价值达到人民币10万元以上(含10万元)需单独填列10万元以上的设备清单。受托科研项目概算中不应编列生产性设备的购置费、基建设施的建造费、实验室的常规维修改造费以及属于承担单位支撑条件的专用仪器设备购置费,并严格控制常规或通用仪器设备的购置。自筹资金中,中央高校、科研院所可自行采购科研仪器设备,自行选择科研仪器设备评审专家关注其采购进口仪器设备是否按规定备案。如项目的任务目标为软件开发,关注单位是否以定制或者购买软件的形式将任务外包。

设备采购管理按国家及单位相关规定执行,如中央预算单位按照《中央预算单位2017—2018年政府集中采购目录及标准》执行。文件规定:

1)除集中采购机构采购项目和部门集中采购项目外,各部门自行采购单项或批量金额达到100万元以上的货物和服务的项目、120万元以上的工程项目应按《中华人民共和国政府采购法》和《中华人民共和国招标投标法》有关规定执行。

2)政府采购货物或服务项目,单项采购金额达到200万元以上的,必须采用公开招标方式。如政策有变化,按照新的政策执行。

(2)需准备的资料:

1)如招标的要有中标通知书,采购(升级改造或租赁)合同,采购进口科研仪器设备的备案手续。

2)设备盘存表(关注是否有未使用的设备)及固定资产结转的凭证及附件等。

3)设备要有出入库手续,有专人管理及使用记录;租赁设备要提供交付使用手续。

4)专用工具软件费和引进费方面,大宗专业资料和软件购置需准备经费支出的预算批复;专利权、论文等需准备受理函件或检索信息;专业软件购买、专著出版等大额支出需提供合同及明细。

专用工具软件费审核时,首先要核实软件在项目研制过程中作为进一步软件开发的"工具"或"平台"。其次要根据项目技术要求甄别是否需要购买专用工具软件。最后,对于专用工具软件购置费的价格确认,结合调研询价,历史采购合同发票,参照市场价进行确认。

技术引进费用,从国外购买产品设计资料及相应样品样机的费用,只有在论证方案与研制总要求中明确的样品样机,按照规定和要求才可计入科研预计成本。在有历史合同或相似合同的情况下,可以参照历史采购价或同类可比价格,结合市场波动水平分析实际采购价合理性后予以确认。

对于自制的工装,其发生的费用应当列入相关成本科目中,剔除明显不属于专用工装的项目,设计定型前的工装费可直接列入科研项目成本,试生产阶段的工装费在科研成本和生产成本中各负担50%。

随产品交付的专用测试仪器设备购置费审核,剔除不随产品交付的专用测试仪器设备;对于自制的随产品交付的专用测试仪器设备,其发生的费用应当列入相关成本科目中;甄别测试仪器设备的专用性;外购专用测试设备器预计成本内容包括购置费、运输费、安装调试费。

8.12.3.3 外协费审核要点

(1)外协费应注意的事项:

1)委托外单位进行测试化验加工需有委托合同、结算清单、发票、测试结果报告(总结或相关报告)、测试单位资质证明等。国防科技管理的项目,项目承担单位内部研究机构、车间、独立核算的非法人单位之间协作的科研任务所发生的费用,不得作为外协费计列,由项目承担单位根据科研任务所消耗费用的性质,分别计入科研项目相应成本费用。不承担科研任务的总(主)承包单位安排给所属法人单位(含控股公司)的科研任务所需经费不得作为外协费计列,有关费用由各科研任务承担单位根据所消耗费用的性质分别计算,汇总计入科研项目相应成本费用。

2)科技部管理的项目,在课题承担单位(合作单位)内进行测试化验加工,测试机构或部门必须在单位统一会计制度控制下,单位内部实行独立经济核算。其承担的测试化验加工任务应按照测试、化验、加工内容发生的实际成本或内部结算价格进行测算。测试化验加工部门应提供内部委托协议、内部结算的有关规定和结算凭证,有测试记录、收费标准、内部结算规定等,结算程序规范。

3)如承接方与承担单位存在利益关联关系,应披露双方利益关联情况(项目牵头单位、课题承担单位、课题参与单位之间,或项目负责人、课题负责人与课题参与单位之间均作为关联关系)。

4)与项目(课题)研究任务相关的软件测试、数据加工整理、大型计算机机时等费用有预算可以在本科目支出。

5)应由承担单位完成的研究任务,不得以外协费(测试化验加工费)的名义分包。

6)应建立外协费管理制度。

(2)需准备的资料:

1)大额外协费应按政府采购程序进行,合同中应包含测试化验加工委托的内容、方式、方案、日期、付费标准、付费方式、支出概算和验收条款等基本内容,必要时准备相关报告,以备查阅。

2)测试结果或加工验收移交手续等;内部核算的相关依据及记录。

注意事项:外协费编报重点为:依据充分,价格合理,不重复计算。

首先要明确外协的必要性及详细内容(型号、规格、厂家等信息),需要准备相关的项目技术论证报告及外协技术协议进行支撑说明,原则上承研单位自有研制生产能力的项目不能进行外协。外购成品费和委托外单位加工的设备仪器费不得计入外协费,应相应在材料费和专用费中列支。针对外协价格,需要提供必要的支撑性材料,如外协合同或委托加工合同等。如果外协金额较大,需要提供更详细的论证资料。外协费不应该包含项目总承包单位拨付给分承包单位的价款。

项目承担单位与其控股、参股公司,以及其他按照国家有关规定属于关联交易单位之间的科研外协合同,必须按照国家有关规定进行测算和审核。

在审核外协费时,首先对外协工作的必要性进行分析,研制单位应明确外协工作的内容、工作量及相关要求,根据外协工作内容、工作量及相关要求,按照相关计价标准,对外协费进行测算。审核时要注意区分外协单位是否确定,以及相应的采购方式。

8.12.3.4 燃料动力费审核要点

燃料动力费的发生主要与研制试验密切相关。

对于可以单独计算的用于试验的燃料动力费、应当以直接计入受益项目方式进行测算,直接计入项目中。了解试验内容与方法,与相关技术人员一起核实燃料动力费的支出内容,所用的试验设备设施功率及相关要求,试验所持续时间等,合理确认耗用量。

对于不能单独计算的科研用燃料动力费,以分摊计入有关受益项目方式进行测算,可采用工时分摊法和收入分摊法。审核时注意剔除非科研耗用燃料动力费,分析承担单位的年计划科研总工时或年计划总收入和该项目年计划科研工时或该项目年计划科研收入的合理性。

(1)燃料动力费应注意的事项:

1)实验室日常运行的水、电、气、燃料等支出应由间接费用开支,不能在该科目中开支。

2)应由个人负担的加油费、过桥过路费等,不能在该科目中开支。

(2)需准备的资料:项目中直接使用的相关的仪器设备、专用科学装置等运行实际时间记录及标准,以及水、电、气、燃料等的按运行记录计算的表格。

8.12.3.5 事务费审核要点

会议费一般单位按《中央和国家机关会议费管理办法》或根据承担单位(中央高校、科研院所)相关科研经费管理办法执行。

(1)会议费应注意的事项:

1)不得开支一般性学术会议费;严禁开支招待费、礼品费和旅游费用等不合理支出。

2)会议费中发放的专家咨询费应在专家咨询费科目列支。

3) 12号文件规定,单位内部有条件组织召开会议的,不得租用外部会议场所,会议费开支标准按照国家有关规定执行。

(2) 需准备的资料:会议审批单、会议通知、参加人员签到表、会议议程、电子结算单、会议支出清单,必要时应准备会议纪要。

差旅费一般按照国家文件《关于调整中央和国家机关差旅住宿费标准等有关问题的通知》(财行〔2015〕497号)规定,或根据承担单位(中央高校、科研院所)相关管理办法执行。

(1) 差旅费应注意的事项:

1) 严禁列支旅游费、景点门票等与课题不相关费用。

2) 支出是否与项目(课题)无关。

(2) 需准备的资料:

1) 差旅申请单或审批表(出差目的地、事由、人数、领导审批),必要时准备差旅小结(研讨内容、解决结果)。

2) 差旅费报销单、支出发票(机票、住宿票等)。

国际合作与交流费是指项目(课题)实施过程中课题研究人员出国(境)及外国专家来华的费用。国际合作与交流费按照《临时出国人员费用开支标准和管理办法》(财行〔2013〕516号)文件规定的开支范围和标准,包括国际行程费、城市间交通费、住宿费、伙食费、公杂费等应按规定等级和标准列支。

国际合作与交流费应注意的事项:

(1) 国际合作与交流费外国专家来华工作开支标准应按照(财行〔2013〕533号)文件的相关规定执行。

(2) 关注预算中是走出去还是请进来;出国有关手续;出国人员应当为课题研究人员,审核出国人员中是否有非课题成员;关注目的地、国别、天数次数和人员规模是否与预算相符,变更是否合理。

科工局12号文件规定,专家咨询费是指在项目研究开发过程中一次性支付给外单位专家的评审咨询费。专家咨询费支付标准按照国家有关规定执行,不得支付给本单位在职职工和聘用劳务人员。

专家咨询费发放标准:财政部于2017年9月30日发布《中央财政科研项目专家咨询费管理办法》财政教〔2017〕128号,(2017年9月4日开始执行),该管理办法对于中央级科研项目专家咨询活动的经费支出标准有了较大的变化,具体标准及执行细则如下:

《管理办法》第六条:高级专业技术职称人员的专家咨询费标准为1 500－2 400元/人天(税后);其他专业人员的专家咨询费标准为900－1 500元/人天(税后)。《管理办法》第七条:院士、全国知名专家,可按照高级专业技术职称人员的专家咨询费标准上浮50%执行。《管理办法》第八条:本办法所指专家咨询活动的组织形式主要有会议、现场访谈或者勘察、通讯三种形式。《管理办法》第九条:不同形式组织的专家咨询活动适用专家咨询。

(1) 专家咨询应注意的事项:

1) 专家咨询费不得支付给参与该项研究及其管理的相关工作人员。

2) 原则上应当通过银行转账方式完成。

3) 不能列支博士、硕士研究生因学位论文答辩、论文修改发生的相关费用。

4) 不得通过虚构人员名单等方式虚报冒领专家咨询费。

5)不得支付给本单位在职职工和聘用劳务人员。

(2)专家咨询费需准备的资料:支付证明(原则上应通过银行转账方式支付)、发放专家咨询费清单,应显示咨询时间、人员名单、身份证号、银行卡号、工作单位、职称、金额、咨询内容(提供咨询事由及咨询成果备查)、个人签字等相关资料。

事务费按项目类别分类据实列支,一般不超过概算金额。

事务费的审核方法:一是看计算比例是否超过法定比例,若超过法定比例,可按不超过法定比例进行调整;二是在对计算基数审核调整的基础上,对事务费的计算结果进行调整。

对于确实需要单独增加计列差旅费、运输费等费用的项目,根据立项综合论证报告、研制总要求、初步的技术方案和研制计划,参照国家和委托单位相关标准逐项进行审核。

8.12.3.6 固定资产折旧费审核要点

折旧费是指在项目研究开发过程中直接用于科研活动的固定资产应计列的折旧。

固定资产折旧费=年人均分摊额×研制年限×年均参研人数

对于相应单位近三年的固定资产折旧费的审核,应当核查财务账簿、固定资产登记账簿,以及折旧计提明细表,检查各成本项目中固定资产折旧的相关性与合理性并进行调整。区分科研生产用固定资产和管理用固定资产,管理用固定资产折旧费应当分摊计入管理费;与承制单位科研明显不相关的固定资产、已提足折旧继续使用的固定资产应当予以剔除;未采用直线法的,按照直线法予以调整;检查折旧政策一致性的问题;核实资产成本的合理性。

"固定资产折旧费"应注意的事项:

(1)承研单位未使用、不需用的固定资产和以经营租赁方式租入的固定资产不计提固定资产折旧。

(2)对于企业和自收自支事业单位,固定资产折旧应该按照《工业企业财务制度》规定的固定资产分类折旧年限计入科研成本,防止企业由于加速计提折旧而增加科研成本。

(3)一般的,科研用设备仪器按照5%计提折旧,科研用房屋建筑物按2%计提折旧。

8.12.3.7 管理费审核方法

管理费审核方法:一是检查计算比例是否超过法定比例,若超过法定比例,可按不超过法定比例进行调整;二是在对计算基数审核调整的基础上,对管理费的计算结果进行调整。

不承担具体研制任务的总(主)承包单位,管理费应在项目预计成本中的管理费总额内提出明细预算,经与管理部门协商一致后在合同(计划)中明确。

管理费应注意事项:

(1)是否存在与项目无关的费用,如各种罚款、捐款、赞助、投资等支出,不能分摊利息支出和经营费用。

(2)检查是否与前述项目预算科目的支出内容重复。

(3)是否超过项目任务书预算所列金额。

(4)管理费用在科研项目之间合理分摊,分摊原则已经确定,不得随意变更,采用具体列支方法时,要坚持单独核算。

管理费不仅实行预算总额控制,还要审核具体的列支内容。

8.12.3.8 工资及劳务费审核要点

研制类项目和技术类项目按一定方法测算,不大于测算结果计列。

全时全职承担关键领域核心技术攻关任务的团队负责人(领衔科学家/首席科学家、技术总师、型号总师、总指挥、总负责人等)以及引进的高端人才所需经费在项目预计成本中单列。同时承担多个项目的团队负责人以及引进的高端人才,所需经费按工时分摊计入项目预计成本。年薪在项目承担单位绩效工资总量中单列,相应增加当年绩效工资总量。

研究类项目工资及劳务费,按照一定方法,不大于测算结果计列。

保险补助纳入劳务费科目开支。工资及劳务费预算应据实编制,设上限,原则上应通过银行转账方式支付。

工资及劳务费应注意的事项:

(1)访问学者、项目(课题)聘用研究人员的管理原则。为完善对访问学者和项目(课题)聘用研究人员劳务费管理,要求单位有健全的劳务费管理办法,项目(课题)聘用研究人员需通过劳务派遣方式或者签订劳动合同、聘用协议等方式聘用;课题组成员不得以访问学者名义在项目下各课题中编列劳务费;劳务费的发放应符合本单位统一的薪酬体系规定,不得重复发放。

(2)工资及劳务费(奖金、加班费)不得支付给享受全额财政拨款的研究工作人员。

(3)项目工资及劳务费开支范围以外的人员不应列支项目预计成本的要求。

(4)国家重点研发计划规定,劳务费应该据实列支,不得以计提或分摊方式列支劳务费,因为中央财政资金不允许给单位固定人员支付工资薪资。而其他项目大部分企业采用小时费用进行分配计算。

在审核非国家重点研发项目时,应该关注工时分类。

准备结束时间:指工人为生产一批产品或进行一次作业,进行生产前的准备工作和加工完毕后结束工作所消耗的时间。如领取图纸和工艺、检查材料及毛坯、检查工具、领取专用夹具、安装和调试机床和设备、首件及成批自检、结束工作。

作业时间:

(1)基本时间:机动作业,机手并动作业,手动作业。

(2)辅助时间:装卸零件,测量工作,操纵设备或工具,调整设备工作参数。

布置工作地时间:

(1)组织性布置工作地时间:更换工作服,擦拭及润滑设备放置工具及毛坯,清扫和整理工作地,填写出原始记录,交接班,生产中不可避免的短时延误。

(2)技术性布置工作地时间:更换刀具,操作中校正工具及调整设备,清除切削。

休息和生理需要时间:必要的休息时间和生理需要时间。

定额工时=准备和结束时间+作业时间+布置工作地时间+休息与生理需要的时间

需准备的资料:

(1)发放劳务费清单[人员姓名、身份证号、职称(职务)、银行卡号、提供劳务内容、发放期间、金额、领取人签字等信息],提供银行发放劳务费对账单(回单)等相关资料。

(2)劳务聘用合同或其他支持性证据、访问学者的资格认定、审批备案程序、工作协议等。

(3)项目参研人员变动表。

8.12.3.9 预计收益审核要点

预计收益=(预计成本-材料费中的外购成品费-专用费-外协费)×10%(假

设 10％)

项目承担单位与其控股、参股公司之间的科研外协合同,以及其他按国家有关规定属于关联交易的科研外协合同价款按此规定测算。

对研制周期超过两年(含)的科研项目,完成年度科研任务的,可按不超过当年预算的 3％预提项目收益,仍有剩余的,应继续用于下阶段科研工作。未完成年度任务的,不得预提项目收益。

科研项目完成任务目标并一次通过验收,项目概算扣除项目成本后的结余资金全部作为项目收益,由项目单位统筹用于研发活动支出。未通过验收和整改后通过验收的项目,结余资金按该项目中央财政拨款比例收回。具体按照国家有关规定执行。

8.12.3.10 不可预见费审核要点

不可预见费的管理:由管理部门掌握,实行合同制管理的项目,动用不可预见费需签订补充合同;实行计划管理的,动用不可预见费需按程序报批。不可预见费不再纳入项目成本进行管理,更准确体现了该项费用的作用。

不可预见费的审核,首先判断项目承担单位是否具备计列不可预见费的条件,只有研制周期超过 36 个月且项目预计成本超过 1 000 万元的科研项目方可计列。需要注意的是,预计成本是否大于 1 000 万元应当以审核后的结果为准。若审核后的预计成本未超过 1 000 万元,则取消不可预见费;若审核后的预计成本仍大于 1 000 万元,则按审核后的结果进行调整;若项目承担单位未计列不可预见费或达不到条件计列不可预见费,无论审核结果如何,审核人员均不应主动增加不可预见费项目。

8.13 成本核算与财务验收

8.13.1 项目预计成本与实际成本的关系

预计成本与实际成本是受托科研项目经费管理的两个重要概念,虽然开支范围一致,但在正常情况下,研制任务完成后,二者对应成本明细费用和成本总费用会存在差异。

(1)方法不同。受托科研项目预计成本与实际成本的计算方法不同。预计成本是为完成科研任务,按照预计的消耗定额、预计价格、预计工作内容和工作量,以及一定标准测算的科研项目所需费用;而实际成本是承研单位按照国家和委托单位有关财务会计制度,如实反映的实际费用情况。

(2)作用不同。预计成本是上级单位、合同甲方,确定项目概、预算和合同价款,以及形成过程监管检查的依据,也是承研单位进行实际成本控制的主要依据。

实际成本是承研单位贯彻落实国家和委托单位有关财务管理、会计核算会计制度对研制项目实际发生费用的真实反映,也是合同甲方进行财务验收的重要依据。

8.13.2 实际成本核算要求

承研单位对于研制过程中发生的各项费用应依法依规如实反映。

按项目单位核算:单独设置明细账,直接费用直接计入,间接费用和共同费用合理分摊计入。

费用分摊方法:对于间接费用和共同费用未规定具体分摊方法,由研制单位按照一致性原则,选择公平、合理的分摊方法对费用进行分配。

8.13.3 软性费用范围和标准

与材料费、工资及劳务费等刚性需求比较,管理费和事务费可通过科学合理安排,使费用得到控制,具有一定的弹性,在这里称为软性费用。考虑到它的弹性或软性,测算预计成本时规定了按比例计算软性费用的办法。对管理费和事务费规定内涵如下:

(1)管理费开支范围以及其中有关明细费用的开支标准,按照本单位的现行规定执行,但必须符合国家相关规定。

管理费的计列与分摊,研制过程中所发生的符合管理费定义的费用,直接计入项目管理费;管理费分摊时,不能简单使用管理费用与理费用分摊之和,需要对其分析整理,冲减财补后,剩余部分方可在不同项目间进行分摊。

(2)事务费的开支范围是确定的,但其中所包含的各项活动,事项的开支标准,按照本单位的现行规定执行,但必须符合国家相关规定。

8.13.4 项目经费会计处理和财务核算

对于项目经费单独核算问题,项目承担单位应建立健全内部控制制度,加强科研经费管理,按项目核算经费,确保专款专用,不得虚列费用和支出,不得随意变更费用分摊或计提方法。项目承担单位应设置材料费、专用费、外协费、燃料动力费、事务费、固定资产折旧费、管理费和工资及劳务费等8个明细科目,按项目进行成本核算。受托项目科研经费、中央财政资金和其他来源资金使用时应分别单独核算,有利于衡量资金使用情况和财务决算。

项目经费会计账务处理:
收到受托拨款时:
借:银行存款
　　贷:递延收益(或专项应付款)
使用受托资金时:
借:研发支出,××项目研发支出或专项应付款费用化(资本化)
　　贷:银行存款等
费用化的费用,在月末或年末在利润表项中分析填列入"研发费用";资本化的部分,在月末或年末在资产负债表项下分析填列入"开发支出"。
使用自筹资金时:

借:研发支出时××项目研发支出时,年末在利润费用化(资本化)
　　贷:银行存款等
费用化的费用,在月末或年末在利润表项中分析填列入"研发费用";资本化的部分,在月末或年末在资产负债表项下分析填列入"开发支出"。
自筹经费到位率一般是确定自筹资金到位率。科研项目经费不得以其他中央财政项目作为自筹资金来源。
项目通过验收后,项目承担单位在一个月内办理财务结算手续,涉及专项资金的:
借:递延收益(其他应付款等)
　　贷:营业外收入或其他收益
项目经费一般按照项目编号核算管理。

8.13.5　出具审核报告

接受委托方的委托,根据相关文件和对受托方实际审计情况,出具专项审计报告,确定经费支出和经费结余金额。

8.13.6　结余经费

研制单位的科研项目完成后并一次通过验收,结余经费全部作为项目收益,由单位统筹用于研发活动支出,未通过验收或整改以后通过验收的项目结余经费全部收回。

8.13.7　财务验收要点

(1)科研项目单独核算情况。
(2)材料费、专用费、外协费、燃料动力费、事务费、固定资产折旧费、管理费和工资及劳务费的真实性、合理性。
(3)费用分摊方法的合理性。
(4)外协单位的资质、遴选以及费用结算合规性。
(5)事务费实际与预算额度比较情况。
(6)挤占成本情况。
(7)其他重大违规违纪现象。

第9章 对中央(地方)财政资金和其他来源资金工程建设企业科研项目经费审计问题的调研分析

9.1 工程建设企业科研项目活动引领政策

工程建设行业是国民经济的支柱产业之一,建设工程企业在国民经济发展中所占的比重比较大。工程建设行业"大而不强"的现实一直是制约行业进一步发展的短板,尤其是在我国低成本资源和要素投入形成的驱动力明显减弱,人口红利时代即将过去,生态文明发展面临日益严峻环境污染的前提下,行业面临着动力转换、方式转变、结构调整的繁重任务,必须依靠不断创新,为行业发展注入新的动力。为了持续维持工程建设行业的优势,转型升级势在必行。为了加快新型基础设施建设,坚持以科技发展新理念为前提,面向高质量发展需要,聚焦关键领域、薄弱环节补短板,国家出台了系列重要举措,指导工程建设行业创新发展。这些政策主要有以下几个。

2017年8月28日,住建部发布《住房城乡建设科技创新"十三五"专项规划》(以下简称《规划》),提出在关键技术和装备研发应用取得重大进展和基本形成科技创新体系的发展目标,《规划》特别指出发展智慧建造技术,普及和深化建筑信息模型(Building Information Modeling,BIM)应用,发展施工机器人、智能施工装备、3D打印施工装备,促进建筑产业提质增效。

《规划》提出了"1+2"定性目标。"1"是指总体目标,即统筹技术研发、应用示范、标准制定、规模推广和科技评价的全链条管理,抓好人才、基地、项目、资金、政策5大创新要素,取得一批前瞻性、引领性、实用性科技成果,显著增强行业科技创新的供给和支撑能力。"2"是指2个分类目标,即关键技术和装备研发应用取得重大进展,科技创新体系基本形成。

《规划》提出"十三五"时期,建筑业科技创新的8大重点任务,包括推动规划设计技术创新,推动智能化技术应用,提升节能减排技术水平,加强技术集成应用,构建绿色建筑技术体系,发展绿色建造方式,推广经济适用技术,强化创新能力建设。

2020年3月,中共中央政治局常务委员会召开会议提出,加快5G网络、数据中心等新型基础设施建设进度。

2020年5月22日,《2020年国务院政府工作报告》提出,重点支持"两新一重"(新型基础设施建设,新型城镇化建设,交通、水利等重大工程建设)建设。

2020年8月6日,交通运输部印发《关于推动交通运输领域新型基础设施建设的指导意见》(以下简称《指导意见》),提出到2035年,交通运输领域新型基础设施建设取得显著成效,智能列车、自动驾驶汽车、智能船舶等逐步应用。《指导意见》要求深化高速公路电子不停车收费系统(Electronic Toll Collection,ETC)门架应用,丰富车路协同应用场景,研制智能型高速动车组,建设航道地理信息测绘和航行水域气象、水文监测等基础设施,推动机场和航空公司、空管、运行保障及监管等单位间核心数据互联共享,实现航空器全球追踪等,建设邮政大数据中心,开展新型寄递地址编码试点应用,引导在城市群等重点高速公路服务区建设超快充、大功率电动汽车充电设施。《指导意见》还明确,要推进第五代移动通信技术(5G)等协同应用、北斗系统和遥感卫星行业应用,提升交通运输行业北斗系统高精度导航与位置服务能力,建设行业北斗系统高精度地理信息地图。

工信部表示将加快推进5G网络、数据中心等新型基础设施建设,并在2020年12月建成国家工业互联网大数据中心。近日,《上海市产业绿贷支持绿色新基建(数据中心)发展指导意见》制定实施,明确为优质的数据中心项目提供精准的金融服务,对采用不同先进节能技术的数据中心项目给予一定的贷款利率下浮。

另外,国家出台了《企业所得税法》《关于完善研究开发费用税前加计扣除政策的通知》《高新技术企业认定管理办法》等系列政策扶持,为更好地促进工程建设企业增强自主创新能力,走上新的发展道路。近年来,为了克服工程施工行业劳动密集,技术含量低,高能耗低收益等问题,国家提出了"提高科技含量"的重要课题,由此在建筑行业提高研发投入,在工程施工行业发展中发挥着重要作用,关于工程施工企业研发投入的有效管理与核算也成为关注的焦点之一。让工程施工企业牢牢抓住创新生产力,促使研发投入的价值最大化,使科研资金真正落实在具有国际水平的研发项目上,具有一定的现实意义。

聚焦新一代信息技术关键领域,包括适度超前布局5G基建、大数据中心等新型基础设施,通过5G赋能工业互联网,推动5G与人工智能深度融合,加快建设数字中国,从而牢牢把握新一轮科技革命和产业变革带来的历史性机遇,抢占数字经济发展主动权。在此基础上,推动新一代信息技术与制造业融合发展,加速工业企业数字化、智能化转型,提高制造业数字化、网络化、智能化发展水平,推进制造模式、生产方式以及企业形态变革,带动产业转型升级。

聚焦区域一体化发展薄弱环节补短板,包括中心城市和城市群等经济发展优势区域正成为承载发展要素的主要空间,但同时面临着地理边界限制,区域能源安全保障不足等薄弱环节和短板。需加快布局城际高速铁路和城际轨道交通、特高压电力枢纽以及重大科技基础设施、科教基础设施、产业技术创新基础设施等,统筹推进跨区域基础设施建设,不断提升中心城市和重点城市群的基础设施互联互通水平。

在建设工程投融资机制方面,我国基础设施建设领域已经积淀了大量优质资产,但这些优质资产短期内难以收回投资成本,债务风险加大,如何盘活这些优质资产,有效化解地方债务风险,推动经济去杠杆,是加快新型基础设施建设必须解决的一大难题。解决这一难题,需把握好基础设施领域不动产投资信托基金(Real Estate Investment Trust,REITs)在京津冀、长江经济带、雄安新区、粤港澳大湾区、海南、长三角等重点区域先行先试的政策机遇,充分发挥其在提高直接融资比重,提升地方投融资效率,盘活存量资产,广泛调动社会资本参与积极性,化解地方债务等方面的重要作用,为加快推进新型基础设施建设提供有力支撑。

2020年9月1日，中国电子技术标准化研究院召开新基建专题研讨会，云天励飞、百度、阿里云、腾讯等20家单位参加，提出筹建"新型信息基础设施建设服务联盟"；新基建联盟将以国家战略为导向，以市场为驱动，以企业为主体，围绕新型信息基础设施建设，搭建产学研用合作平台，推进研发、设计、生产、集成、服务等水平，重点围绕大数据中心、智能计算中心等建设，促进新型基础设施供给能力，推动传统行业数字化转型，支持新技术、新产业、新业态、新模式加快发展。

多地正积极规划数字经济建设蓝图。2020年5月7日，从上海市政府新闻发布会上介绍的《上海市推进新型基础设施建设行动方案（2020—2022年）》获悉，上海初步梳理排摸了这一领域未来三年实施的第一批48个重大项目和工程包，预计总投资约2 700亿元。福建日前印发的《新型基础设施建设三年行动计划（2020—2022年）》提出，依托数字福建（长乐、安溪）产业园优先布局大型和超大型数据中心，打造闽东北、闽西南协同发展区数据汇聚节点，到2022年，全省在用数据中心的机架总规模达10万架。浙江提出优化布局云数据中心，到2022年，全省建成大型、超大型云数据中心25个左右，服务器总数达到300万台左右。在数据量大、时延要求高的应用场景集中区域部署边缘计算设施，云南提出到2022年建成10个行业级数据中心。

9.2 新基建内容

基础设施，有"传统"与"新型"之分。传统基础设施主要包括铁路、公路、机场、桥梁等。这一领域，中国相对完善，但仍存在短板。新型基础设施，一般认为包括5G、特高压、城际高速铁路和城际轨道交通、新能源汽车充电桩、大数据中心、人工智能、工业互联网、物联网等领域。这些领域，中国有巨大的发展空间。区别于传统基建，"新基建"更加注重数字化、智能化等硬核科技。

新型基础设施建设（以下简称"新基建"）是智慧经济时代贯彻新发展理念，吸收新科技革命成果，实现国家生态化、数字化、智能化、高速化、新旧动能转换与经济结构对称态，建立现代化经济体系的国家基本建设与基础设施建设。包括绿色环保防灾公共卫生服务效能体系建设、5G互联网—云计算—区块链—物联网基础设施建设、人工智能大数据中心基础设施建设、以大健康产业为中心的产业网基础设施建设、新型城镇化基础设施建设、新兴技术产业孵化升级基础设施建设等，具有创新性、整体性、综合性、系统性、基础性、动态性的特征。

新基建主要包括5G基站建设、特高压、城际高速铁路和城市轨道交通、新能源汽车充电桩、大数据中心、人工智能、工业互联网七大领域，涉及诸多产业链，是以新发展为理念，以技术创新为驱动，以信息网络为基础，面向高质量发展需要，提供数字转型、智能升级、融合创新等服务的基础设施体系。新型基础设施主要包括三方面内容：

（1）信息基础设施，主要指基于新一代信息技术演化生成的基础设施，比如，以5G、物联网、工业互联网、卫星互联网为代表的通信网络基础设施，以人工智能、云计算、区块链等为代表的新技术基础设施，以数据中心、智能计算中心为代表的算力基础设施等。

（2）融合基础设施，主要指深度应用互联网、大数据、人工智能等技术，支撑传统基础设施转型升级，进而形成的融合基础设施，比如，智能交通基础设施、智慧能源基础设施等。

(3) 创新基础设施,主要指支撑科学研究、技术开发、产品研制的具有公益属性的基础设施,比如,重大科技基础设施、科教基础设施、产业技术创新基础设施等。伴随技术革命和产业变革,新型基础设施的内涵、外延也不是一成不变的,有待持续跟踪研究。

与传统基建相比,新基建内涵更加丰富,涵盖范围更广,更能体现数字经济特征,能够更好推动中国经济转型升级。新基建是立足于科技端的基础设施建设,它既是基建,同时又是新兴产业,是各种高技术载体的系统集成。新基建是轻资产、高科技含量、高附加值的发展模式,涉及的领域大多是经济未来发展的短板。

与传统基础设施建设相比,新基更加侧重于突出产业转型升级的新方向,无论是人工智能还是物联网,都体现出加快推进产业高端化发展的大趋势。

9.3 新基建的重要社会意义和经济意义

从短期看,加快新基建能够扩大国内需求,增加就业岗位,有助于消除新冠肺炎疫情冲击带来的产出缺口,对冲经济下行压力。从长远看,适度超前的新基建能够夯实经济长远发展的基础,显著提高经济社会运行效率,为我国经济长期稳定发展提供有力支撑。新基建将会构建支撑中国经济新动能的基础网络,给中国的新经济带来巨大的加速度,同时也会带动形成短期及长期的经济增长点。首先,目前新基建处于起步阶段,具有巨大的投资空间。在5G领域,国家正在启动全面的独立组网5G基础网络建设,三大运营商计划要建成60万个基站;在数据中心领域,因为大数据和人工智能广泛应用,算力需求大幅增长,互联网龙头企业争相建设超大规模的数据中心,武汉、重庆、南京等城市掀起新一轮算力城市竞争热潮;在工业互联网领域,许多大型工业企业,都在加快建设行业的工业互联网平台,部署与机械装备相互连接的边缘计算网络;在人工智能领域,不少企业正在建设人工智能开放平台,在自动驾驶、人脸识别、医疗读片等领域支撑生态化发展。其次,"新基建"将会催生大量的新业态。正如互联网的普及,带来了淘宝、京东主导的电商时代;移动互联网的普及,带来了微信、滴滴等主导的社交和共享经济时代;4G网络的普及,带来了无线宽带应用时代。随着新基建成为现实,新基建的"网络效应"会带来指数级的增长,带来大量目前无法预知的高成长的新业态。最后,新基建会加速中国经济"全面在线"时代到来。随着新基建成为现实,不仅原生的数字化产业将得到更加蓬勃的发展,许多传统的服务业和制造业也将成为在线的产业,中国的产业数字化水平和互联网技术水平也将进一步提升,随之所带来的是整体经济运行更加透明的信息传递,更少的中间环节和更加高效的资源组织方式,新基建是支撑中国经济发展新动能的关键。

9.4 我国工程建设企业科研活动发展情况

2020年,新冠肺炎疫情发生以来,服务机器人在医疗、配送、巡检等方面大显身手,儿童陪伴机器人、扫地机器人、拖地机器人等家用服务机器人亦加速落地。随着包括5G网络、大数据中心、人工智能在内的新基建按下快进键,双重因素叠加,服务机器人市场正迎来发展新机遇。

2020年3月4日中央政治局常务委员会提出"加快推进国家规划已明确的重大工程和基础设施建设,加快5G网络、数据中心等新型基础设施建设进度",新基建成为广受社会关注的热词。产业界、资本市场表现出强烈的兴趣,期待新基建成为有效带动经济发展的龙头,助力中国经济走出疫情冲击,迎来更广阔的发展空间。作为中国经济"顶梁柱"的中央企业,在新基建中担当作为。

中央企业已经迅速行动,早着手、早规划、早投入、早研发、早建设,发挥产业链主力军优势,用投资驱动和硬核科技领跑新基建,努力做好新基建产业链的投资者、研发者和建设者,以新基建升级新消费,形成增长新动力,推动实现高质量发展。

事实上,早在2018年底召开的中央经济工作会议上就明确了5G基建、特高压、城际高速铁路和城际轨道交通、充电桩、大数据中心、人工智能、工业互联网作为新基建。

3个月后的2019年全国两会上,政府工作报告明确要求,"加快5G商用步伐和IPv6(互联网协议第6版)规模部署,加强人工智能、工业互联网、物联网等新基建和融合应用"。

作为重要的基础产业和新兴产业,新基建一头连着巨大的投资与需求,一头牵着不断升级的强大消费市场,是中国经济增长的新引擎。仅就5G网络建设来说,通过培育繁荣的互联网经济、人工智能、数字经济等新技术产业,就将间接带动数十万亿元的经济总产出,为抢占全球新一代信息技术制高点奠定坚实的基础。

企业竞相展开布局。最近中核集团首个大数据中心项目正式开建。阿里云宣布,位于南通、杭州和乌兰察布的三座超级数据中心正式落成,将新增超百万台服务器,辐射京津冀、长三角、粤港澳三大经济带,未来还将在全国建立10座以上的超级数据中心。腾讯宣布未来将新增多个超大型数据中心集群,长远规划部署的服务器都将超过100万台。

9.5 地方政府加紧行动,项目引领新基建实施

根据2019年政府工作报告:北京等10省份要求推动人工智能发展。北京等7省份表示要加强工业互联网的建设;辽宁等6省份提出发展物联网;辽宁、黑龙江、江苏、福建、安徽、河南、四川、广西等至少8省份提出加快5G商用步伐;湖北要求加快5G产业化进程;北京、湖南提出加快5G新型基础设施建设。根据2020年政府工作报告:上海将"提升新一代信息基础设施能级,推进5G网络市域全覆盖";贵州提出"超前谋划、大力推进新型基础设施建设";湖北将"加快5G、工业互联网、冷链物流等新型基础设施建设"。内蒙古则"布局5G通信应用和大数据、区块链、物联网、人工智能等产业";陕西提出"推动新一代信息技术、大数据、人工智能等新兴产业加快发展"。2020年各省重点建设项目偏重于新基建项目。3月4日,湖南省发改委公布今年首批105个省重点建设项目清单,总投资额近万亿元,清单中共75个基础设施项目。3月5日,广东省发改委发布《2020年重点建设项目计划》,提出

2020年共安排省重点项目1 230个,总投资5.9万亿元,其中基础设施建设项目聚焦城际轨道、5G通信等。江苏、浙江、江西、山东等省公布的重点项目清单均强调城际轨道、高铁、新型信息通信等新基建。浙江正制定新型基础设施建设投资指导意见;重庆提出"完善人工智能、智慧广电等新型基础设施";新疆提出"推进人工智能、工业互联网、物联网等新型基础设施建设"。

9.6 创新领域差异,研发应用有别

东部省份占据新型基础设施产业上游,侧重基础研发与技术创新,具有显著的创新引领;中部、东部省份强调相关技术的产业化应用,突出经济导向。2020年,山东省政府工作报告提出"在新一代人工智能、云计算、大数据、智能机器人等领域,实施好100项左右重大科技创新工程项目"。江苏表示"加强人工智能、大数据、区块链等技术创新"。浙江声明"超前布局量子信息、类脑芯片、第三代半导体、下一代人工智能等未来产业……推进'1+N'工业互联网平台体系建设……加快推进软件名城、新一代人工智能创新发展试验区等数字经济平台建设"。2020年海南省政府工作报告提出"运用大数据、云计算、人工智能、区块链等技术手段提升政府效能"。宁夏强调"加快人工智能、物联网、区块链等应用"。青海主张"推广应用物联网、云计算、大数据、区块链、人工智能等新一代信息技术"。湖南"力争在人工智能、区块链、5G与大数据等领域培育形成一批新的增长点"。河南表示"在人工智能、新能源及网联汽车等领域实施一批重大项目,大力发展数字经济"。辽宁号召"推动人工智能、物联网、大数据、区块链等产业应用"。吉林省认为"通过云计算、大数据、物联网、人工智能推动传统产业改造提升……培育新业态新模式新经济,促进数字产业化,产业数字化"。山西表示"打造大数据等产业集群"。河北则提出"促进人工智能、区块链技术应用及产业发展,加快布局5G基站、物联网、IPv6等新型基础设施"。天津号召"培育人工智能、网络安全、大数据、区块链、5G等一批新兴产业集群"。广西侧重"推动人工智能、物联网、大数据、区块链等技术应用"。

9.7 我国工程建设企业创新活动研发经费的投入

最近几年在服务建筑企业的科技活动过程中发现,随着建筑行业科技创新兴起,绝大多数建筑企业都开展了研发活动。推进新基建,要前瞻性地开展关键核心技术研发攻关,构建以企业为主体,产学研一体化的科技创新体系,让企业在研发方向、技术路线、成果转化、收益分配上拥有更多的自主权;政府围绕企业优化创新环境、配置创新资源,集聚创新要素,做好规划导向和配套政策实施。研发费用投入的多少一定程度上决定了工程施工企业科技竞争力的高低。通过对企业研发活动中费用的确认、计量、记录和报告来衡量其产生的效益,同时利用国家系列优化政策进一步提升研发费用的效用,这对于工程施工企业而言十分重要。

新基建技术支撑现状,是新基建面临的技术短板,是发展的短肋,也是公关的重点。技

术支撑的不足,反映出科学路径和方法上的问题。科研领域长期受"跟跑"文化影响,缺乏"领跑"意识和跨越行动。研发经费投入主要倾斜在应用研究、实验发展方面,喜欢做"短平快"的项目。没有高水平、高强度的基础研究投入,难以产生原创性的、颠覆性的科技成果,难以形成自主的技术路线、技术标准,只能沿着别人的灯塔航行,跟着别人追赶。科技与产业的结合,很大程度上是先进理论、共性技术与企业产品研发的结合。一方面,不少企业想的是如何赚快钱,如何低成本赚钱,不愿在科技创新上下功夫,2018年,全国规模以上工业企业开展研发活动的企业只占27.3%,研发投入占主营业务收入仅为1.1%。另一方面,在科研模式上,政府主导的面向应用的技术多,支持直接产品开发的多,支持基础生态的少,理论创新、方法创新和共性技术研究严重不足,有能力自主开展高水平技术创新的企业太少,具有领跑地位的成果不多。

9.8 工程建设行业企业技术创新成果

9.8.1 科研成果数据分析

一般来说,一个行业的技术创新会伴随着科研成果数量的增加,劳动生产率和技术装备率的提高,因此,通常用行业科研成果的数量、劳动生产率和技术装备率来考察整个行业的技术创新水平。

科研成果数量通常用专利授权数量、出版物及其索引数量来计量。图9-1记录了我国工程建设行业的专利授权数量从2005年到2017年的数量、占专利授权总量比、同比增长率的变化。

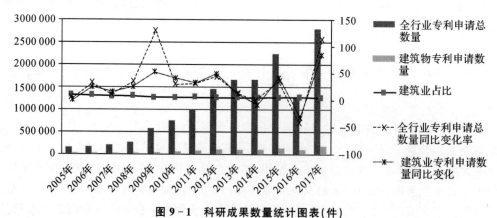

图9-1 科研成果数量统计图表(件)

2017年,我国工程建设行业的专利授予数量(发明专利+实用新型专利)为172 549件,占专利授权总量的7.10%,仅高于纺织、造纸行业(见图9-2)。关于工程建设行业的出版物及其被索引的数量虽然很客观,但低水平和重复研究的居多,其质量水平和科技含量与美国、英国、日本、德国等发达国家比较起来还有一定的差距。

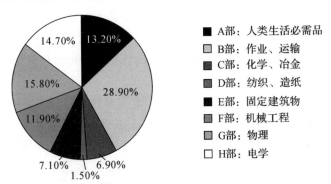

图 9-2 2017 年发明、实用新型专利授权按 IPC 部的分类统计表

工程建设行业的专利授予数量较少,主要有以下三方面的原因:

(1)科技投入不足。据统计,我国工程建设行业 R&D(研究与试验发展经费)占总产值的比率为 0.18%,远低于我国行业平均水平 1.70%,和工业的 2.37%更是有很大差距。R&D 投入是技术创新的源泉和动力,R&D 投入不足会严重影响技术创新的产出。工程建设行业 R&D 人员仅占总 R&D 人员的 4.06%,与工业的 57%的占有率相差甚远,这也会制约行业技术创新的速度。

(2)创新效率较低。把行业专利产出与 R&D 投入之比,作为衡量技术创新效率的一个方面。研究发现,国家平均创新效率为 1.68%,工业创新效率为 9.52%,而工程建设行业的创新效率仅为 0.84%。由此可以看出,目前我国工程建设行业创新效率较低。

(3)理论创新略领先于实践创新。工程建设行业专利申请量占总申请量的 1.17%,而被国外检索的科技论文数量约为总量的 1.74%。由此可见,工程建设行业理论创新略领先于实践。

9.8.2 细分行业技术创新案例

9.8.2.1 电力建设领域

煤发电技术达到世界领先水平。超临界机组实现自主开发,投运的百万千瓦级超超临界机组数量和总容量均居世界首位。百万千瓦级超超临界二次再热机组和世界首台 60 万千瓦级超超临界循环流化床机组投入商业运行。世界首台百万千瓦级间接空冷机组开工建设。25 万千瓦整体煤气化联合循环(Integrated Gasification Combined Cycle,IGCC)、10 万吨级二氧化碳捕集装置示范项目建成。超低排放燃煤发电技术实现广泛应用,截至 2017 年底,全面启动并累计实施燃煤发电机组超低排放改造 6.4 亿千瓦,节能改造约 5.3 亿千瓦,大气污染物排放指标跃居世界先进水平,形成世界最高效清洁的燃煤发电系统。

9.8.2.2 铁路建设领域

截至 2017 年底,我国铁路营业里程达到 12.7 万千米,其中高铁 2.5 万千米,占世界高铁总量的 66.3%,铁路电气化率、复线率分别居世界第一和第二位。

近年来,中国铁路总公司技术创新跃上新台阶,高铁工程建设、装备制造、运营管理三大领域成套技术体系不断完善,保持世界领先水平;中国标准动车实现时速 350 千米的商业运营,树立起世界高铁建设运营的新标杆;攻克艰险山区复杂工程地质建设难题,兰渝铁路、西成高铁开通运营,破解"蜀道难"。

2017 年,中国铁路总公司组织完成时速 350 千米中国标准动车组研制及上线运营工作,时速 350 千米长编组、时速 250 千米、时速 160 千米系列化中国标准动车组研制工作取得新进展。自主化列控系统、智能牵引供电系统、高铁地震预警系统等功能不断优化,设备监测检测、故障预警技术和应急救援能力显著提升。12306 和 95306 网站功能升级完善,铁路客运电子支付和货运 POS 机支付交易额同比分别增长 28.2%、159.7%。依托京张高铁等重大项目,复杂艰险地质条件下桥梁、隧道等重大工程技术攻关取得新突破。新制定 150 余项技术标准和标准性技术文件,主持 12 项国际标准制定修订工作,铁路技术标准体系建设进一步加强。发布铁路信息化总体规划和大数据应用实施方案,大数据中心开工建设,铁路信息化建设有序推进。

9.8.2.3 道桥建设领域

自改革开放以来,我国道路桥梁施工技术发展与创新取得了重大的突破,特别是近几年在道路桥梁施工中涌现出越来越多的高新技术。尤其是最近刚刚落成通车的港珠澳大桥,英国《卫报》将其称为"新世界七大奇迹之一"。

港珠澳大桥是一座人类建设史上迄今为止里程最长、投资最多、施工难度最大、设计使用寿命最长的跨海公路桥梁,实现了抗风能力 16 级、抗震能力 8 级、使用寿命 120 年,设计施工团队为之创新研发了 31 项工法、31 套海洋装备、13 项软件、454 项专利。世界首创兼容不同制式的识别收费系统,识别三地车牌只需 0.3 秒;BIM 系统以及桥梁上的电缆伸缩装置;自主研发工程船"振华 30",实现毫米级精准作业。施工中使用的"钢圆筒振沉围护止水筑岛工法",是把钢结构制造、运输、安装、水下开挖结合起来,形成完整的产业链,快速推进人工岛建设。不到一年的时间,建设团队完成了通常需要三年才能建成的两个外海人工岛建设,外国工程师称"这种'中国速度'创造了世界工程史上的奇迹"。创新的工法不仅为工程节约了时间,而且也有效地保护了海洋环境。据官方统计,由于在施工过程中采取了一系列保护中华白海豚的措施,工程完工后,附近海域有身份标识的中华白海豚数量由之前的 1 200 只增加到 1 800 只。

9.8.2.4 领头工程建设企业制定出台新基建科技支撑行动计划

强化统筹安排与顶层设计,从科技创新支撑新基建发展角度,提出了具体的行动方案和实施细则。不少工程建设企业设立"新基建"工程技术研发专项,围绕地方新基建过程中遇到的工程技术难题,组织省内外高层次团队进行攻关,推动工程科技发展。提高科技园区基础设施建设水平。以高新区、专业镇、科技小镇等区域创新平台为依托,加快提升 5G 基建、特高压、城际高速铁路和城际轨道交通等基础设施建设,高水平打造智慧园区、科技园区、创新园区,提升科技对园区发展的支撑带动作用。在省级高新区动态评估中,引入新型基础设施建设指标,引导高新区提升新型基础设施建设水平。许多工程建设加快科研基础设施和实验室建设。以企业实际应用需求为导向,新建一批中小型科研基础设施,以应对大型科研基础设施(大科学装置)需求不足、成本过高、效能不匹配的问题。如中等性能超级计算机、联合实验室等。加快推进省实验室建设步伐,瞄准 5G、大数据、工业互联网需求,建设一批工程领域省实验室。发挥新型举国体制的制度优势,加快加紧关键核心技术攻关,推出中国标准、中国专利,确保国家信息技术的整体安全可控。

中国"基建狂魔"的外号绝非虚名,仅是在 A 股,就有 190 家建筑行业的上市公司。我们挑选出其中三年研发投入之和超 6 亿元的 23 家公司,来看看"基建狂魔"的科技成色,23 家公司 2016—2018 年研发投入之和排名如图 9-3 所示。

公司简称	研发投入总额排名	三年研发投入总额/亿元	三年营业收入/亿元	研发投入总额/营业收入
中国中铁	1	349.91	20 670.65	1.69%
中国铁建	2	314.12	20 404.31	1.54%
中国交建	3	266.97	14 054.20	1.90%
中国电建	4	230.82	7 996.02	2.89%
中国中冶	5	158.29	7 530.92	2.10%
上海建工	6	136.45	4 462.85	3.06%
中国建筑	7	104.14	32 131.9	0.32%
中国化学	8	58.55	1 930.93	3.03%
葛洲坝	9	51.43	3 076.87	1.67%
隧道股份	10	37.47	976.21	3.84%
中国核建	11	20.26	1 380.94	1.47%
中材国际	12	14.43	600.62	2.40%
金螳螂	13	13.33	656.86	2.03%
南玻A	14	10.51	304.63	3.45%
中铝国际	15	9.52	966.04	0.99%
东南网架	16	8.94	222.25	4.02%
北新建材	17	8.46	318.85	2.65%
江河集团	18	8.03	465.73	1.72%
西部建设	19	7.90	452.98	1.74%
旗滨集团	20	7.67	229.24	3.35%
广田集团	21	7.11	370.45	1.92%
东方雨虹	22	6.96	313.39	2.22%
浙江交科	23	6.80	619.16	1.10%

图 9-3 23 家公司 2016—2018 年三年研发投入之和的排名

23 家建筑行业公司中,有 7 家研发投入超百亿元,分别是中国中铁、中国铁建、中国交建、中国电建、中国中冶、上海建工和中国建筑。其中年营收超万亿的"恐龙"级建筑公司中国建筑仅能排第七名。7 家公司中,中国中铁、中国铁建的投入达 300 亿级,中国交建、中国电建都是 200 亿级。

中国中铁 2019 年上半年的研发费用达 55.46 亿元,同比增 28.47%,不输于绝大多数高科技行业的巨头。主营为新型建筑防水材料的东方雨虹也榜上有名,以 6.96 亿元的投入排第 22 名。

当然,研发绝不是形象工程、政绩工程、面子工程,建筑行业中的海螺水泥没有为研发而研发,三年营收 515.78 亿元,研发投入仅 1.13 亿元,不乱花钱搞花架子。传统产业转化为高科技企业,需要观念的转变,需要人才的聚集,需要时间的沉淀,需要经费的投入,需要科技成果的产出。

以前"土鳖式"的建筑行业,现在基本都是科技英豪,巨额的研发投入几乎全部大笔一挥进行费用化处理。其中资本化比例最高的南玻 A,也才 9.13%。但 23 家建筑行业公司三年研发投入排名:中国建筑仅排第七名,如图 9-4 所示。

公司简称	三年研发投入总额/亿元	三年研发费用/亿元	三年研发投入资本化金总额/亿元	研发投入资本化率	研发投入资本化率排名
中国铁建	314.12	314.12	0.00	0.00%	1
中国中冶	158.29	158.29	0.00	0.00%	2
上海建工	136.45	136.45	0.00	0.00%	3
中国建筑	104.14	104.14	0.00	0.00%	4
中国化学	58.55	58.55	0.00	0.00%	5
中国核建	20.26	20.26	0.00	0.00%	6
中材国际	14.43	14.43	0.00	0.00%	7
金螳螂	13.33	13.33	0.00	0.00%	8
东南网架	8.94	8.94	0.00	0.00%	9
江河集团	8.03	8.03	0.00	0.00%	10
东方雨虹	6.96	6.96	0.00	0.00%	11
浙江交科	6.80	6.80	0.00	0.00%	12
中国中铁	349.91	349.56	0.35	0.10%	13
中国电建	230.82	230.60	0.22	0.10%	14
中铝国际	9.52	9.51	0.01	0.11%	15
西部建设	7.90	7.86	0.04	0.51%	16
中国交建	266.97	264.99	1.98	0.74%	17
旗滨集团	7.67	7.59	0.08	1.04%	18
北新建材	8.46	8.29	0.17	2.01%	19
隧道股份	37.47	35.77	1.70	4.54%	20
广田集团	7.11	6.66	0.45	6.33%	21
葛洲坝	51.43	48.00	3.43	6.67%	22
南玻A	10.51	9.55	0.96	9.13%	23

图 9-4 具有代表性的公司 2016—2018 年研发投入总额资本化的情况

9.8.3 我国工程建设企业科研活动研发经费投入的资金来源

(1)中央财政资金支持。
(2)地方财政资金支持。
(3)企业生产经营积累。
(4)构建多元化融资模式。一方面在银行贷款,另一方面加快科技债券、融资租赁、公共私营合作(Public-Private-Partnership,PPP)等融资模式在新基建中的应用,为推动地方创新基础设施建设提供资金支持,以建设国际风投创投中心为契机,引进风险投资进入科技类基础设施建设领域,发挥金融杠杆撬动作用,扩大市场化资金规模。

9.9　工程建设企业研发活动开展的相关模式

工程建设企业的技术创新活动主要围绕建筑业10项新技术(10大类)和"四新"技术(新技术、新材料、新设备、新工艺)来开展,研发项目主要包括立项、实施、结题等阶段。立项的重点工作是编制项目的可行性研究报告,就要解决的问题进行调研,提出技术路线和实施方案及预期目标,论述项目立项的必要性和可行性,这是项目立项的依据和初期策划,报国家、省市和企业内部要求严格。实施阶段是项目目标的实现过程,技术路线有可能有调整。项目结题是对项目的实施过程、目标实现及取得成果的总结,这是申请鉴定、项目验收的必要材料。

在研究工程建设企业研发经费时,首先要了解工程建设项目投融资模式和工程建设项目商业模式,了解研发经费的来源。

9.9.1　工程建设项目投融资模式

工程建设项目的投融资模式直接影响着工程建设企业的研发活动。不同的工程建设项目的投融资模式,公司的研发模式也不同。

(1)BOT模式。BOT(Build-Operate-Transfer)即建设-经营-转让,是私营企业参与基础设施建设,向社会提供公共服务的一种方式,中国一般称之为"特许权",是指政府部门就某个基础设施项目与私人企业(项目公司)签订特许权协议,授予签约方的私人企业(包括外国企业)来承担该项目的投资、融资、建设和维护,在协议规定的特许期限内,许可其融资建设和经营特定的公用基础设施,并准许其通过向用户收取费用或出售产品以清偿贷款,回收投资并赚取利润。政府对这一基础设施有监督权,调控权。特许期满,签约方的私人企业将该基础设施无偿或有偿移交给政府部门。2005年2月,国务院发布《关于鼓励支持和引导个体私营等非公有制经济发展的若干意见》,强调允许非公有资本进入电力、电信、铁路、民航、石油等垄断行业,加快完善政府特许经营制度,支持非公有资本参与各类公用事业和基础设施的投资、建设和运营。进一步推动了BOT模式在我国的应用与发展。

(2)BT模式。BT(Build-Transfer)即"建设-移交",政府利用非政府资金来进行基础非经营性设施建设项目的一种融资模式,是近年来从BOT模式延伸出来的一种新型工程项目投融资建设模式。2008年金融危机发生后,BT模式逐渐成为我国政府二级机构与企业间进行经济合作的一种重要模式,它为政府和企业带来了双赢局面。BT模式被各级地方政府在公共基础设施投资建设中广泛应用。

(3)PPP模式。PPP(Public-Private-Partnership)模式,是指政府与私人组织之间,为了提供某种公共物品和服务,以特许权协议为基础,彼此之间形成一种伙伴式的合作关系,并通过签署合同来明确双方的权利和义务,以确保合作的顺利完成,最终使合作各方达到比预期单独行动更为有利的结果。新常态下我国要转变经济发展方式,继续加大对城市公共基础设施的建设投入,提高有效需求,对保障经济持续稳定增长非常重要。随着我国城镇化率逐年提高,经济发展对城市公共基础设施的需求日益增大,仅依靠政府财政支出难以满足其巨大的资金要求。PPP 模式可以将部分政府责任以特许经营权方式转移给社会主体(企业),政府与社会主体建立起"利益共享,风险共担,全程合作"的共同体关系,政府的财政负担减轻,社会主体的投资风险减小。

近年来,PPP 模式在我国得到广泛的推广应用。截至 2018 年 9 月末,全国的 PPP 入库项目 14,220 个,累计投资额 17.8 万亿元,覆盖了 31 个省(自治区、直辖市)及新疆兵团和 19 个行业领域。

9.9.2 工程建设项目商业模式

工程建设行业是我国最早进入市场经济,改革开放后市场化程度较高的行业。经过长期的发展,已经逐步由单纯粗放的施工承包商角色向精细化建设经营商模式转变。1986年,国务院下发《深化企业改革增强企业活力的若干规定》,在全国范围推行企业承包经营责任制,拉开了市场化序幕。通过国家政策的推进,法律体系建设的不断完善,尤其是中国加入世贸组织之后,工程建设行业按照"立足科学发展,着力自主创新,完善体制机制,促进社会和谐"的要求,努力推进结构调整和产业升级,综合承包、施工总承包、专业化承包、劳务分包的企业组织结构逐步形成。

在较长时间段内,工程建设行业发展依赖高速增长的固定资产投资规模,发展模式粗放,发展质量不高,工业化、信息化、标准化水平较低;建造资源耗费大,碳排放量较高;企业恶性竞争在一定范围内存在,市场行为不规范。面对行业粗放发展的不足,"十二五"以来,工程建设行业不断进行发展方式的转变和结构调整,逐步由"粗放式"向"精细化"转变,开始追求更高的服务和质量,在一定程度上开始重视高科技建设领域。工程建设企业也由单纯的承包施工角色向施工研发经营一体化转变,同时也向高科技方向发展。

9.10 工程建设企业研发项目活动案例

仅以某集团第一工程有限公司进行企业研发为管理实例,介绍工程建设企业研发项目活动的模式。

9.10.1 研发特点

(1)企业研发项目所属技术领域为高技术服务领域。

(2)研发项目来源主要为本企业自选,研发资金来源主要为企业自筹,主要为自主完成研发,部分产学研合作。

9.10.2 研发管理体制

研发机构:
(1)专职管理部门。总部科学技术部(技术中心)有 4 人,负责研发管理技术部分,统管研发的全过程管理,从立项开始,到过程中的论文、专利、工法,到结题验收考核,评审、报奖等工作。
(2)总部财务部。财务副部长、专职财务人员 2 人,负责研发管理财务部分,结题后进行考核。
(3)项目部,包括各项目部总工、财务主管,根据总部科技部和财务部要求,进行具体的研发工作。
(4)相关部门科研职能见表 9-1。

表 9-1 相关部门科研职能

管理环节	主要完成工作	部门
立项阶段	1.编制《科技研究开发计划项目申请表》和《科技研发项目计划预算书》; 2.编制《科技研发项目汇总表》; 3.印发红头文件《关于明确研究开发项目组织机构及人员的通知》; 4.填写盖章《技术开发合同》; 5.编制《科技查新委托协议》,开展立项查新,取得《查新报告》	工程部、计划部
	根据立项计划申请书,编制科技计划通知,下发《关于下达××年度公司科技计划的通知》	工程部
研发阶段	1.将《研发课题立项计划书》、研发项目人员名单等资料提交至项目财务部备案; 2.年初制定《研发方案》,按计划开展研发工作; 3.年末撰写阶段性技术总结或《课题研究报告》,并对试验过程中的资料及时归档保存	工程部
	1.提供研发支出费用审批表、考勤表、工资表、社会保险统计表至财务部; 2.涉及同时参与生产经营活动与研发活动的科技研发人员、多项目之间人员费用分摊的,应提供研发科技人员工资考勤表及分摊表; 3.劳务派遣研发人员应提供人员工资分摊表及相关资料; 4.劳务分包形式下的研发人员应提供劳务作业计价表、研发人员工资分摊表及发票等资料	财务部办公室计划部
	提供研发支出费用审批表、领(发)料单、动力费用分摊表、模具费用分摊表、机器设备考勤表、设备租赁费用分摊表、固定资产计提折旧表、折旧与摊销费用分摊表至财务部	物资部、设备部
	归集研发费用,根据办公室、设备、物资、计划、财务部门提供的资料进行归集,并登记研发项目辅助账	财务部

续　表

管理环节	主要完成工作	部门
研发阶段	当预算费用、人员、项目发生变更时,项目部提出申请,并提交《变更申请表》《阶段性研究总结报告》	工程部
	项目部对于研发期间、预算变动的项目提出变更申请,并提交技术开发合同科技部、财务部备案	工程部
	根据研发项目成果向有关单位申请专利、工法、论文	工程部
结题验收	依据集团公司统一制定的《研发项目费用决算书》编制本项目研发费用决算,并提交集团公司财务部备案	财务部
	编写并整理研发项目的验收资料,提出研究报告和书面验收申请,由甲方科技部组织验收,并出具《科技成果验收证书》,申报各级各类科技进步奖和其他相关奖项等	工程部

9.10.3　企业研发管理制度

①《研发管理制》;②《论文管理制度》;③《专利管理制度》;④《工法管理制度》;⑤《产学验合作管理制度》;⑥《研发资金管理制度》;⑦《科技奖励制度》。

9.10.4　研发全过程管理

科研管理环节,环环相扣,各部门间密切的协调配合这条线贯穿于科研管理始终。

(1)课题立项:包括部门协调确立名称,编制费用预算,订立研发合同环节,见图9-5。

1)选题。对施工存在技术难度、首次涉足的新市场、培育的核心施工能力、符合国家创新目标的环保、信息、智能等工程,挖掘研发课题,推动技术创新工作的开展。结合施工项目的专业特性,环境情况、地质复杂程度、施工难度、安全风险、工程的影响力等合理选题。由项目部初步确定研发的课题名称,明确研究内容,编制查新点,进行课题立项查新,依据《实施性施工组织设计》确定研发期间。

2)评审。提交立项中请:项目部结合施工现场实际,根据项目施工工序、专业分类等进行研发课题立项,填报《科技研发项目汇总表》《科技研究开发计划项目申请表》,公司、集团组织专家对研发项目进行立项评审。

3)编制科技研发项目计划预算书。由项目总工牵头,工程、财务、办公室、设备、物资及计划等相关部门配合,以《国家税务总局关于研发费用税前加计扣除归集范围有关问题的公

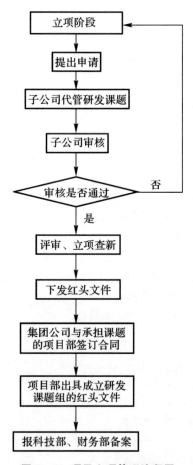

图 9-5 项目立项管理流程图

告》(2017年第40号)为核心,兼顾《科技部 财政部 国家税务总局关于修订印发高新技术企业认定管理工作指引的通知》(国科发火〔2016〕195号)等规定预算,根据研发项目实际情况编制《科技研发项目计划预算书》,对于研发期间跨年度项目、编制分年度研发用预算表。预算书科研经费编制要求见表9-2。

表9-2 科研经费预算编制要求

序号	费用类别	具 体 内 容	费用占比	备 注
1	人员人工费	企业在职研发人员的工资、奖金、津贴、补贴、社会保险费、住房公积金等人工费用以及外聘研发人员的劳务费用	25%~30%	分包费应重点说明承担研究任务的必要性、投入工作时间的合理性
2	直接投入	研发活动直接消耗的材料、燃料和动力费用	35%~50%	说明材料耗用与研发活动开展的关联性,数量及金额的合理性等。其余辅助材料、低值易耗品可按类别简要说明与研发活动的关联性

续 表

序号	费用类别	具体内容	费用占比	备 注
3	研发设备租赁费	用于研发活动的仪器、设备的运行维护、调整、检验、维修等费用，以及通过经营租赁方式租入的用于研发活动的仪器、设备租赁费	5%~10%	租用研发设备应与研发活动开展具有相关性
4	研发设备折旧摊销	用于研究开发活动的仪器、设备和在用建筑物的折旧费，长期待摊费用是指研发设施的改建、改装、装修和修理过程中发生的长期待摊费用	≤5%	自有研发设备应与研发活动开展具有相关性，如项目部的试验仪器、测量仪器以及公司本级所用的与研发活动相关设备的折旧摊销费用
5	无形资产摊销	用于研发活动的软件、专利权、非专利技术（包括许可证、专有技术、设计和计算方法等）的摊销费用	≤5%	研发用无形资产应与研发活动开展具有相关性
6	新工艺规程制定费	企业在新产品设计、新工艺规程制定、勘探开发技术的现场试验过程中发生的与开展该项活动有关的各类费用	1%~5%	说明新工艺规程制定费承担研发活动的作用及必要性
7	委托外部研发费用	通过外包、合作研发等方式，联合其他院校等科研院所或者个人与之合作进行研发而支付的费用	≤5%	不允许集团公司委托工程公司开展研发活动
8	其他费用	与研究开发活动直接相关的其他费用，包括技术图书资料费、资料翻译费、专家咨询费、高新科技研发保险费，研发成果的检索、论证、评审、鉴定、验收费用，知识产权的申请费、注册费、代理费，以及会议费、差旅费、通讯费、职工福利费、补充养老保险费、补充医疗保险费等。	5%~10%	说明其他费用与研发活动的相关性，会议费、差旅费、通讯费、职工福利费、补充养老保险费、补充医疗保险费等应为研发人员发生的费用

费用合计：研发费用预算总额应达到当年收入总额的3%，一般不高于5%，对于技术含量高的宜控制在10%，对于前瞻性研发项目另行处理。

4)组建研发小组/签订研发合同。经评审同意立项的课题,依据填报的《科技研发项目计划预算书》,项目部以红头文件的形式明确研发项目的组织机构和研发人员,项目部与公司签订研发合同。所有立项资料报技术中心和财务部备案,执行过程中人员变动调整的,课题组出具关于调整研发机构及人员的文件,自发布之日起执行,同时报技术中心和财务部备案。经过以上 4 个步骤,课题立项完成。

(2)研发阶段管理。研发阶段管理流程如图 9-6 所示。

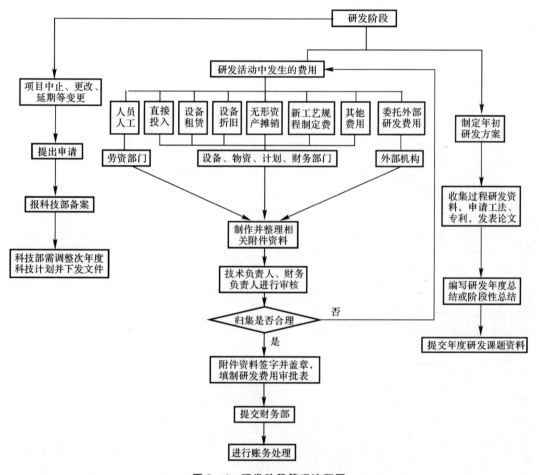

图 9-6 研发阶段管理流程图

1)制定年度研发工作方案:承担研发课题的工程项目部应在年初制定本年度研发工作方案,工作方案中包括但不限于年度研发目标、年度研发进度安排、年度研发预算费用(与立项阶段的分年度研发保持一致)、年度计划申报的工法及专利等内容,为研发课题顺利开展奠定基础。

2)定期召开研发工作会议:承担研发课题的工程项目部应定期召开研发工作会议,安排月度、季度、年度定期研发会议,并以早会等形式开展不定期会议,一方面确保研发进度的安排,另一方面确保本年度研发费用的归集。表 9-3 为×××西延线公路工程 2020 年度科研费用归集划分表。

表9-3 ×××西延线公路工程2020年度科研费用归集划分表

序号	费用类别	具体内容	费用占比	费用/万元	软土路基软基处理施工技术研究			不良地质条件顶管施工技术研究			地下水丰富地区沉管井技术研究			备注
					二季度/万元	三季度/万元	四季度/万元	二季度/万元	三季度/万元	四季度/万元	二季度/万元	三季度/万元	四季度/万元	
1	人员人工费	企业在职研发人员的工资、奖金、津贴、补贴、社会保险费、住房公积金等研发费用以及外聘研发人员的劳务费	28%	252	36	27	27	27	27	27	35	46	0	分包费应重点说明承担研究任务的必要性、投入工作时间的合理性
2	直接投入	研发活动直接消耗的材料、燃料和动力费用	48%	432	0	72	90	135	0	0	45	90	0	说明材料耗用与研发活动开展的关联性、数量及金额的合理性,其余辅助材料、低值易耗品可按类别简要说明与研发活动的关联性
3	研发设备租赁费	用于研发活动的仪器及设备的运营维护、调整、检验、维修等费用	8%	72	0	9	18	18	0	0	18	18	0	租用研发设备应与研发活动开展具有相关性
4	研发设备折旧摊销	用于研发活动的仪器、设备和在用建筑物的折旧费。长期待摊费用是指研发设备的改建、改造、维修和修理过程中发生的长期待摊销费用	3%	27	0	0	9	9	0	0	0	9	0	自研发设备应与研发活动开展具有相关性,如项目部的试验仪器、测量仪器及公司本级所用的与研发活动相关设备的折旧摊销费用

续表

序号	费用类别	具体内容	费用占比	费用/万元	软土路基软基处理施工技术研究			不良地质条件顶管施工技术研究			地下水丰富地区沉管井技术研究			备注
					二季度/万元	三季度/万元	四季度/万元	二季度/万元	三季度/万元	四季度/万元	二季度/万元	三季度/万元	四季度/万元	
5	无形资产摊销	用于研发活动的软件、专利权,非专利技术(包括许可证、专有技术、设计和计算方法等)的摊销费用	2%	148	0	4	3	5	0	0	3	3	0	研发用无形资产应与研发活动开展具有相关性
6	新工艺规程制定费	企业在新产品设计、新工艺规程制定、勘探开发试验过程中发生的与该研发活动有关的各类费用	3%	27	0	5	7	6	0	0	4	5	0	说明新工艺规程承接研发活动的作用及必要性
7	其他	与研究开发活动直接相关的其他费用,包括技术图书资料费、资料翻译费、专家咨询费、高新科技研发保险费,研发成果的检索、论证、评审、鉴定、验收费用,知识产权的申请费、注册费、代理费,以及会议费、差旅费、通讯费、职工福利费、补充养老保险费、补充医疗保险费等	8%	72	8	9	10	15	3	3	11	8	5	说明其他费用性、会议费、差旅费、通讯费、职工福利费、补充养老保险费等补充医疗保险费应为研发人员发生的费用
8	合计		1	900	44	126	164	215	30	30	116	179	0	

(3)定期归集研发费用详情见表9-4。财务部根据研发的不同形式分别采用自主研发和委托研发的核算模式进行核算。

1)自主研发模式:自主研发项目设置"研发支出费用化支出"和"研发支出—资本化支出"2个二级科目、28个三级科目进行各项研发费用的日集核算,同时,每一明细科目按"研发项目"进行辅助核算,会计期末,将"研发支出—费用化支出"科目转入当期损益类科目。

2)委托研发模式:委托方设置"研发支出费用化支出委托研发支出"归集核算委托研发费用,同时按"研发项目"进行辅助核算。

3)承担研发课题的工程项目部,按照研发进度及时核算,不允许季度末或年度末集中归集、集中调账等不合规方式归集研发费用。

4)项目研发过程中,在每季度末对各项目的研发投入情况进行统计,计算出各类费用在总费用中的占比情况,对各项目的占比合理性、合规性进行分析。不合理的项目在下个季度中进行重点关注。

5)对研发投入进行严格把控,研发审批须经财务、项目经理签字才可进行列支,研发费用开支审批表见表9-5。

6)针对研发投入的独特性,制定相关表格,将研发与非研发投入严格区分开,参与研发科技人员人工费用分摊表见表9-6。

第9章 对中央(地方)财政资金和其他来源资金工程建设企业科研项目经费审计问题的调研分析

表9-4 定期归集研发费用表

项目部名称	研发项目名称	计划/万元	完成	完成占比	职工薪酬占比	直接投入占比
A高速公路土建一标二分部	大跨度高标号水中墩斜拉桥施工技术研究	220	160.20	72.82%	31.37%	68.63%
B高速公路土建标三分部	变截面高高塔柱大跨度斜拉桥施工技术研究	390	226.71	58.13%	15.33%	84.67%
C轨道交通5号线一期工程3标2工区二项目部	盾构硬岩掘进施工关键技术研究	165	87.37	52.95%	95.65%	0.00%
D铁路工程项目经理一分部	隧道穿越岩溶及厚斗区、断裂破碎带、高地温等复杂地质的施工技术研究	220	106.57	48.44%	0.00%	99.62%
E铁路峨眉至米易段二工区项目部	隧道弓桥梁特殊条件下混凝土施工技术研究	165	78.01	47.28%	0.00%	100.00%
	160km/h特长双线铁路隧道弹性支撑块无砟轨道施工技术研究	165	166.92	101.16%	58.42%	0.00%
F铁路峨眉至米易段三工区项目部	长大深埋隧道穿越岩溶地质施工技术研究	300	225.65	75.22%	14.78%	69.73%
G京霸铁路一标一工区项目部	上跨既有车站、下穿高铁连接站房钢通廊关键施工技术研究	500	248.21	49.64%	0.00%	84.78%
H工程有限公司机关财务科	项目施工生产协作管理平台	1 200	763.02	63.59%	14.14%	0.00%
I高速公路土建一标项目经理部	高墩爬模施工技术研究	330	326.85	99.05%	22.11%	66.70%
	高陡石质边坡开挖及桥梁下构施工技术研究	770	798.05	103.64%	22.19%	64.55%
	高陡石质边坡开挖及桥梁下构施工技术研究	330	338.06	102.44%	20.39%	65.33%
J市虹岭路西延线项目部	软土浅水路基及其套设施工技术研究	220	198.94	90.43%	48.72%	49.18%
K公路(广园快速路至叶岭村段)改造工程三标项目经理部	城市干道改扩建工程疏解技术研究	550	327.51	59.55%	39.46%	44.80%
L南沿江铁路二项目部	地震可液化层地段大跨连续梁施工技术研究	700	407.39	58.20%	100.00%	0.00%
M地铁6号线2标一工区项目部	长大车站小仓段划分跳仓无缝施工关键技术研究	953	831.27	87.23%	44.50%	46.39%
N扩容BP1标项目部	玄武岩纤维在隧道改性沥青面层的应用	250	0.00	0.00%	0.00%	0.00%
合计		7 428.00	5290.74	71.23%	32.68%	0.46%

表 9-5 研发费用开支审批表例

×××集团有限公司
研发费用开支审批表

研发课题名称		研发课题负责人意见	
开支金额	Y：附件 ___ 张	总会计师审签	
		主管领导审批	
技术负责人签批			
财务部门审核			
备注			

呈报单位：　　　　　经办人：　　　　　日期：

（填报数据及内容略）

第9章 对中央(地方)财政资金和其他来源资金工程建设企业科研项目经费审计问题的调研分析

研发项目名称：　　　　　　　　　　　　　　　　　　　　　　　　　　　　　　　　　　　　　年　　　月

序号	姓名	项目	日期 1	2	3	4	5	6	7	8	9	10	11	12	13	14	15	16	17	18	19	20	21	22	23	24	25	26	27	28	29	30	31	合计
1	A	出勤																																	
		科研																																	
2	B	出勤																																	
		科研																																	
3	C	出勤																																	
		科研																																	

(填报数据略)

表 9-6　参与研发科技人员人工费用分摊表

研发项目名称：项目施工生产协作管理平台　　单位：元

序号	姓名	从事研发工时	本月出勤工时	人工费用					研发人员工资				
				工资	津贴	小计	企业负担"五险一金"	合计	工资	津贴	小计	企业负担"五险一金"	合计
1	A	11	22	11 440.00	—	11 440.00	—	11 440.00	5 720.00	—	5 720.00	—	5 720.00
2	B	11	22	9 920.00	—	9 920.00	—	9 920.00	4 960.00	—	4 960.00	—	4 960.00
3	C	13	26	10 060.00	—	10 060.00	—	10 060.00	5 030.00	—	5 030.00	—	5 030.00
4	D	10	20	8 600.00	—	8 600.00	—	8 600.00	4 300.00	—	4 300.00	—	4 300.00
5	E	14	27	8 140.00	—	8 140.00	—	8 140.00	4 220.74	—	4 220.74	—	4 220.74
6	F	10	19	8 560.00	—	8 560.00	—	8 560.00	4 505.26	—	4 505.26	—	4 505.26
7	G	11	21	8 680.00	—	8 680.00	—	8 680.00	4 546.67	—	4 546.67	—	4 546.67
8	H	10	19	9 360.00	—	9 360.00	—	9 360.00	4 926.32	—	4 926.32	—	4 926.32
9	I	14	28	11 380.00	—	11 380.00	—	11 380.00	5 690.00	—	5 690.00	—	5 690.00
10	J	25	25	7 970.00	—	7 970.00	—	7 970.00	7 970.00	—	7 970.00	—	7 970.00
11	K	12	23	7 510.00	—	7 510.00	—	7 510.00	3 918.26	—	3 918.26	—	3 918.26
12	L	12	23	7 920.00	—	7 920.00	—	7 920.00	4 132.17	—	4 132.17	—	4 132.17
13	M	16	22	6 440.00	—	6 440.00	—	6 440.00	4 683.64	—	4 683.64	—	4 683.64
14	N	16	22	6 840.00	—	6 840.00	—	6 840.00	4 974.55	—	4 974.55	—	4 974.55
15	O	15	21	9 500.00	—	9 500.00	—	9 500.00	6 785.71	—	6 785.71	—	6 785.71
16	P	15	21	7 920.00	—	7 920.00	—	7 920.00	5 657.14	—	5 657.14	—	5 657.14
17	Q	12	24	8 180.00	—	8 180.00	—	8 180.00	4 090.00	—	4 090.00	—	4 090.00
18	R	12	24	7 280.00	—	7 280.00	—	7 280.00	3 640.00	—	3 640.00	—	3 640.00
19	W	23	23	6 210.00	—	6 210.00	—	6 210.00	6 210.00	—	6 210.00	—	6 210.00
20	X	19	19	4 340.00	—	4 340.00	—	4 340.00	4 340.00	—	4 340.00	—	4 340.00
合计				166 250.00	—	166 250.00	—	166 250.00	100 300.46	—	100 300.46	—	100 300.46

科研项目负责人：×××　　财务部门：×××　　制表：×××

(4)结题阶段。项目答题管理流程如图9-7所示。

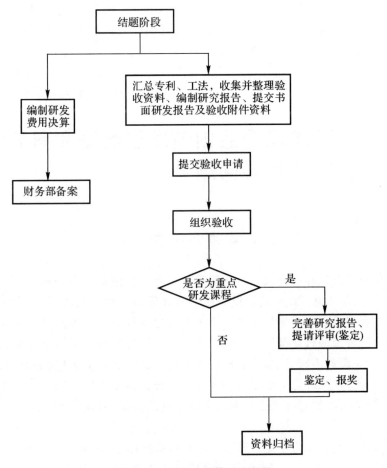

图9-7 项目结题管理流程图

1)完成年度研发工作总结。跨年度研发项目,项目部应在年末编制年度研发工作总结,包括但不限于以下内容:年度研发关键技术及创新点、年度研发进度、年度科研成果(工法专利等)、本年度研发经验总结、下年度研发计划。

2)研发过程试验性资料归档。为了加强科研资料管理工作,保证试验性资料的完整和便于查阅,提高资料的利用率,项目部应将试验过程的步骤以图片或视频的方式进行记录,试验阶段结束后要形成试验总结或者实验报告进行归档,软盘、优盘、光盘等数据盘应单独登记在册,指定兼职或专职人员统一保管,妥善存放。

3)积极申报研发过程中的成果。承担研发课题的工程项目部应积极申报研发过程中形成的科研成果,包括专利、工法和论文等,为课题的研究成果奠定基础。

4)研发课题需要重大调整的及时申请备案。研发项目时间推迟、现场拆迁、技术方案调整等客观特殊原因造成研发项目中止、更改、延期等变更的,按照程序由项目部提出申请到技术开发合同中甲方的科技部、财务部备案,对于没有完成的项目或者实际完成超出预算的项目在年度考核时酌情扣减考核结果。

5)结题验收。第一,要进行技术总结成果。项目部对于研发过程中已申报或已取得的成果按照有关要求进行总结,按照立项甲方向集团、公司结题验收,随后申报各种奖励。第二,要进行费用决算。研究开发项目完成后,由项目部课题组依据集团公司统一制定的《研发项目费用决算书》编制本项目研发费用决算,并上报技术开发合同甲方财务部备案。第三,要结题验收。研发项目完成后,最迟于每年12月初,由课题承担单位提出研究报告和书面验收申请,申请技术开发合同甲方的科技部或其他外部相关部门组织验收。

9.11 工程建设企业创新发展活动和科研经费存在的主要问题

9.11.1 自主创新意识、能力和动力方面

(1)自主创新的意识和能力较弱。我国建筑企业自主创新能力较弱,落后于发达国家。例如,日本的鹿岛、清水建设、大成建设等超大型建设企业每年获得的专利授权500～600件,超过我国工程建设行业的整体水平。由于工程建设行业的技术创新活动具有外部导入性,其技术创新所涉及的行业范围广,包括材料工业、设备制造业等各个行业。而各行业所掌握的专有技术也截然不同,建筑企业的技术创新一定程度上依赖于建筑材料、建筑设备以及信息技术等,而我国大部分的研发活动主要是由公共研发机构及原材料供应商承担。建筑企业的研发更多关注的是降低成本和增进施工进度方面,而在技术创新的意识和能力方面都相对薄弱。

(2)企业技术创新的动力不足。建筑产品具有单件性,通常是以项目的形式进行的。而项目的一次性特征决定了供求双方仅就当前项目达成建设项目契约,业主关心的只是工程在预算控制范围内按时、按质完成,缺乏对于技术创新的需求和重视。由于工程项目具有渐进明晰的特点,而契约中的不确定因素增加了建筑企业经营的风险,从而降低了其采用新工艺和新技术的积极性。

即使项目实施过程中出现了技术创新的突破点,但由于项目的独特性,建设的过程必须紧密结合外部资源、气候环境条件及项目特点来进行,之前的创新难以完全复制到其后的工程项目中,不利于企业的长期创新和创新能力的积累。因此,工程建设行业不像一般的制造业那样享有区域的范围经济和规模经济的优势。同时建筑产品的固定性决定了建筑生产的流动性和生产区域的离散性,企业与企业之间、总包和分包之间,通常缺乏足够的和稳定的信息交流,使得工程建设行业产业链上的各个部门不得不承担各自的创新风险和费用,极大地限制了整个行业的创新。

企业利润水平难以支撑创新投入。与工业企业的技术创新活动相比,工程建设行业的技术创新并不是等待产品销售之后来弥补创新投入,而是在产品实现前就需要确定创新投入的回收。因此,建筑企业的技术创新投入应该包含在投标标的当中,这部分回报即便不是本次项目创新投入所需,也必须是企业本次项目施工中使用的技术创新投入。供大于求、竞

争激烈的状况使得建筑市场成为一个买方市场,业主在交易中处于绝对主导地位,建筑企业之间的价格竞争几乎成为唯一的中标决定因素,企业的创新成本无法回收,投入也无从谈起。即使最终成为中标企业,但由于行业内长期以来存在的拖欠工程款问题尚未得到根治,企业难以及时收回成本,获取利润。因此,绝大多数建筑施工企业无力进行技术储备以及前瞻性创新研究,即便是那些有能力而且长期有组织、有计划进行技术开发储备的大型承包商,其科技投入的能力也必然随着利润水平的降低而不断弱化。

9.11.2 工程建设企业研发经费管理的误区

研发费用的投入多少一定程度上决定了建筑施工企业科技竞争力的高低。通过对企业研发活动中费用的确认、计量、记录和报告来衡量其产生的效益,同时利用国家系列优化政策进一步提升研发费用的效用,这对于建筑施工企业而言十分重要。然而从实际情况来看,很多工程建设企业管理不到位,从实际情况来看,不少工程建设企业在研发费用的管理中还存在可以优化与提升的空间。

(1)工程建设企业缺乏完善的研发费用管理体系与制度。由于未建立专门的研发部门,因此也没有相匹配的管理体系、管理制度与管理办法等,无法对研发费用进行全面、科学、合理的管理、使用、归集与核算,使得研发费用管理水平偏低,也对研发费用核算的规范性与合理性产生不良影响,大大增加了工程建设企业的税务和财务风险,制约了经济效益的提高。研发活动是一个系统工程,它的顺利开展离不开多个部门的密切配合与参与,而相关人员参与的深度与广度会直接影响每一个环节的归集效果,可能出现研发费用不实的风险。由此可见,研发费用风险可能出现在任何一个环节中,而能第一时间发展并规避风险的是参与人员,因此为了激发相关人员的工作积极性,还可以制定合理的激励机制,确保每一位工作人员将研发活动落到实处。这样不仅能有效防范研发费用风险,还能充分享受加计扣除优惠、政府奖励等政策带来的收益。

重视研发费用管理工作,首先要构建完善的研发费用管理体系与制度。体系与制度是保证研发费用在工程建设企业中合理运用的重要指导与前提,因此工程建设企业必须参考相关的财务、会计政策制度,结合自身实际情况,构建相对健全完善的研发费用管理体系与制度,真正将研发费用管理工作做到位。工程建设企业要先成立专门的研发管理部门,主要负责研发费用的管理、使用、归集与核算工作,并对各项工作的开展制定科学合理的管理制度与方法,强化研发费用的规范管理。与此同时,对研发费用的内部控制与审计工作也要同步开展,建立行之有效的评估监管机制,对研发费用的具体实施进行全程动态监管,并结合实际情况进行相应的修整与纠偏。

(2)工程建设企业对研发费用的预算管理不合理。项目立项随意,缺乏前瞻性,并未充分考虑研发课题的可行性,同时缺少财务部门对立项活动与研发费用预算编制的参与,导致项目研发费用归集不及时,出现实际费用与预算费用差异较大的问题,对企业利润和战略规划产生不良影响。强化研发费用的预算管理,在完善体系与制度基础上,工程建设企业还需从项目立项出发,做好相关的备案、预算工作,以保证研发费用的规范管理。因此,必须让财务部门参与到项目立项活动中,综合考虑内外部环境因素,衡量企业的收益与发展方向进行科学合理的预算编制,做到每一笔研发费用都有明确的支出依据,一些大额费用支出必须经过反复的论证,通过审批后才能支出,这样才能让研发费用预算做到有理有据。当然研发费用只是工程建设企业众多预算管理中的一个组成部分,将其纳入全面预算管理范畴中,可以定期对预算执行情况进行核算了解,能有效避免研发费用预算与实际差距较大的问题出现,大大提升建筑工程建设企业研发费用管理水平。

(3)研发费用会计核算不规范。国家为了鼓励工程建设企业开展技术研发活动,给予了税收优惠政策,但企业必须满足一定条件,才能获得该项资质。从研发费用角度看,国家出台的加计扣除税收优惠政策是力度最大、最具鼓励效用的,经过认定后企业就能享受所得税15%低税率和研发支出加计扣除等政策,不仅能促进工程建设企业加大研发费用投入力度,提升科技水平,还能给企业带来实在的税收实惠。基于此,工程建设企业应做好研发费用的独立核算与管理,以便真正享受税收优惠政策。

自《国家税务总局关于研发费用税前加计扣除归集范围有关问题的公告》(国家税务总局2017年第40号)文件颁布后,越来越多工程建设企业在进行研发费用会计核算时应用加计扣除政策。在这一过程中,也有不少问题亟待解决,具体包括以下几方面:①仍然采用简单的台账或表格进行研发费用登记,缺少专门管理与单独核算;②研发活动与生产经营活动难以界定,导致研发费用核算范围不规范;③会计明细科目与《工作指引》规定类型不匹配;④研发费用实际归集与预算差距过大,费用结构不合理。

个别工程建设企业在年底填报相关报表时,从施工成本直接结转研发费用,要多少有多少,随意性非常大,根本无法反映本单位的研发投入的实际状况。

强化研发费用会计核算的规范。在经济新常态阶段,高新技术成为供给侧结构性改革以及各大企业创新活动的重要技术支撑,而研发费用加计扣除政策的出台更是加快了工程建设企业技术更新速度,成为推动经济转型升级的重要力量,更利于企业自身战略发展。而加计扣除政策的应用离不开企业会计核算的规范与合理,针对目前工程建设企业会计核算中存在的问题,应从以下几方面着手改进。

1)基于研发费用的重要性,为了保证会计核算的规范准确,工程建设企业必须树立强烈的会计核算意识,并对不同研发项目设置独立的账套,进行专门的管理,这样更利于会计的单独核算。

2)从工程建设企业自身看,项目生产具有明显的流动性、单件性、生产周期长等特点,注定了其研发活动有别于其他生产经营企业,大多依托项目部开展,实现生产经营与研发活动同时开展,一定程度上影响对研发费用与工程成本的清晰界定,加大了会计核算的难度。因此需要加大对工程建设企业研发过程的监督,尽可能保留原始记录,就研发活动直接产生的费用以及可以计入的间接研发费用进行合理归集,而涉及的人、财、物更要有独立能准确识别的记录,坚持以原始凭证为依据的会计核算原则。同时不能明确区分的费用,则要根据使用标准,做好合理的分摊,分别入账,这样才能保证会计核算的规范合理。

3)严格按照《工作指引》设置会计明细科目。总的来说,工程建设企业的研发费用共有八大费用类别,设置三级明细核算科目,再在财务软件的支持下设置相应的辅助核算功能,以便更快更好地对工程建设企业研发费用进行统计分析,大大优化工程建设企业研发费用会计核算过程,提高工作效率与质量。

4）导致工程建设企业研发费用实际归集与预算差距大，费用结构不合理的原因之一是不注重日常财务核算。为此应提高对研发费用日常财务核算的重视，进一步完善研发项目立项资料，无论是人，还是财、物等信息都要全面准确记录，包括研发项目负责人与参与人员的日常出勤都要登记在册，便于核算归集薪酬费用，让研发费用真正做到专款专用，提高使用效益。当然也可以通过合理编制研发费用预算，定期跟踪分析来实现对研发费用执行情况的监管，并根据实际情况进行适当的调整，务必保证预算的准确性，减小与实际归集的差距。

（4）研发费用不实税务风险加大。国家为了鼓励工程施工企业开展技术研发活动，给予了税收优惠政策，但企业必须满足一定条件，才能享受该项政策。自《国家税务总局关于研发费用税前加计扣除归集范围有关问题的公告》颁布后，越来越多工程建设企业在进行研发费用会计核算时应用加计扣除政策，但许多传统工程施工企业研发费用超过人们的想象。

从研发费用角度看，国家出台的加计扣除税收优惠政策是力度最大、最具鼓励效用的，经过认定后企业就能享受所得税15%低税率和研发支出加计扣除等政策，不仅能促进工程建设企业加大研发费用投入力度，提升科技水平，还能给企业带来实在的税收实惠。基于此，工程建设企业应做好研发费用的独立核算与管理，以便真正享受税收优惠政策。对工程建设企业而言，在努力抓住研发费用税收优惠政策的同时也要合理规避税务风险，才能维持工程建设企业高新技术的发展。然而工程建设企业研发费用管理不到位、会计核算不规范、财税风险意识低、财税人员工作积极性不高、缺少相适应的奖励机制等问题，大大增加了工程建设企业研发费用的税务风险。例如把随同工程项目核算的巨额材料费一并加计扣除，在这一情况下，工程建设企业在财务管理中如何保障技术创新发展，防范税务稽查风险，促进企业的健康可持续发展，成为工作的重中之重，引起各工程建设企业的重视。

防范研发费用税务风险。"放管服"政策的出台，给工程建设企业申报研发费用加计扣除税收优惠政策提供了便利，当然国家也会对享受优惠政策的企业进行抽查。工程建设企业行业的特殊性导致其税务风险也随之增大，为了合理防范税务风险，工程建设企业必须由上至下形成强烈的税务风险意识，在研发费用管理中加强税务管理，从而合理规避税务风险。

工程建设企业还需重视财务人才队伍的构建，打造一支能力强、有责任心的研发费用管理队伍，为研发项目活动的顺利开展提供保障，降低税务风险的出现。当然还要对财税人员进行专业技术的培训，使之掌握最新的财税政策，学习最行之有效的会计核算方法与技术，从而促进研发费用会计核算的准确性，为相关申报资料提供充足的数据支持。

9.12　工程建设企业研发经费确认、计量、核算、归集

9.12.1　关于工程建设企业研发经费确认、计量

下面通过案例说明工程建设企业研发经费确认和计量问题。

（1）劳务派遣人员，工资薪金不应在研发费用中"剔除"。建筑施工企业甲公司2020年

发生研发费用6 000万元,其中人工费用1 800万元。人工费用中,除企业聘用的直接从事施工人员的工资薪金和"五险一金"500万元外,还包括劳务派遣人员工资300万元。这300万元劳务派遣人员工资,由甲公司直接支付给劳务派遣公司,再由劳务派遣公司支付给劳务派遣人员。在办理2020年度企业所得税汇算清缴时,甲公司剔除了300万元劳务派遣人员工资,按照1 500万元归集了人工费用,并进行了研发费用加计扣除。无论是会计准则角度、统计角度,还是税务加计扣除角度,在这一方面政策是一致的,我们按照税务局的相关政策予以分析。

《财政部 国家税务总局科学技术部关于完善研究开发费用税前加计扣除政策的通知》(财税〔2015〕119号,以下简称"119号文件")和《国家税务总局关于企业研究开发费用税前加计扣除政策有关问题的公告》(国家税务总局公告2015年第97号)规定,人员人工费用,指直接从事研发活动人员的工资薪金、基本养老保险费、基本医疗保险费、失业保险费、工伤保险费、生育保险费和住房公积金,以及外聘研发人员的劳务费用。

《国家税务总局关于研发费用税前加计扣除归集范围有关问题的公告》(国家税务总局公告2017年第40号,以下简称"40号公告")规定,外聘研发人员,指与本企业或劳务派遣企业签订劳务用工协议(合同)和临时聘用的研究人员、技术人员、辅助人员。接受劳务派遣的企业按照协议(合同)约定支付给劳务派遣企业,且由劳务派遣企业实际支付给外聘研发人员的工资薪金等费用,属于外聘研发人员的劳务费用。

从上述规定可以看出,对于劳务派遣人员的工资薪金,不管是由建筑企业直接支付,还是由劳务派遣公司支付,均可以作为人员人工费用进行加计扣除。而应该剔除的是企业聘用的直接从事施工人员的工资薪金和"五险一金"500万元,原因是与研发项目无关,因此,甲公司可加计扣除的人工费用应调整为1 300万元。

人工费用,一直是建筑企业比较重要的支出项目之一。而在研发活动中,人工费用的准确归集,又是容易出现风险的环节。建筑公司支付给劳务派遣公司的费用通常包括服务费和劳务派遣人员工资,其中,支付给劳务派遣公司的服务费,不在可加计扣除的范围,企业要注意予以剔除。

同时,通过建筑劳务分包形式支付的人工费用,如果不是科研项目,不应该属于可加计的范围。如果是科研项目,就不应该是分包,应该是研发项目的子任务或委托项目。

(2)工程建设企业边施工边研发,使用的材料费用应该"剔除"。

甲建筑施工企业总公司在工程施工的某一标段,其工程由一项目部边施工边开展研发活动。该工程于2017年底开工,于2020年12月完工并取得工程收入。2019年,相应的研发项目共确认可加计扣除的研发费用5 000万元,其中材料费用1 500万元。2020年,又发生不含材料费用的研发费用4 500万元。在2020年度企业所得税汇算清缴时,乙公司按照4 500万元研发费用计算可加计扣除金额。

根据40号公告的规定,企业研发活动直接形成产品或作为组成部分形成的产品并对外销售的,研发费用中对应的材料费用不得加计扣除。产品销售与对应的材料费用发生在不同纳税年度且材料费用已计入研发费用的,可在销售当年以对应的材料费用发生额直接冲减当年的研发费用,不足冲减的,结转以后年度继续冲减。

对建筑施工企业来说,在施工过程中开展研发,形成的产品一般用于相应的工程项目,并取得相应的工程收入。这种情况,属于"研发活动直接形成产品或作为组成部分形成的产品对外销售"的情形,按照 40 号公告的规定,研发费用中对应的材料费用,不得加计扣除。

根据上述规定,乙公司在计算 2020 年度研发费用可加计扣除金额时,需将 2019 年开展研发所发生的材料费用 1 500 万元,在 2020 年的研发费用中冲减,然后以冲减后的研发费用 3 000 万元(4 500 万元－1 500 万元),计算可加计扣除额。

建筑施工企业的研发,基本是在施工过程中进行。由于建筑施工企业的工程施工一般都会形成建筑服务收入,这时,如果研发项目中消耗了材料,发生了材料费用,需要在确认工程收入的当年,将研发费用中对应的材料费用进行剔除。

以上是税务机关对企业加计扣除的规定,统计报表制度和企业会计准则确定的区分如下:

按照相关的企业会计准则,包括收入准则和无形资产准则等。如果真实开展了研发活动,而在工程预算中项目部又没有此项目"科学技术研究费"金额,其项目部经费如果通过"工程施工"列支自然不正确,工程结算和财务决算甲方及审计机构不予认可,那么工程项目部的"科学技术研究费"就成了无源之水、无本之木。统计报表制度和企业会计账面的研发费用无法认可,除非由总公司明确列支资金来源渠道。

(3)工程建设企业"湿租"仪器设备用于科研项目研发,租赁支出确定问题。建筑施工企业甲公司 2020 年发生的研发费用中,以经营租赁方式租入的用于研发活动的仪器、设备租赁费用共计 1 600 万元。其中,有 600 万元对应的租赁业务,在租入设备的同时,由出租方配备设备操作人员。针对这 600 万元租赁费用,丙公司已取得相应的增值税发票,税目为"建筑服务",适用税率为 9%。在 2020 年度企业所得税汇算清缴时,甲公司按照 1 600 万元确认可加计扣除的租赁费用。

湿租是租用飞机的一种方法。由出租人提供飞机并附带完整的机组人员和维修、燃油等设备,承租人只经营使用,向出租人支付租金。目前,这种租赁方式也被引入到建筑施工等其他领域。

119 号文件等政策明确,通过经营租赁方式租入的用于研发活动的仪器、设备租赁费用,可以加计扣除。而按照《营业税改征增值税试点实施办法》(财税〔2016〕36 号文件)等政策的规定,以经营租赁方式租入仪器、设备,应取得项目为"经营租赁",适用税率为 13%或适用征收率为 3%或 1%的增值税发票。据此,可以加计扣除的租赁费用,应为取得"经营租赁"发票,并直接用于研发活动的仪器、设备的租赁费用。

但是,《财政部 国家税务总局关于明确金融房地产开发教育辅助服务等增值税政策的通知》(财税〔2016〕140 号)规定,纳税人将建筑施工设备出租给他人使用并配备操作人员的,按照"建筑服务"计算缴纳增值税。考虑到甲公司取得的是适用税率为 9%的"建筑服务"发票,不完全符合研发费用加计扣除的相关规定,且租赁费用无法在设备仪器与操作人员间进行准确分配,出于谨慎性考虑,这 600 万元的租赁费用应从可加计扣除的租赁费用中剔除,也就是按照 1 000 万元确认可加计扣除的租赁费用。有的人认为 600 万元可计入研发费用中,不进行加计扣除。有的人认为,实质重于形式,甲公司可以按照 1 600 万元确认可加计扣除的租赁费用,计入研发费用中。

建筑施工企业在租入用于研发的设备时,可能会配备设备操作人员,并取得税目为"建筑服务",适用税率为9%的增值税发票。目前,对于由出租方配备操作人员,并按照"建筑服务"开具增值税发票的设备租赁费用,是否可以按经营租赁进行加计扣除,政策未予以明确,各地也有不同的执行口径。在实务操作中,税务机关一般对可加计扣除的研发费用采用正列举的方式进行核查,即119号文件未列明的费用不得加计扣除。

以上是税务机关对企业加计扣除的规定,那么,统计报表制度和企业会计准则是可以确认的。

9.12.2 关于工程建设企业研发经费核算、归集

由于建筑企业施工周期一般较长,研发费用对项目财务状况影响较大,基建施工企业施工项目预计合同总成本和实际发生的合同成本都不包括研发费用,但是基建施工企业往往把科研技术费用首先归集到施工成本中。实际上,他们认为研发费用构成施工项目的实体成本,核算原因人为将其剔除出了合同成本,导致不能真实、直观反映施工项目研发费用,然后再由"施工成本"结转到"研发支出"中,这就导致施工成本和科研费用不分,其发生的科研费用随同施工项目在施工成本中一并交付,不满足研发费用的入账条件。

【案例】甲建筑公司与其客户签订一项总金额为580万元的固定造价合同,该合同不可撤销。甲公司负责工程的施工及全面管理,客户按照第三方工程监理公司确认的工程完工量,每年与甲公司结算一次;该工程已于2018年2月开工,预计2021年6月完工;预计可能发生的工程总成本为550万元。到2019年底,由于高新技术书认定的需要,增加了随项目立技术研究项目2个,甲公司将预计工程总成本调整为600万元。2020年末根据工程最新情况,由于地方统计部门和研发奖补的需要,又随本项目立了3个科研项目,将预计工程总成本调整为610万元,假定该建造工程整体构成单项履约义务,并属于在某一时段内履行的履约义务,该公司采用成本法确定履约进度,不考虑其他相关因素。该合同的其他有关资料见表9-8。

表9-8 合同预算与实际支出统计表

单位:万元

项目	2018年	2019年	2020年	2021年	2022年
年末累计实际发生成本	154(其中科研项目费用10)	300(其中科研项目费用40)	488(其中科研项目费用50)	610(其中科研项目费用60)	
年末预计完成合同尚需发生成本	396	300	122		
本期结算合同价款	174	196	180	30	
本期实际收到价款	170	190	30		30

按照合同约定,工程质保金 30 万元需等到客户于 2022 年底保证期结束且未发生重大质量问题方能收款。上述价款均为不含税价款,不考虑相关税费的影响。

甲公司上述业务相关的会计分录。

(1)2018 年账务处理。

1)实际发生合同成本:

借:合同履约成本 144 万元,研发支出——费用化 10 万元
  贷:原材料、应付职工薪酬等 154 万元
借:合同履约成本 10 万元
  贷:研发支出 10 万元

2)确认计量当年的收入并结转成本:

$$履约进度 = 154 万元/(154 万元 + 396 万元) = 28\%$$
$$合同收入 = 580 万元 \times 28\% = 162.4 万元$$

借:合同结算——收入结转 162.4 万元
  贷:主营业务收入 162.4 万元
借:主营业务成本 154 万元
  贷:合同履约成本 154 万元

3)结算合同价款:

借:应收账款 174 万元
  贷:合同结算——价款结算 174 万元

4)实际收到合同价款:

借:银行存款 170 万元
  贷:应收账款 170 万元

2018 年 12 月 31 日,"合同结算"科目的余额为贷方 11.6 万元(174 万元 - 162.4 万元),表明甲公司已经与客户结算但尚未履行履约义务的金额为 11.6 万元,由于甲公司预计该部分履约义务将在 2019 年内完成,因此,应在资产负债表中作为合同负债列示。

(2)2019 年的账务处理。

1)实际发生合同成本:

借:合同履约成本 116 万元
  研发支出——费用化 30 万元
  贷:原材料、应付职工薪酬等 146 万元
借:合同履约成本 30 万元
  贷:研发支出 30 万元

2)确认计量当年的收入并结转成本,同时,确认合同预计损失:

$$履约进度 = 300 万元/(300 万元 + 300 万元) = 50\%$$
$$合同收入 = 580 万元 \times 50\% - 162.4 万元 = 127.6 万元$$

借:合同结算——收入结转 127.6 万元
  贷:主营业务收入 127.6 万元

借：主营业务成本 146 万元
   贷：合同履约成本 146 万元
借：主营业务成本 10 万元
   贷：预计负债 10 万元
        合同预计损失＝(600 万元－580 万元)×(1－50％)＝10 万元

在 2019 年底，由于该合同预计总成本(600 万元)大于合同总收入(580 万元)，预计发生损失总额为 20 万元，由于其中 20 万元×50％＝10 万元已经反映在损益中，因此应将剩余的、未完成工程将发生的预计损失 10 万元确认为当期损失，根据《企业会计准则第 13 号——或有事项》的相关规定，待执行合同变成亏损合同的，该亏损合同产生的义务满足相关条件的，则应当对亏损合同确认预计负债，因此，为完成工程将发生的预计损失 10 万元应当确认为预计负债。

3) 结算合同价款：
借：应收账款 196 万元
   贷：合同结算——价款结算 196 万元

4) 实际收到合同价款：
借：银行存款 190 万元
   贷：应收账款 190 万元

2019 年 12 月 31 日，"合同结算"科目的余额为贷方 80 万元(11.6 万元＋196 万元－127.6 万元)，表明甲公司已经与客户结算但尚未履行履约义务的金额为 80 万元，由于甲公司预计该部分履约义务将在 2020 年内完成，因此，应在资产负债表中作为合同负债列示。

(3) 2020 年的账务处理。

1) 实际发生的合同成本：
借：合同履约成本 178 万元
   研发支出——费用化支出 10 万元
   贷：原材料、应付职工薪酬等 188 万元
借：合同履约成本 10 万元
   贷：研发支出——费用化支出 10 万元

2) 确认计量当年的合同收入并结转成本，同时调整合同预计损失。
        履约进度＝488 万元/(488 万元＋122 万元)＝80％
        合同收入＝580 万元×80％－162.4 万元－127.6 万元＝174 万元
合同预计损失＝(488 万元＋122 万元－580 万元)×(1－80％)－10 万元＝－4 万元
借：合同结算——收入结转 174 万元
   贷：主营业务收入 174 万元
借：主营业务成本 188 万元
   贷：合同履约成本 188 万元
借：预计负债 4 万元
   贷：主营业务成本 4 万元

在2020年底,由于该合同预计总成本(610万元)大于合同总收入(580万元),预计发生损失总额为30万元,由于其中30万元×80%=24万元已经反映在损益中,预计负债的余额为30万元-24万元=6万元,反映剩余的、未完成工程将发生的预计损失,因此,本期应转回合同预计损失4万元。

3)结算合同价款:
借:应收账款 180万元
　　贷:合同结算——价款结算 180万元
(4)实际收到合同价款:
借:银行存款 190万元
　　贷:应收账款 190万元

2020年12月31日,"合同结算"科目的余额为贷方86万元(80万元+180万元-174万元),表明甲公司已经与客户结算但尚未履行履约义务的金额为86万元,由于该部分履约义务将在2021年6月底前完成,因此,应在资产负债表中作为合同负债列示。

(4)2021年1——6月的账务处理。
1)实际发生合同成本:
借:合同履约成本 122万元
　　研发支出——费用化支出 10万元
　　贷:原材料、应付职工薪酬等 122万元
借:合同履约成本 10万元
　　贷:研发支出——费用化支出 10万元
2)确认计量当期的合同收入并结转成本及已计提的合同损失:

2021年1—6月确认的合同收入=合同总金额-截至目前累计已确认的收入=580万元-162.4万元-127.6万元-174万元=116万元。

借:合同结算——收入结转 116万元
　　贷:主营业务收入 116万元
借:主营业务成本 122万元
　　贷:合同履约成本 122万元
借:预计负债 6(转销余额)万元
　　贷:主营业务成本 6万元

2021年6月30日,"合同结算"科目的余额为借方30万元(116万元-86万元),是工程质保金,需等到客户于2022年底保质期结束且未发生重大质量问题后方能收款,应当资产负债表中作为合同资产列示。

(5)2022年的账务处理。
1)保质期结束且未发生重大质量问题
借:应收账款 30万元
　　贷:合同结算 30(转销余额)万元
2)实际收到合同价款:

借：银行存款 30 万元

  贷：应收账款 30 万元。

  通过审计，审计人员发现以上业务账务处理存在下列问题：

  1）由于施工行业的特性，产品为不动产、建设周期长、造价高，研发很难在实验室里开展，大部分研发活动在施工现场进行，与施工过程相互交织。目前，为了控制施工成本，多数施工企业采取"项目承包责任制"，即与项目负责人签订承包责任书，对其负责的工程按工程施工合同成本进行考核，以促使将工程成本控制在合理范围。由于施工企业的特殊性，涉及的产品为不动产、形态、单价巨大，很多研发活动直接在施工现场进行，往往与施工过程相互交织。若将其中的研发费用归集到"研发支出"科目，势必会减少工程的"工程施工"成本。而采用将研发费用剔除后的"工程施工"科目进行考核，其工程成本可能不够完整和准确，也存在人为的操作空间。

  2）部分企业无法正确区分研发支出与工程施工成本，而没有将研发费用进行归集，或者虚假归集，《企业研究开发费用税前扣除管理办法（试行）》规定，"企业未设立专门的研发机构或企业研发机构同时承担生产经营任务的，应对研发费用和生产经营费用分开进行核算，准确、合理地计算各项研究开发费用支出，对划分不清的，不得实行加计扣除。"无法享受加计扣除的税收优惠，自然在财务报告和统计报表上不予认可。

  3）随着施工企业研发投入不断加大，按照核算方法，不能资本化的研发费用直接结转至管理费用，这可能会影响到施工企业的正常财务状况和管理方式。本基建施工企业施工项目预计合同总成本没有科研费用预算，实际发生的合同成本不应包括研发费用，但是该基建施工企业把科研技术费用归集到施工成本中，实际上他们认为研发费用构成施工项目的实体成本，由于核算原因，人为将其剔除出了合同成本，不能真实、直观反映施工项目合同成本，然后再由"研发支出"结转到"施工成本"中，这就导致施工成本和科研费用不分，完工程度虚增。

  4）其发生的科研费用随同施工项目在施工成本中一并交付，不满足研发费用的入账条件，本项目不应该单独核算计列"研发支出"，都应计入"施工成本"中。

9.12.3 关于建设工程公司研发活动投入经费来源的审核

  如果工程建设公司总部研发中心或技术部门开展的研发活动，其资金来源于中央（地方）财政或其他来源，或公司的经营所得；如果是项目部开展的研发活动，其资金来于项目所得。因此，会计师事务所审计人员在开展工程建设公司研发活动所投入的研发费用，应该结合财政部 2016 年 6 月 30 日颁发的关于印发《基本建设项目竣工财务决算管理暂行办法》的通知（财建〔2016〕503 号）进行审核。《基本建设项目竣工财务决算管理暂行办法》，"第十七条 财政部门和项目主管部门审核批复项目竣工财务决算时，应当重点审查以下内容：（一）工程价款结算是否准确，是否按照合同约定和国家有关规定进行，有无多算和重复计算工程量、高估冒算建筑材料价格现象；（二）待摊费用支出及其分摊是否合理、正确；（三）项目是否按照批准的概算（预）算内容实施，有无超标准、超规模、超概（预）算建设现象；（四）项目资金是否全部到位,核算是否规范,资金使用是否合理,有无挤占、挪用现象;……",在"附表1:基本建设项目竣工财务决算报表 6.待摊投资明细表(1-6)"中,"3.研究试验费"就是审核重点。在建设工程公司,往往结合具体工程项目申报研发投入,如果在建设项目预算和竣工财务决算报表中存在,则甲方认同,愿意支付乙方在本项目中开展研发活动的费用,把研发成果应用到本施工项目中。如果在建设项目预算和竣工财务决算报表中不存在,那么就有这么几种可能:一是由公司总部支付研发项目,工程项目部开展研发活动,研发经费由总部承担;二是由项目部开展研发活动并由项目施工成本承担,实际由甲方承担科研费用,没有拨款行为,实质可能存在作假行为;三是并未开展研发活动,都是施工成本,为了完成上级研发经费指标,但账务处理归集费用是研发费用,或者由"施工成本"结转过来,核算形式为研发支出,这更是虚假的研发活动。

有些建设工程公司统计报表研发投入大,而提供的会计报表小,资产负债表中的"开发支出"和"利润表"中的金额及"无形资产"本年增加数加计总额远远小于统计报表的研发费用金额,问题可能出在这儿,"研发支出"仅是过渡性科目,会计账核算和归集存在问题。

第 10 章 对中央(地方)财政资金或其他来源资金软件系统开发项目科研经费审计问题的调研分析

10.1 我国工业软件发展情况

在软件行业中,工业软件是一个小众产业,却是工业制造的大脑和神经,在产业链中发挥关键作用,堪称工业领域的皇冠。高端工业软件更是皇冠上的明珠。随着信息化装备跨越式发展,我国正在努力建设适应信息化要求的工业装备体系,切实增强信息化条件下的经济能力。工业软件作为工业技术软件化的产物,是推动我国智能制造高质量发展的核心要素,通常分为研发设计类、生产控制类、信息管理类、嵌入式软件、协同集成类五类。我国工业软件虽然规模较大,但国产工业软件厂商普遍规模较小,市场占有率较低,其中设计软件国产厂商市场份额仅为5%左右,与国外产品差距较大。生产控制类和信息管理类产品国产份额较高,但在高端产品上仍有较大的国产替代空间。

工业用软件作为信息化装备发展的中枢神经,是构筑信息化工业装备体系的灵魂,是扩展装备功能和提升装备效能的倍增器,在2021年的两会期间,工业互联网等新基建成为热点,工业软件作为支撑这些产业发展的关键也引发两会代表关注,呼吁着力解决工业软件"卡脖子"问题,减轻核心技术对国外工业软件的依赖度。

同花顺数据显示,A股软件开发企业近年来的研发投入持续增长。例如:用友网络的研发投入总额从2015年的8.89亿元增长至2019年的16.4亿元;广联达研发投入总额由2015年的4.35亿元增长至2019年的10.88亿元;金山办公的研发投入总额由2015年的1.99亿元增长至2019年的5.99亿元,国产工业软件企业高投入加码研发。

在工业设计软件领域,据软件企业中望软件披露,近三年来,公司研发支出全部费用化,报告期(2017年至2019年)公司的研发投入分别为7 328.4万元、8 480.48万元及1.08亿元,占营业收入的比重分别为39.96%、33.25%、29.91%,公司通过持续研发活动,成功构建了ZWCAD、ZW3D、ZWSim-EM的产品矩阵,实现了工业设计、工业制造、仿真分析、建筑设计等关键领域的全覆盖。2019年公司开始新一代3D CAD几何建模内核的研发,拟进一步扩大3D CAD建模技术在高端制造业的应用,同时为面向智能建造行业的BIM技术提供底层支撑,为国内智能制造、智能建造、流程工厂行业提供中国自主知识产权的3D几何建模内核。毫无疑问,高研发投入正是自主技术突破的强有力支撑。

多管齐下推进产业创新发展。党的十九大提出实施创新驱动发展战略,强调科技创新是提高社会生产力和综合国力的战略支撑,必须摆在国家发展全局的核心位置。在"新基建"背景下,如何推动我国工业软件行业通过创新实现破局发展引发关注。

在业内人士看来,国内工业软件行业创新的基础已经具备。从外部环境来看,企业持续投入创新离不开国家鼓励创新政策支持。此外,社会对创新的认可、市场需求以及软件信息人才储备等也是企业创新发展的重要因素。

近年来,我国政府和产业均认识到发展工业软件的重要性,政策持续支持工业软件发展,部分工业软件技术已实现突破。在政策、产业、技术多重因素助推下,我国工业软件行业有望迎来快速发展。行业人士指出,通过持续的研发投入保持创新能力,有助于提升企业盈利,自我造血进行自主创新,而非通过国家输血的方式进行创新,后者也是不可持续的。据了解,前述提到的中望软件分别于2018年、2019年获得两轮总值2.2亿人民币的融资,创下国内研发设计类工业软件领域迄今为止规模最大、估值最高的融资记录,表明资本对国产工业软件的认可及实质性支持。我们有理由相信,资本加持之下的国产工业软件,在社会共同的支持与企业自身的努力之下,必将迎来新一轮的发展。

10.2 税收优惠政策中有关软件系统研发费用

根据《中华人民共和国企业所得税法》及其实施条例和《国务院关于印发进一步鼓励软件产业和集成电路产业发展若干政策的通知》(国发〔2011〕4号)精神,为进一步推动科技创新和产业结构升级,促进信息技术产业发展,鼓励软件产业和集成电路产业发展的企业所得税政策,财政部、国家税务总局颁布了《关于进一步鼓励软件产业和集成电路产业发展企业所得税政策的通知》(财税〔2012〕27号)。其中,"九、本通知所称集成电路生产企业,是指以单片集成电路、多芯片集成电路、混合集成电路制造为主营业务并同时符合下列条件的企业:(三)拥有核心关键技术,并以此为基础开展经营活动,且当年度的研究开发费用总额占企业销售(营业)收入(主营业务收入与其他业务收入之和,下同)总额的比例不低于5%;其中,企业在中国境内发生的研究开发费用金额占研究开发费用总额的比例不低于60%"享受税收优惠,定期减免税、减低税率、减计收入、加速折旧和增加费用扣除等"。

为加强软件企业认定工作,促进我国软件产业发展,《软件企业认定管理办法》,"第二章 认定条件和程序第八条 企业向省级主管部门提出软件企业认定申请,并提交下列材料:(六)经具有国家法定资质的中介机构鉴证的企业上一年度和当年度(实际年限不足一年的按实际月份)财务报表(含资产负债表、损益表、现金流量表)以及企业软件产品开发销售(营业)收入、企业软件产品自主开发销售(营业)收入、企业研究开发费用、境内研究开发费用等情况表并附研究开发活动说明材料(研究开发费用、软件产品开发销售(营业)收入政策口径分别按照财税〔2012〕27号文件第十三条、第十六条的规定归集);……",享受税收优惠,定期减免税、减低税率、减计收入、加速折旧和增加费用扣除等。

为贯彻落实《国务院关于印发新时期促进集成电路产业和软件产业高质量发展若干政策的通知》(国发〔2020〕8号)精神,根据《关于促进集成电路产业和软件产业高质量发展企业所得税的公告》(财政部 税务总局 国家发展改革委 工业和信息化部公告2020年第

45号),工业和信息化部、国家发展改革委、财政部、税务总局制定了国家鼓励的软件企业条件,颁布了《中华人民共和国工业和信息化部 国家发展改革委 财政部 国家税务总局公告2021年第10号》;"一、国家鼓励的软件企业是指同时符合下列条件的企业:……(三)拥有核心关键技术,并以此为基础开展经营活动,汇算清缴年度研究开发费用总额占企业销售(营业)收入总额的比例不低于7%,企业在中国境内发生的研究开发费用金额占研究开发费用总额的比例不低于60%;(四)汇算清缴年度软件产品开发销售及相关信息技术服务(营业)收入占企业收入总额的比例不低于55%〔嵌入式软件产品开发销售(营业)收入占企业收入总额的比例不低于45%〕,其中软件产品自主开发销售及相关信息技术服务(营业)收入占企业收入总额的比例不低于45%〔嵌入式软件产品开发销售(营业)收入占企业收入总额的比例不低于40%〕;(五)主营业务或主要产品具有专利或计算机软件著作权等属于本企业的知识产权;……",享受税收优惠,定期减免税、减低税率、减计收入、加速折旧和增加费用扣除等。

10.3　软件开发的类别

　　软件开发是根据用户要求建造出软件系统或者系统中的软件部分的过程。软件开发是一项包括需求捕捉、需求分析、设计、实现和测试的系统工程。软件一般是用某种程序设计语言来实现的,通常采用软件开发工具进行开发。软件分为系统软件和应用软件,并不只是包括可以在计算机上运行的程序,与这些程序相关的文件一般也被认为是软件的一部分。软件设计思路和方法的一般过程,包括设计软件的功能和实现的算法及方法、软件的总体结构设计和模块设计、编程和调试、程序联调和测试,然后进行编写再提交程序。系统就是已开发好的成品系统的标准产品,如通过低代码平台开发的各种管理系统。

　　"低代码开发平台"指的是一种快速开发应用软件的系统,用户通过少量代码即可以快速构建出办公自动化(Office Automation,OA)协同、公文督办、知识管理(Knowledge Management,KM)文库、项目管理、采购管理、生产管理、供应链管理等系列职能类和业务类管理系统。

　　软件系统开发和系统开发的区别:

　　首先,系统开发包括两种,软件系统开发和硬件系统开发,系统开发比软件系统开发定义的范围要大得多。

　　(1)软件系统开发。信息系统开发、应用软件系统开发等,这类是以编写代码进行开发。软件系统是指由系统软件、支撑软件和应用软件组成的计算机软件系统,它是计算机系统中由软件组成的部分。

　　操作系统是管理软硬件资源,控制程序执行,改善人机界面,合理组织计算机工作流程和为用户使用计算机提供良好运行环境的一种系统软件。操作系统是位于硬件层之上,所有软件层之下的一个必不可少的、最基本又是最重要的一种系统软件。它对计算机系统的全部软、硬件和数据资源,进行统一控制、调度和管理。

　　(2)硬件系统开发。硬件系统是指构成计算机的物理设备,即由机械、光、电、磁器件构成的具有计算、控制、存储、输入和输出功能的实体部件。如CPU、存储器、软盘驱动器、硬盘驱动器、光盘驱动器、主机板、各种卡,及整机中的主机、显示器、打印机、绘图仪、调制解调器等,整机硬件也称硬设备。随着电子系统的复杂化,系统设计已经成为一门重要的学科,传统的反复试验法已经越来越不适应时代的发展。发展迅速的软硬件协同设计技术越来越受到人们的重视。它是在系统目标要求的指导下,通过综合分析系统软硬件功能及现有资源,最大限度地挖掘系统软硬件之间的并发性,协调设计软硬件体系结构,以使系统工作在最佳工作状态,也就是智能硬件。智能硬件是一个科技概念,指通过将硬件和软件相结合对传统设备进行智能化改造。

上面介绍了软件系统开发和系统开发的区别,那么它们与软件开发的差异:

软件开发是开发出软件系统或者系统中的软件部分的过程。软件开发是一项包括需求捕捉、需求分析、设计、实现和测试的系统工程。软件一般是用某种程序设计语言来实现的,通常采用软件开发工具进行开发。软件分为系统软件和应用软件,并不只是包括可以在计算机上运行的程序,与这些程序相关的文件一般也被认为是软件的一部分。简而言之,软件开发包括了软件系统开发,但和系统开发的定义范围又有不同。随着互联网发展,软件的种类也越发广泛。

软件系统开发属于软件开发,也属于系统开发;软件开发和系统开发的定义相似,但系统开发中包含硬件系统。

10.4 软件开发范式

在"软件定义一切"的时代,软件上升为现代社会信息基础设施,人们越来越需要通过软件定义和构造复杂世界,建模、处理那些无处不在的"人、机、物"深度融合的智能化时代要素。"范式(Paradigm)"这个概念是由托马斯·库恩(Thomas Kuhn)在科学哲学著作《科学革命的结构》一书中正式提出的,后来在整个科技界广泛使用并产生了深刻影响。任何科学技术的发展都是从受范式制约的常规科学到突破旧范式的科学革命的交替过程。在计算技术发展的历史进程中观察软件开发技术的发展,软件开发面对着接连不断的危机,这些危机不但推动了单项软件开发技术的发展(如编程语言),而且带来了软件开发理念和方法的深刻变革,即软件开发范式的变革。软件发展历程可概括为工程范式、开源范式,以及正在形成的群智范式。工程范式,从个体创作到规模化生产的范式变革。开源范式,从规模化生产到大规模创作的范式变革。群智范式,从大规模创作到群智开发的变革。

10.5 软件计价有关情况

长期以来,我国装备价格制度主要针对硬件产品,对工业用软件适用性、可操作性不强,难以充分反映软件的成本构成和价格特点,软件计价工作相对滞后。目前,科研阶段和订购阶段一般采用硬件计价方式,说高就高,说低就低,没有市场参考价。由此带来以下问题:

(1)软件开发费用无法独立计价。工业用软件的成本构成、价格生成规律等与传统装备差别极大。因没有明确的计价科目,目前软件开发费用只能通过设计费、材料费、专用费、外协费等方式体现,致使软件价格和管理等尺度不同,标准不一。

(2)订购阶段几乎"不计价"。独立式软件,大多只安排了研制费,订购阶段、软件交付单位后的升级、维护等技术服务工作,经费只能通过再次立项、申报研发经费来弥补,导致经费安排严重滞后,一定程度上带来了工业装备软件功能硬件化问题,成为制约工业装备信息化发展的重要因素。

(3)计价方法和费率标准差别很大。由于缺乏统一的管理规范,各单位软件计价工作的内容、方法和标准差异很大。有的以软件数量为计价单位,有的以模块数量为计价单位,有的以代码为计价单位,不仅估算粗放,且虚报率很高,不同项目、不同单位对软件开发效率、开发人员工资标准等基础费率,也存在很大差异。

10.6　软件计价及计价原则

(1)软件计价。工业用软件是指作为装备或装备组成部分的软件,包括计算机程序、相关文档和数据。

软件计价主要是指单位或装备采购单位对装备建设项目中工业用软件研制开发进行计价,包括软件需求分析、设计、编码、集成、测试、试验、验收等过程产生的成本及收益。

工业用软件研发涉及的系统总体设计、联试联调及软硬件集成联试等工作,项目A研制预算＝总体工作＋硬件设备研制＋软件研制＋系统联试联调

总体工作、硬件设备研制工作、系统联试联调工作,应采用国家重点研发计划科研经费管理办法,而软件研制工作,应该采用更合理、更科学的方法计价。

(2)计价原则。软件开发应客观反映工业用软件研发知识价值,科学量化软件研发智力成本,切实尊重软件研发人员的创造性劳动成果,既体现工业用软件的成本特点,又遵循软件行业研发成本的一般规律,坚持基于社会平均成本计价和优者多酬价值导向,促进装备硬件功能软件化,充分汲取软件研发成本度量技术成果,积极借鉴软件行业实践经验和标准规范,确保计价结果的合理性。

10.7　软件计价范围与计价方法

软件研制概(预)算计价范围(价格构成)包括预计成本、收益和税金三部分,工业用软件也是如此。预计成本包括综合费用、直接非人力成本,还包括工业用软件订购生产过程中以及交付后,对承制单位开展技术保障、升级等技术服务工作所需经费的计算。合理确定软件订购价格,计价范围应包括技术保障费、升级费、其他费用、利润和税金。

10.7.1 软件研制过程费用

(1)综合费用。综合费用采取基于软件功能规模和行业平均费用水平的估算方法,包括软件研发过程中发生的直接人力成本、间接人力成本和间接非人力成本。

直接人力成本是指软件承制单位直接参与软件项目研发的技术和管理人员成本,包括人员工资、奖金、福利等。

间接人力成本是指应当分摊的承制单位管理人员费用等。

间接非人力成本是指应当分摊的承制单位研发场地租用费、水电费、物业费、日常办公费,以及各种研发办公设备租赁费、维修费、折旧费等。

综合费用的计算采取基于软件功能规模和行业平均费用水平的估算方法,按软件研发工作量乘以软件研发人月综合费率计算,即:

$$综合费用 = 软件研发工作量 \times 软件研发人月综合费率$$

软件研发工作量通常采用软件功能规模度量方法,按照软件功能规模乘以软件功能点耗时率计算,即:

$$软件研发工作量 = 软件功能规模 \times 软件功能点耗时率$$

其中:软件功能规模,软件的大小,采用荷兰软件度量协会(Nethehand Software Measurement Association,NESMA)方法估算;软件功能点耗时率即研发单个功能点所需工时,按行业生产率最新基准数据,现行一般取 7.12 人时/功能点。当软件功能需求尚不明确,或软件研发中包含大量算法、数据模型、概念创新等复杂智力劳动,价值不能通过功能规模估算方法充分体现时,可以采取类比法、类推法等其他方法直接估算软件研发工作量。

软件功能规模采用功能点分析方法,针对用户功能性需求进行度量,不依赖于开发的语言和技术,以功能点为单位测量软件功能规模。

功能点分析方法是一种分解类的规模度量方法,即在确定的软件功能规模估算范围内,将用户功能需求分解到数据功能性需求和事物功能性需求。数据功能性需求又分为内部逻辑文件(Internal Logical File,ILF)和外部接口文件(External logical file,EIF);事务功能性需求则分为外部输入(External Input,EI)、外部输出(External Output,EO)和外部查询(External Query,EQ);然后按 5 种功能项分别赋予的功能点数,进行求和、调整,其结果以功能点数的形式表示功能规模。

软件功能点耗时率是指研发单个功能点所需工时,单位为人时/功能点,主要根据软件行业有关基准数据和工业用软件生产效率变化情况确定取值,动态调整。

软件研发人月综合费率是指承制单位软件研发综合费用的人月费用平均值,单位为万元/人月,主要依据行业基准数据和工业用软件研制生产成本变化情况取值。对未明确具体承制单位的软件,按现行取值的平均数计算、同步动态调整。如果政府机构购买的软件项目,对院校、研究所等有事业费拨款的单位,综合费用按上述方法计算后,应当扣减该项目软件研发人员分摊的事业费。

另外,对于大型、复杂工业用软件系统,研发工作如确需聘用高端人才(资深系统架构师等),所需薪酬及劳务费用等综合费用可以单独计算。具体计入金额,由供需双方协商确定。

(2)直接非人力成本。

直接非人力成本是指软件研发过程中直接发生的专用费(专用软件费、专用工艺装备费、知识产权使用费)、定型测试费、会议费、差旅费和专家咨询费。

专用费是指研发中必须采购的专用软件费、专用工艺装备费,以及研发过程必需的外单位模型、算法、流程等涉及的知识产权使用费。专用费中的知识产权使用费,按国家有关规定计算。

专用费中的专用软件费、专用工艺装备费,按采购数量乘以单价计算,两个以上科研项目共用的专用软件费、专用工艺装备费,按预计使用比例分摊计算。计算机、网络设备、存储设备等通用硬件设备订购费,操作系统、数据库等通用软件产品订购费、服务费均不得列入专用费。

会议费、差旅费和专家咨询费按国家有关规定执行,内容主要为开展软件研制过程中按相关科研程序和管理规定发生调研、论证、阶段评审等工作产生的会议费、差旅费和一次性支付给外单位专家的评审咨询费。项目主管部门组织的概算评估、评审、检查、验收等经费不在软件研制经费中计入,测评相关会议、咨询等经费在测评费中计入。

定型测评费按软件研发综合费用乘以测评费比例系数计算,包括首轮测试和1~2轮回归测试。对单位承研的软件,计算研发综合费用时人月综合费率按所在地区基准数据取值。对于研发综合费用小于50万元的软件,可另行将定型测评大纲审查产生的会议费、差旅费和专家咨询费计入定型测评费,此类定型测评费最高不得超过研发综合费用的20%。委托方安排的第三方软件测评费用可参考本方法计算,并计入直接非人力成本。

定型测评费是指根据研发计划要求,委托有关单位开展软件定型测评的费用。

$$定型测评费 = 软件研发综合费用 \times 测评费比例系数$$

其中:测评费比例系数通过评估基本测试项 A、附加测试项 B、测试技术难度 C 来确定。详情见表10-1。

表 10-1 测试类型取值表

代号	名称	描述	评分标准	取值
A	基本测试类型	定型测评一般应当包括的测试类型	文档审查、功能测试、性能测试、安装性测试、接口测试、人机交互界面测试等6种测试类型,一般都需要完成(如特殊情况下,不需要全部完成,每减少一种,基本测试类型调整因子减1)	6
B	附加测试类型	定型测评必要时可包括的其他测试类型	代码审查、静态分析、代码走查、逻辑测试、强度测试、余量测试、可靠性测试、安全性测试、恢复性测试、边界测试、数据处理测试、容量测试、互操作性测试、敏感性测试、标准符合性测试、兼容性测试、中文本地化测试等17种测试类型,每增加一种,附加测试类型调整因子加1	0~17

续 表

代号	名称	描述	评分标准	取值
C	测试技术难度	动态测试用例,设计与实现的技术难度	动态测试需求无须编程实现、自研或定制特殊的测试工具	0.58
			少量(30%以下)动态测试需求需编程实现、自研或定制特殊的测试工具	0.62
			部分(30%～70%)动态测试需求需编程实现、自研或定制特殊的测试工具	0.65
			大部分(70%以上)动态测试需求需编程实现、自研或定制特殊的测试工具	0.81
			全部动态测试需求需编程实现、自研或定制特殊的测试工具	0.97

备注:测评费比例系数 TCR=0.02×(A+0.1×B)×C

10.7.2 技术保障费、升级费、其他费用

(1)技术保障费。技术保障费是指承制单位或者委托方指定的其他技术服务企业,对工业用软件实施交付安装、用户培训、咨询响应、定期维护、系统修复等技术服务工作所需费用,包括综合费用和会议费、差旅费、专家咨询费等专项费用。

综合费用按照技术保障工作量乘以技术保障人月综合费率计算。其中,技术保障工作量一般结合软件类型、编配数量、应用对象、服务方式等因素,根据保障人员数量和保障工作时间测算,由供需双方协商确定;技术保障人月综合费率一般按照软件研发人月综合费率计算。

$$综合费用=技术保障工作量×技术保障人月综合费率$$

承制单位的会议费、差旅费和专家咨询费标准,按照国家有关规定执行。

(2)升级费。升级费是指软件承制单位根据委托方需求,实施软件功能修改所开展的分析、设计、编码、集成、测试、测评、试验、验收等工作所需费用,包括综合费用和直接非人力成本,根据升级功能规模,参照研制概算有关方法计价。

(3)其他费用。其他费用是指承制单位实施软件技术保障、升级等工作必需的材料、包装物、随机资料等费用。

(4)利润。利润按照技术保障费、升级费、其他费用之和的5%计算。

(5)税金。税金按照国家有关税收法律法规和政策规定执行。

10.8　审计步骤

审计人员承接了审计项目后,按照委托方的要求,拟定审计计划,并确定审计步骤:
(1)了解情况,确定软件审计范围。
(2)确定软件功能规模估算范围。
(3)分解软件功能需求。
(4)估算原始功能点数。
(5)确定规模调整因子。
(6)计算调整后功能点。
(7)计算软件研发综合费用。
(8)估算直接非人力成本。
(9)计算收益。
(10)计算软件价格。

10.9　软件研制概(预)算计价流程和要求

10.9.1　材料准备

研制单位根据国家发展形势和市场需求,开展软件研制概(预)算测算、审核工作的主要依据,是通过评审的立项综合论证报告、软件功能需求说明等文件。

10.9.2　确定软件计价范围(划分计价对象)

根据计价项目和依据文档划分边界,将用户可识别的独立软件确定为计价对象,一般对应分系层级。其中用户是指规定用户功能需求的人和(或)在任何时刻与计价对象通信或交互的任何个人或事物,计价对象是指计价时确认的应独立度量功能规模的软件,计价边界是指计价对象间或计价对象与用户之间的界限。

通常按照以下方法确认计价对象:一是可以与其他软件分开运行;二是通过用户的视角,使用描述软件功能而非技术的依据材料进行识别;三是软件可视为共同维护的一组程序,共同进行启动、暂停等维护工作。

一般可用以下形式描述软件边界:系统结构图、外部接口示意图、顶层数据流图等。

10.9.3 确定软件功能规模估算范围

估算计价对象规模时,按用户功能需求识别的 5 种功能项,ILF、EIF、EI、EO 和 EQ 在本规范中按统一复杂度赋值,分别为 7、5、4、5、4 个功能点。计价对象内部,依据不同的研制(新研改造)、性能、指标等要求,可分为一个或多个估算对象,根据情况,可赋予不同的继承性开发与复用比例系数、规模调整因子。

计价对象内不重复计入数据功能,因此估算对象间不产生外部接口文件。

10.9.4 分解软件功能需求

依据计价支撑材料,对每个估算对象进行功能需求分析,识别功能需求中的数据功能与事务功能,即 ILF、EIF、EI、EO、EQ 等。从用户角度来看,ILF 是一组被度量对象使用或维护的业务数据集合;EIF 是一组被度量对象使用,不被度量对象维护,被其他应用程序维护的业务数据集合;EI 是从被度量对象 EI 到度量对象的控制或数据信息;EO 由度量对象穿越系统边界输出的控制或数据信息;EQ 由不做其他任何数据处理,仅对被度量对象某一属性数据进行的一次输出。

10.9.5 估算原始功能点数

10.9.5.1 软件规模估算方法

软件规模估算一般采用 NESMA 方法,软件研制概(预)算计价的重难点在软件规模的估算。常见的软件规模估算方法:代码行方法和功能点方法。软件研制预算计价目前一般采用 NESMA 法估算原始功能点。

功能点方法基本原理和使用方法能够公正、客观、可重复地对软件的规模进行度量,功能点方法的基本思想是对从用户角度度量系统规模,根据用户需求和高层逻辑设计提供给用户的功能来计量。系统所维护的信息及处理的复杂程度决定了系统的价值。功能点在软件开发前期需求分析时可以基本确定,而且与语言无关。功能点法的输出是表示该软件规模的功能点数。功能点分析方法是一系列方法的总称:IFPUG、MkⅡ、全功能点。

针对每个估算对象,计算原始功能点数,依据规则,每种功能项代表一定的功能点数;数据——1 个 ILF 为 7 个功能点,1 个 EIF 为 5 个功能点,事务——1 个 EI 为 4 个功能点,1 个 EO 为 5 个功能点,1 个 EQ 为 4 个功能点。

估算对象原始功能点数(UFP) $= 7 \times NILF + 5 \times NEIF + 4 \times NEI + 5 \times NEO + 4 \times NEQ$(其中 NILF、NEIF、NEI、NEO、NEQ 分别为 ILF、EIF、EI、EO、EQ 的数量)

确定继承性开发与复用调整比例系数(0.7~1)后,对原始功能点进行折算,获得折算后的 UFP。

10.9.5.2 软件规模估算过程

确定软件功能规模估算范围:根据立项综合论证报告、需求文档以及相关支撑材料,在划分软件的外部边界基础上,识别用户功能需求,按照新研、改进、集成等不同的功能需求实现方式,确定功能规模估算范围;确定继承性开发与复用调整比例系数;数据功能识别计数,事务功能识别计数,计算原始功能点数。

计算规模调整度:规模调整度 VAF=1.3+0.1×(F1+F2+F3+F4+F5+F6+F7);调整后的功能点数=269.6446+0.7094×∑(原始功能点数×规模调整度 VAF×继承性开发与复用调整比例系数)。

评分标准及取值见表 10-2。

表 10-2 评分标准及取值

代号	名称	描述	评分标准	取值
F1	关键性	指软件失效可能造成的影响程度	有轻度及以下影响	0
F1	关键性	指软件失效可能造成的影响程度	有严重影响	1
F1	关键性	指软件失效可能造成的影响程度	有致命影响	2
F2	分布式处理	指应用程序部件之间数据传输的程度	没有明确要求	0
F2	分布式处理	指应用程序部件之间数据传输的程度	通过客户端/服务器或浏览器/服务器方式进行分布处理和传输数据	1
F2	分布式处理	指应用程序部件之间数据传输的程度	根据其可用性在多个服务器或处理器中动态选择进行分布处理和传输数据	2
F3	性能	指响应时间或处理率的要求程度	没有或仅有一般性能要求(软件实际最长处理时间占任务分配周期 30%以下)	0
F3	性能	指响应时间或处理率的要求程度	有实时性能要求(软件实际最长处理时间占任务分配周期 30%~70%)	1
F3	性能	指响应时间或处理率的要求程度	有强实时性能要求(软件实际最长处理时间占任务分配周期 70%以上)	2
F4	计算机资源限制	指能够在有限计算机资源下运行的程度	在台式机等一般计算机资源下行(软件运行内存余 70%以上)	0
F4	计算机资源限制	指能够在有限计算机资源下运行的程度	在嵌入式计算机等受限计算机资源下运行(软件运行内存余量 30%~70%)	1
F4	计算机资源限制	指能够在有限计算机资源下运行的程度	在板载芯片等苛刻计算机资源下运行(软件运行内存余量 30%以下)	2
F5	复杂处理	指处理逻辑的复杂程度	不含或含有少量的复杂处理逻辑	0
F5	复杂处理	指处理逻辑的复杂程度	含有大量的复杂处理逻辑	1
F5	复杂处理	指处理逻辑的复杂程度	全部为异常复杂的条件判断、数学计算、异常处理等处理逻辑	2

续表

代号	名称	描述	评分标准	取值
F6	可重用性	指能够在其他应用程序中加以利用的程度	没有可重用的代码或仅能被应用程序自身重用	0
			部分可以被其他应用程序重用	1
			完全以可重用的方式设计和开发	2
F7	多环境	指能够支持不同硬件和软件环境的程度	在相同的硬件和软件环境中运行	0
			在相似的硬件和软件环境运行	1
			在不同的硬件和软件环境中运行	2

备注:规模调整度 $VAF=1.3+0.1\times(F1+F2+F3+F4+F5+F6+F7)$

估算计价对象规模时,按用户功能需求识别的 5 种功能项,ILF、EIF、EI、EO 和 EQ 在本书中按统一复杂度赋值,分别为 7、5、4、5、4 个功能点。

计价对象内部,依据不同的研制(新研改造)、性能、指标等要求,可分为一个或多个估算对象,根据情况,可赋予不同的继承性开发与复用比例系数、规模调整因子。

计价对象内不重复计入数据功能,因此估算对象间不产生外部接口文件。

10.9.5.3 功能点计数项类别

功能点计数项包括数据功能和事务功能两类。

数据功能:系统使用或维护了哪些数据。

事务功能:系统如何使用或维护这些数据。

(1)数据功能。数据功能是指系统提供给用户的满足系统内部和外部数据需求的功能,包括:

EIF:本系统引用、其他系统维护的业务数据。EIF 是用户可确认的,由被测应用程序引用,但在其他应用程序内部维护的,逻辑上相关的数据块或控制信息;本系统引用,在系统边界外由其他系统进行维护;本系统的 EIF 一定是其他某系统的 ILF。

ILF:在本系统维护的业务数据,是用户可确认的、在应用程序的内部维护的、逻辑上相关的数据块或控制信息;是系统内部逻辑上的一组数据;用户可以理解和识别 ILF,对 ILF 的操作是用户需要;是否是逻辑文件的关键是用户是否可以理解或识别,而且对该文件的操作是用户的业务需求。

(2)事务功能。事务功能是指系统提供给用户的处理数据的功能,每一个事务都是一个基本过程,基本过程必须穿越系统边界。

EI:对数据进行维护或改变系统状态/行为的事务。EI 的主要目的是对内部逻辑文件进行维护,如增/删/改;输入信号并改变系统行为,如启动服务。常见 EI 包括对内部逻辑文件的增/删/改。增,如起草公文,添加联系人,添加收文单位;删,删除联系人;改,审批公文,转交公文/呈送公文。从外部接口中读取数据并维护内部逻辑文件,从 OUTLOOK 批量导入联系人,从 EXCEL 批量导入收文单位,接受某个控制信号并使软件行为改变,开启防火墙,设置业务处理规则,启动端口监听。

EO：对数据加工呈现或输出的事务。事务功能 EO，EO 是应用程序向其边界之外提供数据或控制信息的基本处理过程；其主要目的是向用户呈现经过处理的信息，而非仅仅提取数据或控制信息。

EQ：对已有数据直接呈现或输出的事务。事务功能 EQ，EQ 是应用程序向其边界之外提供数据或控制信息查询的基本处理过程；EQ 的主要目的是向用户呈现未经加工的已有信息，详情见表 10-3。

表 10-3 EI/EO/EQ 的区别

EI	EO	EQ
输入并维护内部逻辑文件，或控制信息改变系统行为	计算；或输出衍生信息；或改变系统行为；或维护逻辑文件	以原始状态查看信息；可以排序、筛选、分组、简单的等值代换等

10.9.5.4 功能项识别与计数

识别数据功能：发现数据找到潜在文件；是编码数据确定是否是数据功能；是否存在逻辑差异或依赖关系确定数量；是否在系统内部确定是 ILF 还是 EIF。

识别 EI/EO/EQ：是否是基本过程；是否完整稳定；有无业务价值。

基本过程归类：一看目的，是为了维护内部逻辑文件或系统状态还是输出信息；二看行为，如果主要目的是输出信息，是否有计算成产生衍生数据；是否维护了数据或改变了系统行为；是否重复计数；不同的逻辑文件/用户可见数据元素/处理逻辑。

10.9.6 确定规模调整因子

按照规范要求针对每个估算对象确定规模调整因子 VAF：
$$VAF = 1.3 + 0.1 \times (F1 + F2 + F3 + F4 + F5 + F6 + F7)$$

其中 F1、F2、F3、F4、F5、F6、F7 分别为关键性、分布式处理、性能计算机资源限制、复杂处理、可重用性和多环境。F1—F7 取值为 0、1、2 规模调整因子，VAF 取值范围为 1.3~2.7，一般软件 VAF 取值范围为 1.3~1.6。

10.9.7 计算调整后功能点数（计价对象）

针对每个估算对象 i 计算折算后原始功能点与规模调整因子的乘积，记为 $A(i)$，即 $A(i) =$ 折算后的 UFP×VAF。

针对每个计价对象，对其中估算对象的 $A(i)$ 值求和后使用公式计算出该计价对象的调整后功能点数，即调整后功能点数。

10.9.8 计算软件研发综合费用

针对每个计价对象计算出其软件研发综合费用。

软件研发综合费用＝计价对象调整后功能点数×功能点耗时率7.12/176×软件研发人月综合费率。

10.9.9　计算直接非人力成本（计价对象）

(1)定型测评费。针对每个估算对象,计算其综合费用,确定定型测评系数、计算出定型测评费用。

$$定性测评费＝软件研发综合费用×测评费比例系数$$

估算对象测评费比例系数通过评估基本测试项 A、附加测试项 B、测试技术难度 C,得到：

测评费比例系数 $TCR(D)＝0.02×(A+0.1×B)×C$,

A：一般取 6；B：一般 3～4,个别到 8；C：一般取 0.58

TCR 取值范围 0.069 6～0.149 4

计价对象内各估算对象的定型测评比例系数一般一致,计价对象定型测评费为各估算对象定型测评费之和。

$$计价对象定性测评费＝\sum[A(i)×7.12/176×综合费率×TCR(D)]$$

注意：对单位承制的软件,此处使用所在地区的人月综合费率计算研发综合费用,用于计算定型测评费。

(2)专用费。

专用软件费＝采购单价×套数×分摊系数（两个以上科研项目共用按预计使用比例分摊计算）

专用工艺装备费＝采购单价×套数×分摊系数（两个以上科研项目共用按预计使用比例分摊计算）

注意：计算机、网络设备、存储设备等通用硬件设备订购费,操作系统、数据库等通用软件产品订购费、服务费,均不得列入专用费。

(3)会议费、差旅费、专家咨询费。在审计过程中,审计人员还应关注以下事项：

1)一个项目内,软件研制预算中的会议费、差旅费、专家咨询费按相关规定执行,相关费用不应重复；

2)会议费标准 500 元/人天已包含所有会议代表住宿费,不单独另计住宿费；

3)会议代表人数应大于专家人数；

4)研制周期内必需的会议按项目管理要求计列；

5)甲方的特殊具体要求,应体现在支撑材料中计入。

10.9.10　计算收益

依据综合费用、直接非人力成本(扣除专用费)之和的×‰计算。

10.9.11 计算软件价格

计算综合费用、直接非人力成本、收益之和。

10.10 研发单位软件订购计价其他有关要求

(1)单位直接从市场上采购的商业软件,以及特征库、漏洞库、病毒库等外部数据,可以通过与供应商协商谈判的方式确定价格。

(2)承制单位自筹经费研制的工业用软件,在订购时,其研制费用可以按照此方法软件研制概算计价方法计算,综合考虑软件研发实际开支等情况,根据软件订购数量合理分摊计入软件订购价格。具体计入金额,由供需双方协商确定。

(3)根据工作实际,工业用软件订购价格可以分年度计算,或者按照采购数量一次性分摊计算。

(4)工业用软件免售后服务期由供需双方根据软件项目性质、特点协商确定,并通过采购合同明确。

(5)根据合同约定,应当由承制单位免费提供的有关技术服务工作,以及承制单位设计、开发缺陷导致的纠错性技术保和升级工作,所需费用由承制单位承担。

(6)对工作内容、成本费用等已基本形成规律的工业用软件订购项目,经组织测算和供需双方协商,可制定取费比例或经费标准,直接按比例、标准计算价格。

(7)硬件配套的嵌入式软件随硬件计价,计价方法和研发费用可参照本文论述执行。

10.11 软件系统研发经费的归集、核算

从以上论述可以看到,软件系统企业的研发经费的投入,和其他行业的研发经费的投入有很大的差异,其归集和核算方法有其特殊性。对于软件行业,其研发的产品发生的研发经费一定要把握如下几点。

10.11.1 结合软件行业特点核算归集研发费用

软件企业的核心竞争力在于研发费用,在研发上的投入最终形成了软件产品的无形资产。软件与硬件不同,在成本或费用构成上的差异非常明显。硬件的研发支出构成相当清晰,主要有作为转移价值的材料和固定资产折旧;有人工价值的职工薪酬;有为研发产品而必须付出的各项费用。软件产品的研发支出中,基本没有材料成本,也很少有折旧。在研发阶段,主要是智力投入的人工费用;在后期市场阶段,主要是许多附加的测试、维护、服务费用等。软件开发成本中人工费用占主要部分,但如何对人工费用予以资本化或费用化并进

行合理分配是软件企业会计处理中的一个难题。诸如软件设计人员可能同时设计多个项目,也可能引用别人开发的部分程序,也可能重复使用某些程序,也可能处于学习新知识的阶段因此并未工作,那么其工资全部计入研发支出显然不合理,因此不能用传统的方法核算归集研发费用,应该采用NESMA法估算原始功能点核算研发费用。

10.11.2 审计人员应了解软件系统开发的特点

有些企业有着深厚的技术积累或者企业之间的专利共享,研究时能进行更全面的调查,而且所需费用较少,而有些国内企业的技术研究则存在更大的风险,所开发的软件系统早已开发甚至成熟,在研发过程中自主创新能力较弱,大多属于模仿性创新,因此,它们在进行可行性调查和系统分析的实际操作过程中往往投入的人工费用并不多,大量的研发人员集中在系统设计和程序设计过程中,这种活动所产生的研发费用,应否属于科技创新有待进一步商榷。

10.11.3 委托项目研发费用的计量

企业委托其他单位开发的软件系统,其研发费用的计量不能以支付的费用确认研发费用,而应该采用NESMA法估算原始功能点核算研发费用。

10.11.4 软件开发人力资源的核算问题

对软件企业来讲,专业的技术性人才和自主研发的知识产权是其最核心的生产力。其中人力资源的价值尤为重要,只有拥有高素质的人力资源并能有效地利用这一资源,企业才能在激烈的市场竞争中抢占先机。人力资源成本作为软件企业研发项目的重要组成部分,直接反映了企业对员工的全部投入,既是员工经济利益之所在,又关系到企业的经济效益和市场竞争能力,人力资源成本的核算已成为软件企业研发核算的重要组成部分。基于此,有效地核算和控制人力资源成本已成为软件企业生存与发展的关键所在。因此,采用NESMA法估算原始功能点核算研发费用,可以对科技人员的研发效能最好地考量。

10.11.5 开发的软件系统产权归属问题

如果软件企业受托开发某一软件产品,核心知识产权不归属于自己,并非自主开展的研发活动,按照新收入准则,这是一种正常的生产经营活动,不属于研发行为,就不应该核算归集研发支出。

10.11.6 软件企业应建立一套行之有效的研发支出核算管理体制

目前,我国软件项目人员普遍缺乏研发支出核算意识,软件企业普遍缺乏一套行之有效的研发支出核算管理体制。项目经理的职能更侧重于专业技术,简单地认为项目研发支出控制的责任应归于财务部门,大多数软件企业的项目人员在接到软件开发项目时,事先没有做好客户的项目需求分析,盲目答应客户的要求而没有量化、细化有关合同条款。客户又对研发需求明确化程度不够,导致在项目研发过程中不能一次性地达到客户的需求,不断更改项目进程,使得项目成本缺乏控制,成本预算出现偏差,项目预算流于形式,企业付出很大的代价。因此,建立一套完善的研发支出核算体制,在研发活动管理中就显得尤为重要。

第 11 章 对财政资金奖励(补助)科研项目经费审计问题的调研分析

某会计师事务所承接了某市科学技术局关于企业申报的 2020 年研发投入奖补资金的审核工作。其审计工作程序和审计要点如下。

11.1 了解和学习、掌握相关政策文件和规定

11.1.1 掌握市科学技术局文件精神

×××市科学技术局关于申报 2020 年×××市企业研发投入奖补资金的通知(摘要)

为贯彻市委"十项重点工作"任务精神,深入实施创新驱动发展战略,支持企业持续加大研发投入,根据《×××市关于支持企业研发经费投入的补助奖励办法(试行)》(市科发〔2020〕××号)(以下简称"办法"),对纳入统计的规模以上(以下简称"规上")企业的研发经费投入进行补助奖励。现就相关事项通知如下:

一、申报对象

纳入统计部门研发投入统计调查范围且有研发投入的规上企业。

二、申报条件

1. 辖区内纳入统计部门 R&D 投入统计调查范围,且 R&D 投入大于 500 万元(含),R&D 投入强度(企业研发内部支出/营业收入)大于 3%(含)的规上企业。

2. 符合《×××市科技计划项目管理办法》(市科发〔2020〕××号)明确的其他条件和要求。

3. 2020 年度新增纳入统计的规上企业不列入本次补助范围。

三、申报流程

……

六、其他说明

1. R&D 支出确认依据国家统计局《研究与试验发展(R&D)投入统计规范(试行)》(国统字〔2019〕47 号)执行,并由市科技局委托第三方专业机构进行审计复核。未按要求配合专项审计的企业,不予奖补。

2.企业申报前需参考年度报统数据对R&D投入和投入强度进行测算,最终奖补基数以第三方审计确认与统计复核数据为准。企业名单中涉及研发投入已被母公司合并申报的,子公司不得重复申报。

3.企业自主提出申请,按期未能提交申报材料的,逾期不予受理。企业对申报材料的真实性、完整性、合法性负责,申报过程中有恶意篡改数据等造假行为的,按《×××市科技计划诚信管理办法(试行)》处理。

附件:
附件1　×××市关于支持企业研发经费投入的补助奖励办法(试行)(市科发〔2020〕××号)

附件2　《×××市科技计划项目管理办法》(市科发〔2020〕××号)

附件3　×××市科技计划诚信管理办法(试行)(市科发〔2019〕××号)

附件4　研究与试验发展(R&D)投入统计规范(试行)(国统字)〔2019〕47号

……

×××市关于支持企业研发经费投入补助奖励办法(试行)(摘要)

为深入实施创新驱动发展战略,强化企业创新主体地位,加快推动产业结构调整和转型升级,根据《补短板实施创新能力倍增计划工作方案》(市办字〔2017〕××号),对规上企业研发经费投入进行补助奖励。为确保奖补工作顺利实施,特制定本办法。

第一条　研发经费(R&D)指统计年度内全社会实际用于基础研究、应用研究和试验发展的经费支出。本办法所指研发经费的归集、核算、管理和使用等要求,依据国家部委和省市有关制度执行。

第二条　补助奖励对象和范围

1.补助奖励对象为注册地在×××市辖区内,并纳入市统计局研发投入经费统计调查范围,且符合《国家重点支持的高新技术领域》的规模以上企业。

2.申请企业须建立研发经费投入辅助账或专项账,且研发经费投入符合统计和财务管理要求,如实归集企业内部研发经费,申请补助奖励企业的研发经费投入不得与关联公司重复核算。

3.补助奖励年度新增纳入统计的规模以上企业不列入补助范围。补助奖励年度是指企业实际研发经费投入年度,补助奖励资金在补助奖励年度次年兑现。

4.申请企业须无不良信用记录,无重大安全和质量事故,无严重环境违法行为。

第三条　补助奖励方式为研发经费投入补助和研发经费投入增量奖励。研发经费投入补助是对企业补助奖励年度研发经费投入按比例给予的补助;研发经费投入增量奖励是对企业补助奖励年度较前一年度研发投入增量按比例给予的奖励;在核定企业年度研发经费投入奖补时,企业获得的财政资金不计入补助奖励基数。

补助和奖励金额计算结果以万元为单位向下取整兑现。

第四条　补助资金计算方法。

1.研发经费投入不足5 000万元,按研发经费投入的2%给予补助,最高不超过80万元。

2.研发经费投入高于5 000万元(含),不足2亿元,按研发经费投入的2%给予补助,最高不超过 200 万元。

3. 研发经费投入高于 2 亿元(含)给予 300 万元的补助。

第五条　增量奖励资金计算方法:按研发经费投入增量的 2‰ 进行奖励,最高不超过 200 万元。奖励年度前一年度企业无研发经费投入的,不列入增量奖励范围。

第六条　研发经费补助奖励兑现工作,由市科技局会同市财政局、市统计局组织实施,企业自主申报,经核实审定后进行奖补资金兑现。具体流程为:

1. 市科技局发布企业研发经费投入补助奖励申报通知。
2. 企业按要求提交研发经费投入补助奖励申请材料。
3. 市统计局确认申报企业是否属于规模以上研发统计范围。
4. 市科技局委托第三方机构对企业的申请材料进行复核,并对复核情况进行公示。
5. 市科技局会同市财政局下达计划,安排奖补资金。

第七条　×××区内企业补助奖励资金由市财政与享受补助企业所在区县、开发区按现行财政体制分级负担,市财政统一安排拨付,市本级负担资金在市科技发展专项资金列支,区县、开发区负担资金通过年终结算上缴市财政。其他开发区及郊区县内企业补助奖励资金由市财政全额承担。补助奖励资金由企业自主安排,主要用于后续企业研发条件建设。

第八条　申请企业应积极配合第三方机构对研发投入情况进行审计复核,对申报材料弄虚作假的不予奖励(补助)。

第九条　由市科技局牵头,会同市财政局、市统计局组织开展统计调查、企业研发制度建设培训和研发经费投入补助奖励政策宣传等工作。工作经费依据年度企业补助奖励任务量进行安排,并列入科技计划项目进行管理。

……

11.1.2　学习国家统计局相关文件精神

关于印发《研究与试验发展(R&D)投入统计规范(试行)》的通知(摘要)

国统字〔2019〕47 号

各省、自治区、直辖市统计局,新疆生产建设兵团统计局,国家统计局各调查总队,国务院各有关部门:

为适应新形势发展要求,进一步规范研究与试验发展(R&D)投入统计工作,提高科技统计工作效率和数据质量,实现与国际统计标准接轨,在广泛征求意见的基础上,国家统计局制定了《研究与试验发展(R&D)投入统计规范(试行)》,现予印发,请遵照执行。

附件:研究与试验发展(R&D)投入统计规范(试行)

国家统计局
2019 年 4 月 19 日

研究与试验发展(R&D)投入统计规范(试行)

第一章 总则

第一条 为规范研究与试验发展(以下简称 R&D)投入统计数据的生产与使用,准确反映我国 R&D 的投入水平,进一步提升相关统计数据质量,根据《中华人民共和国统计法》《中华人民共和国统计法实施条例》《部门统计调查项目管理办法》等有关规定(以下简称"国家有关规定"),制定本统计规范。

第二条 R&D 投入统计的基本任务,是通过统计调查收集全社会范围内从事 R&D 活动的人员和经费等方面的数据,以反映全社会 R&D 投入的资源总量及其分布情况。

第三条 R&D 投入统计范围为 R&D 活动相对密集的行业,包括:农、林、牧、渔业,采矿业,制造业,电力、热力、燃气及水生产和供应业,建筑业,交通运输、仓储和邮政业,信息传输、软件和信息技术服务业,金融业,租赁和商务服务业,科学研究和技术服务业,水利、环境和公共设施管理业,教育,卫生和社会工作,文化、体育和娱乐业等行业门类。

第四条 R&D 投入统计调查分别由统计、科技、教育等行政主管部门负责组织实施,统计部门负责报表制度的统一管理、全国和各地区数据的综合汇总及对外发布。

第五条 本规范的基本定义及原则,参照经济合作与发展组织(OECD)《弗拉斯卡蒂手册》(Frascati Manual)的相关标准,并结合我国 R&D 统计的实际情况,所包含的 R&D 投入指标可以进行国际比较。

第六条 R&D 投入统计是政府统计的组成部分。本规范有关 R&D 投入统计的相关概念、定义、原则和方法,与我国国民经济核算和相关政府统计制度保持衔接,对有关部门 R&D 投入统计具有指导作用。

第二章 R&D 活动的统计界定

第七条 研究与试验发展的英文全称为"Research and Experimental Development",英文缩写为"R&D",中文简称为"研发"。

第八条 R&D 指为增加知识存量(也包括有关人类、文化和社会的知识)以及设计已有知识的新应用而进行的创造性、系统性工作,包括基础研究、应用研究和试验发展三种类型。基础研究和应用研究统称为科学研究。R&D 活动应当满足五个条件:新颖性、创造性、不确定性、系统性、可转移性(可复制性)。

第九条 基础研究是一种不预设任何特定应用或使用目的的实验性或理论性工作,其主要目的是为获得(已发生)现象和可观察事实的基本原理、规律和新知识。基础研究的成果通常表现为提出一般原理、理论或规律,并以论文、著作、研究报告等形式为主。基础研究包括纯基础研究和定向基础研究。

纯基础研究是不追求经济或社会效益,也不谋求成果应用,只是为增加新知识而开展的基础研究。

定向基础研究是为当前已知的或未来可预料问题的识别和解决而提供某方面基础知识的基础研究。

第十条 应用研究是为获取新知识,达到某一特定的实际目的或目标而开展的初始性研究。应用研究是为了确定基础研究成果的可能用途,或确定实现特定和预定目标的新方法。其研究成果以论文、著作、研究报告、原理性模型或发明专利等形式为主。

第十一条 试验发展是利用从科学研究、实际经验中获取的知识和研究过程中产生的其他知识,开发新的产品、工艺或改进现有产品、工艺而进行的系统性研究。其研究成果以专利、专有技术,以及具有新颖性的产品原型、原始样机及装置等形式为主。

第十二条 R&D 项目(或课题)是进行 R&D 活动的基本组织形式,通常由 R&D 活动执行单位依据项目立项书或合同书等形式明确项目任务、目标、人员和经费等。

第十三条 R&D 活动的统计特征包括投入和产出两个维度。

R&D 投入是指为进行 R&D 活动所投入的人力和经费。

R&D 产出包括的范围比较宽泛,表现为 R&D 活动所带来的新知识、新应用以及所引起的社会经济效应。本规范仅对 R&D 投入统计进行规定。

第三章 R&D 投入统计的基本原则

第十四条 法人单位所在地统计原则。法人单位指同时具备下列条件的单位:

一是依法成立,有自己的名称、组织机构和场所,能够独立承担民事责任;

二是独立拥有和使用(或受权使用)资产,承担负债,有权与其他单位签订合同;

三是会计上独立核算,能够编制资产负债表。

法人单位应按照社会经济活动在中华人民共和国境内所在地原则进行统计。

第十五条 条块结合原则。R&D 投入统计由统计、科技、教育等行政主管部门按照职责分工,采取分级负责的方式分别组织实施,各级统计部门负责辖区内 R&D 投入情况的综合汇总。

第十六条 依托科技统计原则。R&D 活动是科技活动的核心部分,科技、教育部门的 R&D 投入统计依托科技投入统计并在各有关部门科技统计框架内进行。科技活动内容见附件 1。

第十七条 多种调查方式相结合原则。R&D 投入统计以提供年度数据为主,调查方式以年度重点调查和全面调查为主。

第四章 R&D 投入统计的基本指标

第十八条 R&D 投入统计包括人员统计和经费统计两部分,具体体现为 R&D 人员和 R&D 经费支出。

第十九条 R&D 人员是指报告期 R&D 活动单位中从事基础研究、应用研究和试验发展活动的人员。

包括:

(1)直接参加上述三类 R&D 活动的人员;

(2)与上述三类 R&D 活动相关的管理人员和直接服务人员,即直接为 R&D 活动提供资料文献、材料供应、设备维护等服务的人员。不包括为 R&D 活动提供间接服务的人员,如餐饮服务、安保人员等。

第二十条 R&D 人员按工作性质划分为研究人员、技术人员和辅助人员。研究人员是指从事新知识、新产品、新工艺、新方法、新系统的构想或创造的专业人员及 R&D 项目(课题)主要负责人员和 R&D 机构的高级管理人员。研究人员一般应具备中级及以上职称或博士学历。从事 R&D 活动的博士研究生应被视作研究人员。技术人员是指在研究人员指导下从事 R&D 活动的技术工作人员。辅助人员是指参加 R&D 活动或直接协助 R&D 活动的技工、文秘和办事人员等。

第二十一条 R&D人员按自身性质进行分类统计。按性别划分为男性和女性；按职称划分为正高级、副高级、中级、初级及其他人员；按学历(学位)划分为博士毕业、硕士毕业、大学本科及其他人员。

第二十二条 R&D人员统计包括R&D人员数和R&D人员折合全时当量两个具体指标。R&D人员折合全时当量是指报告期R&D人员按实际从事R&D活动时间计算的工作量,以"人年"为计量单位。

第二十三条 R&D人员按工作时间划分为全时人员和非全时人员。全时人员是指报告期从事R&D活动的实际工作时间占制度工作时间90%及以上的人员,其全时当量计为1人年；

非全时人员是指报告期从事R&D活动的实际工作时间占制度工作时间10%(含)~90%(不含)的人员,其全时当量按工作时间比例计为0.1~0.9人年；

从事R&D活动的实际工作时间占制度工作时间不足10%的人员,不计入R&D人员,也不计算全时当量。

第二十四条 R&D经费支出是指报告期为实施R&D活动而实际发生的全部经费支出。不论经费来源渠道、经费预算所属时期、项目实施周期,也不论经费支出是否构成对应当期收益的成本,只要报告期发生的经费支出均应统计。其中,与R&D活动相关的固定资产,仅统计当期为固定资产建造和购置花费的实际支出,不统计已有固定资产在当期的折旧。R&D经费支出以当年价格进行统计。

第二十五条 R&D经费支出按经费使用主体分为内部支出和外部支出。内部支出是指报告期调查单位内部为实施R&D活动而实际发生的全部经费,外部支出是指报告期调查单位委托其他单位或与其他单位合作开展R&D活动而转拨给其他单位的全部经费。为避免重复计算,全社会R&D经费为调查单位R&D经费内部支出的合计。

第二十六条 R&D经费内部支出按支出性质分为日常性支出和资产性支出。

第二十七条 日常性支出又称经常性支出,是指报告期调查单位为实施R&D活动发生的、可在当期直接作为费用计入成本的支出,包括人员劳务费和其他日常性支出。

人员劳务费是指报告期调查单位为实施R&D活动以货币或实物形式直接或间接支付给R&D人员的劳动报酬及各种费用,包括工资、奖金以及所有相关费用和福利。非全时人员劳务费应按其从事R&D活动实际工作时间进行折算。

其他日常性支出是指报告期调查单位为实施R&D活动而购置的原材料、燃料、动力、工器具等低值易耗品,以及各种相关直接或间接的管理和服务等支出。为R&D活动提供间接服务的人员费用包括在内。

第二十八条 资产性支出又称投资性支出,是指报告期调查单位为实施R&D活动而进行固定资产建造、购置、改扩建以及大修理等的支出,包括土地与建筑物支出、仪器与设备支出、资本化的计算机软件支出、专利和专有技术支出等。对于R&D活动与非R&D活动(生产活动、教学活动等)共用的建筑物、仪器与设备等,应按使用面积、时间等进行合理分摊。

土地与建筑物支出是指报告期调查单位为实施R&D活动而购置土地(例如测试场地、实验室和中试工厂用地)、建造或购买建筑物而发生的支出,包括大规模扩建、改建和大修理发生的支出。

仪器与设备支出是指报告期调查单位为实施R&D活动而购置的、达到固定资产标准的仪器和设备的支出，包括嵌入软件的支出。

资本化的计算机软件支出是指报告期调查单位为实施R&D活动而购置的使用时间超过一年的计算机软件支出。

专利和专有技术支出是指报告期调查单位为实施R&D活动而购置专利和专有技术的支出。

第二十九条 R&D经费内部支出按资金来源划分为政府资金、企业资金、境外资金和其他资金。

政府资金是指R&D经费内部支出中来自于各级政府财政的各类资金，包括财政科学技术支出和财政其他功能支出的资金用于R&D活动的实际支出。

企业资金是指R&D经费内部支出中来自于企业的各类资金。对企业而言，企业资金指企业自有资金、接受其他企业委托开展R&D活动而获得的资金，以及从金融机构贷款获得的开展R&D活动的资金；对科研院所、高校等事业单位而言，企业资金是指因接受从企业委托开展R&D活动而获得的各类资金。

境外资金是指R&D经费内部支出中来自境外（包括香港、澳门、台湾地区）的企业、研究机构、大学、国际组织、民间组织、金融机构及外国政府的资金。

其他资金是指R&D经费内部支出中从上述渠道以外获得的用于R&D活动的资金，包括来自民间非营利机构的资助和个人捐赠等。

第三十条 R&D投入指标的统计方式有两种：
(1)由统计调查单位直接填报；
(2)基于科技投入统计指标，按R&D活动占科技活动的比例进行推算。

第五章 R&D投入统计的主要分类

第三十一条 R&D投入统计分类包括：(1)基于R&D活动单位的分类；(2)基于R&D活动的分类。

第三十二条 基于R&D活动单位的分类包括：(1)按执行部门分类；(2)按行政区划分类；(3)按国民经济行业分类；(4)按隶属关系分类。具体分类目录见附件2。

第三十三条 基于R&D活动的分类包括：(1)按R&D活动类型分类；(2)按社会经济目标分类；(3)按学科分类。分类目录见附件2。

......

附件：
1.与R&D活动有关的概念及关系
2.R&D投入统计相关分类目录

附件1
与R&D活动有关的概念及关系

一、科学技术活动的基本概念

科学技术活动简称科技活动，是指所有与各科学技术领域（即自然科学、农业科学、医药科学、工程技术、人文与社会科学）中科技知识的产生、发展、传播和应用密切相关的系统的活动。

二、科技活动的分类

联合国教科文组织在1978年《关于科学技术统计国际标准化的建议》中将科学技术活动划分为三类：研究与试验发展（R&D）、科技教育与培训（STET）和科技服务（STS）。OECD的《弗拉斯卡蒂手册》沿袭了这种分类。其中，科技教育与培训是指与大学专科、本科及以上（硕士生、博士生）教育培训，以及针对在职研究人员的教育与培训有关的所有活动。科技服务（STS）是指与R&D活动相关并有助于科学技术知识的产生、传播和应用的活动。

我国科技统计将统计范围内的科技活动分为三类：研究与试验发展（R&D）、R&D成果应用和科技服务。其中R&D成果应用是指为使试验发展阶段产生的新产品、材料和装置，建立的新工艺系统和服务，以及作实质性改进后的上述各项能够投入生产或在实际中运用，解决所存在的技术问题而进行的系统活动。科技服务的具体活动内容包括：科技成果的示范推广工作；信息和文献服务；技术咨询工作；自然、生物现象的日常观测、监测、资源的考察和勘探；有关社会、人文、经济现象的通用资料的收集、分析与整理；科学普及；为社会和公众提供的测试、标准化、计量、质量控制和专利服务等。

三、R&D活动与科技活动的关系

R&D活动是科技活动的核心组成部分。与其他科技活动相比，R&D活动的最显著特征是创造性，体现新知识的产生、积累和应用，常常会导致新的发现发明或新产品（技术）等，R&D活动预定目标能否实现往往存在不确定性。其他科技活动都是围绕R&D活动发生的，要么是为R&D成果向生产和市场转化而提供支持（R&D成果应用），要么是为R&D活动及知识传播提供全方位的配套支持服务（科技服务）。这些活动与R&D活动的根本区别在于，它只涉及技术的一般性应用，本身不具有创造性。

附件2

R&D投入统计相关分类目录

一、执行部门分类目录

代码	执行部门
1	企业
2	政府属研究机构
3	高等学校
4	其他

二、行政区划分类目录

……

三、国民经济行业分类目录

……

四、隶属关系分类目录

……

五、R&D活动类型分类目录

代码	R&D活动类型名称
1	基础研究
2	应用研究
3	试验发展

六、社会经济目标分类目录

……

七、学科分类目录

学科领域的一级学科分类按国家标准《学科分类与代码》(GB/T13745－2009)执行。

代码	学科名称	代码	学科名称
110	数学	535	产品应用相关工程与技术
120	信息科学与系统科学	540	纺织科学技术
140	物理学	550	食品科学技术
150	化学	560	土木建筑工程
160	天文学	570	水利工程
170	地球科学	580	交通运输工程
180	生物学	590	航空、航天科学技术
190	心理学	610	环境科学技术及资源科学技术
210	农学	620	安全科学技术
220	林学	630	管理学
230	畜牧、兽医科学	710	马克思主义
310	基础医学	720	哲学
320	临床医学	730	宗教学
330	预防医学与公共卫生学	740	语言学
340	军事医学与特种医学	750	文学
360	中医学与中药学	760	艺术学
410	工程与技术科学基础学科	770	历史学
413	信息与系统科学相关工程与技术	780	考古学
416	自然科学相关工程与技术	790	经济学
420	测绘科学技术	810	政治学

续表

代码	学科名称	代码	学科名称
430	材料科学	820	法学
440	矿山工程技术	830	军事学
450	冶金工程技术	840	社会学
460	机械工程	850	民族学与文化学
470	动力与电气工程	860	新闻学与传播学
480	能源科学技术	870	图书馆、情报与文献学
490	核科学技术	880	教育学
510	电子与通信技术	890	体育科学
520	计算机科学技术	910	统计学
530	化学工程		

11.2　审计人员拟定审计方案

2020年×××市规上企业研发经费投入审计工作方案

为进一步规范2020年市级规上企业研发（R&D）经费投入审计工作，明确审计重点和要求，保证审计工作质量，在认真总结2019年审计工作基础上，依据研究与试验发展（R&D）投入统计规范和奖补等有关规定，制定本审计方案。

一、审计依据

(1)《×××市关于支持企业研发经费投入的补助奖励办法（试行）》（市科发〔2020〕53号）文件；

(2)《×××市科技计划项目管理办法》（市科发〔2020〕19号）文件；

(3)《研究与试验发展（R&D）投入统计规范（试行）》国统字〔2019〕47号；

(4)《×××市科学技术局关于申报2020年××市企业研发投入奖补资金的通知》；

(5)《中国注册会计师审计准则》；

(6)《企业会计准则》；

(7)相关的法律法规及制度；

(8)申报单位的申报书、账、表、凭证及内控制度等相关资料。

二、R&D投入统计的基本要求

根据《研究与试验发展（R&D）投入统计规范（试行）》，R&D指为增加知识存量（也包括有关人类、文化和社会的知识）以及设计已有知识的新应用而进行的创造性、系统性工作，包括基础研究、应用研究和试验发展三种类型。R&D活动应当满足五个条件：新颖性、创造性、不确定性、系统性、可转移性（可复制性）。R&D项目（或课题）是进行R&D活动的基本组织形式,通常由 R&D 活动执行单位依据项目立项书或合同书等形式明确项目任务、目标、人员和经费等。

R&D 投入统计包括人员统计和经费统计两部分,具体体现为 R&D 人员和 R&D 经费支出。

(一)人员统计

详见《研究与试验发展(R&D)投入统计规范(试行)》国统字〔2019〕47 号第十八条、第十九条、第二十条、第二十一条、第二十二条、第二十三条。

(二)R&D 经费支出统计

详见《研究与试验发展(R&D)投入统计规范(试行)》国统字〔2019〕47 号第二十四条、第二十五条、第二十六条、第二十七条、第二十八条、第二十九条。

三、审计原则

(一)合规性原则。R&D 经费投入需符合《研究与试验发展(R&D)投入统计规范(试行)》要求,严格区分内部支出和外部支出,对外部支出不计入统计范围;严格资本性支出确认原则,只确认当期实际支出,不计算折旧和摊销支出;严格资金来源划分,对政府资金投入的不计入奖补基数。

(二)相关性原则。R&D 经费投入需与企业当年的科研项目相关,与科研项目无关的支出不得计入。人员劳务费支出,严格按照 R&D 投入人员统计要求和项目实施情况,合理确定人员劳务费支出;其他日常性支出和资本性支出,要加强支出内容与科研项目相关性审查,严格区分科研项目支出和生产经营支出。

(三)合理性原则。R&D 经费投入数应与企业收入相匹配,对比例过高的应重点关注;要与科研项目规模相匹配,对数额明显偏大的应重点关注。

四、审计主要内容和流程

(一)审核确认企业是否需审计

(1)首先核对申报单位是否纳入统计部门研发投入统计调查范围且有研发投入的规上企业,对初次纳统的当年不奖补。

(2)登录中国信用网站、国家企业信用信息公示平台等,确认申请企业有无不良信用记录,有无重大安全和质量责任事故,有无严重环境违法行为。

(3)企业与同一批申报的其他企业是否有母子公司或其他关联关系,有母子公司关系的,确认企业是否单独申报,如单独申报则审计,如合并到母公司申报,则子公司不申报,避免重复申报和审计。

(二)对企业营业收入进行审核

(1)调查了解企业主营业务、人员、科研管理、财务管理等基本情况,对企业整体情况和风险做出初步判断。

(2)通过查阅核对企业2020年度审计报告、账簿、纳税申报表等相关资料,核实企业营业收入数据,重点关注企业有无随意调减营业收入的问题。

(三)对企业R&D经费投入进行审核

(1)调查了解企业科研管理情况,包括2020年科研管理机构和人员,科研管理各项制度,科研具体项目的上级批复、计划、方案、合同、执行情况和年度总结等情况,对企业科研情况和管理风险做出基本判断。

(2)根据企业立项实施的科研项目,依据研发支出专项账或辅助账和相关会计资料,从人员劳务费、其他日常性支出和资本性支出等内容,审查确认经费支出的合规性、相关性和合理性,确认单个科研项目R&D经费投入数。

(3)对不能分配到具体科研项目的人员经费和资本性支出等支出,进行合规性、相关性和合理性审查并确认支出。

(4)对企业R&D经费投入数进行审核汇总,与企业报统数、申报数进行核对,以审慎的态度确定核定数。

(5)对核定的企业营业收入和R&D经费投入数,与企业沟通并交换意见,填报相关审计报表,经企业确认并盖章。

(四)计算企业R&D经费投入奖补数

根据核定的企业R&D经费投入数和营业收入,计算企业研发投入奖补强度。根据核定的2019年企业R&D经费投入数,计算2020年企业R&D经费投入增量;根据《××市关于支持企业研发经费投入的补助奖励办法(试行)》,计算企业R&D经费投入奖补数。

五、常见问题及解决方案

(一)对舞弊的考虑

1. 常见问题

对企业为享受政府补助而带来的舞弊风险,注册会计师在执行专项审计业务时,应当实施风险评估程序,运用职业判断,确定识别和评估的风险中,哪些是需要特别考虑的重大错报风险。

2. 解决方案

风险评估程序本身并不足以为发表审计意见提供充分、适当的审计证据,注册会计师还应当在实施风险评估程序的基础上,设计和实施包括控制测试(必要时或决定测试时)和实质性程序的进一步审计程序。注册会计师在专项审计的各个流程中,应当遵循风险导向审计的原则,保持应有的职业谨慎,切实到位地执行审计程序,防范重大审计失败。

(二)R&D项目的确认

1. 常见问题

如何判断是真立项还是假立项?科研项目要素(研发周期、研发人员、研发经费预算、研发成果的第三方签订结果)不全的如何确认问题。

2. 解决方案

R&D项目(或课题)是进行R&D活动的基本组织形式,通常由R&D活动执行单位依据项目立项书或合同书等形式明确项目任务、目标、人员和经费等。区分科研项目的立项来源:如是政府立项项目,一般应有与政府部门签订的项目合同和财政拨款;如是企业内部立项的,一般应有企业内部立项的决策文件、项目立项书、项目实施方案(包含项目研发内容和任务、项目人员、研发经费预算、项目实施时间等内容);如项目已完成,应有项目验收总结报告;如项目正在实施,应有正在实施的过程证明资料(如项目研发阶段总结、项目研发的重点节点记录和相关资料)。

(三) 人员人工费用的确认

1. 常见问题

研发人员,是指从事研究开发项目的专业人员。主要包括研究人员、技术人员和辅助人员。

对人员人工的审核,关键是对研发人员的范围认定和费用金额的归集。如果参与研究开发的人员不是专职从事研究开发项目或同时参与多个研究开发项目,其薪酬如何分摊入研究开发项目、如何在不同研究开发项目间分摊便成为审核的重点和难点。例如:部分申报企业特别是中小型企业的管理层,在对整个企业的生产、经营进行管理的同时,往往也参与研究开发工作,如何将其薪酬计入研究开发活动没有明确规定;有些项目的研究开发活动涉及多个部门,甚至多个企业,在这种情况下人员人工的归集和分配也比较困难;有不少申报企业为了达到增加研究开发费用总额的目的,将研究开发项目立项书中未列示的管理人员(包括业主)、生产人员的薪酬计入研究开发人员人工。

2. 解决方案

(1)重点检查应付工资、管理费用明细账,全年各月份工资表,全年个人所得税申报表,劳动合同、教育背景(必要时通过检查学历证明,以确定研发人员是否具备相关专业背景)、工作经验和参加社会保险等资料,结合研究开发部门人员名单,确定研发人员的工资费用是否真实,计算是否准确。

(2)对受雇的研发人员,需取得累计实际工作时间的证据。

(3)对企业存在多个研究开发项目的,按实际参与的项目进行归集。若研发人员同时参与两个或两个以上项目,应按统计的工作量进行分摊。如申报企业因不能准确地对工作量进行统计而经常采用其他方法进行分摊,应检查其分摊的合理性。

(四) 研发材料费用的认定

1. 常见问题

企业实际发生的研发费中的材料费品种繁多,部分领料单上亦未写明具体用于什么研究开发项目,直接投入的认定和分配缺乏可靠的依据。此外,很多申报企业特别是中小型企业以前年度并没有独立设置研发费用科目,发生的研发费分别记载于不同的会计科目,如实验车间成本、管理费用、其他业务支出、在建工程、专项应付款等,而不同会计科目之间又不存在对申报明细表而言的勾稽关系。因此,申报企业将非研发材料成本计入研发直接投入中的人为操作空间很大。判断企业申报领用的材料是否真正用于研究开发项目,便成为难题和审计关键点。

2. 解决方案

(1)对于日常生产领用材料和研究开发领用材料的区分,除通过重点检查管理费用、原材料明细账、原材料购入、发出、结存明细表、相关费用分配表等外,审计人员还可以考虑进行如下分析判断:

1)结合研究领域和研究路线,总量领用的合理性判断;

2)研究开发材料领用的月均波动情况是否合理;

3)领用材料与研究开发项目的相关性判断,必要时可以考虑利用外部专家工作,如聘请行业专家,对研究开发项目有关直接投入的品种、数量、质量等,因素的合理性、相关性进行评价;

4)重点对研究开发材料所形成的实物成果进行盘点及残次品的销售进行综合判断,如电缆生产企业研究开发项目领用的铜等重要材料,在考虑残次品销售的前提下,需要对期末实物库存的合理性进行判断。

(2)对于直接购入的能源材料等,需要通过检查购入发票、运输单据、入库单、领料单等确认其真实性,并聘请相关行业专家,确定购入的能源材料等与研究开发项目的相关性。

(3)对动力费用、共同使用的模具、样品、样机及一般测试手段购置费等,可以采用工作量等合理的方法,分摊计入各研究开发项目成本。

(五)固定资产投入的确认

1. 常见问题

固定资产,是指为开展研究开发活动购置的仪器和设备以及研究开发项目在用土地使用权和建筑物,包括研究开发设施改建、改装、装修和修理支出。

如何认定固定资产是否为研究开发活动所用,是注册会计师审核工作的重点之一。大部分企业不能严格区分生产用和研究开发用固定资产,同一件设备或建筑物不仅用于生产,也用于研究开发活动。非专门为研究开发购置的固定资产是注册会计师分析判断的难点。

2. 解决方案

(1)重点检查固定资产明细账、凭证;检查申报企业年度新增固定资产的发票、固定资产的申购单、入库单、验收单;实地查看该部分设备,核对资产用途(检查使用说明书等),确定其是否真实存在,是否用于研究开发项目。

(2)结合固定资产盘点,核对与研究开发活动相关的固定资产是否账实相符;检查购入时已计入研究开发支出的固定资产,是否单独管理。

(3)对属于与生产经营共同使用的固定资产,检查分摊方法是否合理,且前后各期是否保持一致,分摊的金额是否正确。

(六)设计费用的确认

1. 常见问题

设计费用是指为新产品与新工艺的构思、开发和制造,进行工序、技术规范、操作特性方面的设计等发生的费用。部分申报企业由于设立的研究开发机构较简单、研究开发人员力量薄弱,经常会将一些新产品或新工艺的设计外包,且不少企业并未与外包单位签订相应的合同,或者签订的合同还包括了申报研究开发项目以外的其他项目的设计费用。从而较难确定设计费用的合理性,且外包性质的设计费用容易与委托外部研究开发费用混淆。

2. 解决方案

(1)重点检查管理费用明细账——研究开发费用明细科目或研发支出明细账,检查设计费用支出的发票、付款申请审批单据,确认设计费用发生的合理性、真实性及准确性。

(2)对于外包设计费,应重点检查合同、协议、付款凭证、发票,并分析合同、协议的实质性内容,判断是否属于为新产品、新工艺的开发进行的技术规范和操作方面的设计而发生的费用;若合同或协议实质表明,外包内容系委托外部开发机构进行实质性改进技术、产品和服务活动,且与企业的主要经营业务紧密相关,则应归属于委托外部研究费用,应要求被审计单位据实调整并列报。

(3)注册会计师应走访被审计单位的设计、研究开发部门,或向外包单位进行函证确认,以正确区分外包设计费和外包研究开发费,必要时,应考虑利用专家工作。

(七)装备调试费的确认

1. 常见问题

装备调试费,主要包括工艺装备准备过程中研究开发活动所发生的费用,如研制生产机器、模具和工具,改变生产和质量控制程序,或制定新方法及标准等。为大规模批量化与商业化生产所进行的常规性工装准备和工业工程发生的费用,不能计入装备调试费。然而,一些用于研究开发活动的机器和模具,也可能用于生产。如何区分是用于大规模批量化和商业化生产,还是用于研究开发活动应重点关注。

2. 解决方案

(1)检查是否属于工装准备过程中研究开发活动所发生的费用,如研制生产机器、模具和工具,改变生产和质量控制程序,或制定新方法及标准等。

(2)检查相关费用的核准、支付是否符合内部管理办法的规定,是否与原始凭证相符。

(3)检查是否存在列入为大规模批量化和商业化生产所进行的常规性工装准备,及工业工程发生的费用的情形。

(八)其他费用的确认

1. 常见问题

其他费用与研究开发项目相关性、真实性、完整性的认定,存在较大错报风险。

2. 解决方案

(1) 重点检查管理费用明细账或研发支出明细账、费用分摊表，确认费用支出与研究开发项目的相关性及费用分摊的合理性。

(2) 关注如办公费、通讯费、专利申请维护费、高新科技研究开发保险费等其他费用，是否属于为研究开发活动所发生的，是否存在列入与研究开发项目无关的其他费用的情形。

(3) 检查相关费用的核准和支付是否符合企业内部管理的规定，是否与原始凭证相符。

以上是审计人员拟定的审计方案。

11.3 审计目标

(1) 会计账簿中记录的研发经费已发生，且与被审计单位有关。

(2) 所有应当记录的研发经费均已完整记录。

(3) 与研发经费有关的金额及其他数据已恰当准确记录。

(4) 研发投入已记录于正确的会计期间和截止规定日。

(5) 研发投入已记录于恰当的账户。

(6) 研发经费已按照企业会计准则的相关规定在财务报表中做出恰当的列报。

11.4 计划实施的实质性程序

(1) 获取申报的研发投入明细表。企业年度研发投入明细表中记录的研发投入在会计期间已发生，且与申报企业有关。所有应当记录的研究开发费用均已记录。与研发投入有关的金额及其他数据已恰当记录。研发投入已记录于正确的会计期间。研发投入已记录于恰当的账户。

(2) 复核加计申报表是否正确，并与报表数、总账数及明细账合计数核对是否相符。

(3) 将研发投入中的职工薪酬、无形资产摊销、长期待摊费用摊销额等项目与各有关账户进行核对，分析其勾稽关系的合理性，并做出相应记录。

(4) 对研发投入进行分析。第一，计算分析研发投入中各项目发生额及占费用总额的比率，将本期、上期研发费用各主要明细项目作比较分析，判断其变动的合理性。第二，将研发投入实际金额与预算金额进行比较。第三，比较本期各月份研发投入，对有重大波动和异常情况的项目应查明原因。选择重要或异常的研发费用，检查费用的开支标准是否符合有关规定，计算是否正确，原始凭证是否合法，会计处理是否正确，必要时做出适当处理。

(5) 检查研发投入的明细项目的设置是否符合规定的核算内容与范围，结合成本费用的审计，检查是否存在费用分类错误，若有，应提请被审计单位调整。

(6) 检查研发投入是否在财务系统中已核算，检查相关费用报销内部管理办法，是否有合法原始凭证支持。

(7)检查会议费、差旅费、国际合作交流费是否在合规范围内与项目相关开支费用。

(8)检查材料费、测试化验费、燃料动力费、工资薪酬及劳务费、出版/文献/通信/信息/知识传播等费用、其他费用,是否在合规范围内与项目相关开支费,是否认定正确。

(9)复核知识产权年费是否与项目研发有关。

(10)结合相关资产的检查,核对本年购入的设备、建筑物、土地使用权、无形资产是否与研发项目有关,核对有关批复。

(11)确定研发投入是否已按照企业会计准则的规定在财务报表中做出恰当的列报。申报的研发投入已按照统计和××市研发投入相关文件的规定恰当地列报和披露。

11.5　了解企业研发项目从立项到验收的主要业务环节

研发投入审计涉及的内容很多,审计人员需要掌握研究与开发的基本流程。该流程主要涉及立项、研发过程管理、结题验收、研究成果的开发和保护等。其中研发过程管理还具体包括样本的试制、小试、中试,这其中还涉及到项目中的人员绩效考核、设备材料的购置、项目进度的控制、项目的效益等。

该企业是以嵌入式软件开发为主营的公司,主要开发嵌入式管理软件。经实地了解,嵌入式管理软件的研发主要流程包括可行性分析、项目立项、需求分析、开发策划、设计阶段、编码实现、测试阶段及项目验收8个阶段。一般来说,开发项目在通过前期市场调研和项目可行性论证,并报经公司批准立项后即进入开发阶段,因此,企业以项目立项阶段的完成作为划分研究阶段与开发阶段的时间节点。

具体说来就是如下六步。一是立项环节。研发部门根据市场部反馈的市场需求信息,对研发的项目进行立项。立项之后研发部门会形成产品设计图。二是工艺确定环节,也就是说该如何去生产的具体流程。具体说就是生产部门的工艺技术人员会根据设计图和物料清单(Bill of Material,BOM)表来确定产品加工工艺,制定材料消耗工艺定额、设计工艺装备并负责工艺工装的验证和改进工作。三是模具部会自行开模,或者业务部将开模做样品外协给企业的外协单位,之后外协单位及生产部门根据研发部门给的物料清单以及生产工艺卡试生产样品。四是质检部门对生产出来的样品进行论证。五是财务成本核算员还会对产品的成本售价进行预估,看看是否要用一些廉价的材料来代理以保证产品的合理利润。六是小批量生产与中试,最终产品进行量产开始对外销售。

审计过程中重点关注:研发项目进入开发阶段后,研发支出形成无形资产是否存在重大不确定性;研发项目是否符合基本准则中的资产定义,是否能够形成带来未来经济利益的无形资产;研究阶段与开发阶段的划分标准在不同的会计期间是否遵循一贯性原则。

11.6　获取充分的审计证据

(1)检查研发项目的基本资料,包括可行性研究报告、立项审批、测试报告、验收报告、相关协议、董事会纪要等,通过这些资料,判断企业的研发项目是否真实存在。

(2)检查公司管理层对研发项目符合研发支出资本化5项条件的分析说明材料,并与研发项目基本资料中所涉及的相关内容进行比对、复核。

(3)结合对公司整体层面的分析,考虑管理层是否存在利用研发支出资本化进行盈余管理的动机。

(4)检查以前年度研发支出资本化项目实现收益,并与管理层预期收益进行对比,分析是否存在重大差异及差异原因,评价管理层判断是否遵循了客观、谨慎原则。

(5)通过分析程序,与同行业公司的研发支出情况进行比较,分析是否存在重大差异,并关注差异原因是否能够得到合理解释。

(6)测算单位认定的研发投入是否合规合理。审计人员在面对不同的项目进行研发投入归集测算时,需要注意如下几点:

1)不同项目的投入可归集范围是否不同,是否与国家和×××市的相关文件相违背;

2)企业认定的研发投入是否得当,是否符合国家和××市的相关文件政策;

3)针对不同项目特点,遵循"就多、不重复"的审计原则;

4)通过不同项目的审计加深差异理解,再反馈到平时的归集。

(7)在资产负债表日后事项的审计中,应对已经资本化的研发支出进行复核,判断其赖以资本化的条件是否仍然存在。如果研发项目发生变更,导致研发支出不再符合资本化的条件,应考虑是否属于调整事项。

11.7　审计人员了解和掌控项目开发的风险预警指标体系

风险源于不确定性,有效信息增加就意味着不确定因素的减少和风险的降低。研发活动本身就充满着风险。研发过程可以看成公司为了进行商业化生产,把有关市场机会和技术可行性的科研资源转化为高科技含量产品的过程,是一个不确定性逐渐减少的过程。

由于研发活动被看成是一个信息的收集、评价、处理、传递和应用的过程,在研究开发过程中,这些资源通过各种媒介,包括人脑、纸张、计算机内存软件和其他形式,被创造、过滤、储存、组合分解和转化,最终这些信息就表达为详细的产品和过程设计,最后进入生产过程。

研发小组中来自不同职能部门的人扮演着不同的角色,比如,市场营销人员主要立足于降低有关市场营销信息的不确定性。因此加强不同职能部门的人员(如研发、市场营销、工程、制造),以及外部顾客和供应商之间的交流,能实现信息共享,降低不确定性,从而降低风险。

研发人员和审计人员的任务就是最大限度地收集关于用户信息技术和竞争环境以及所需资源的信息。有效信息越多,不确定性越低,产品获得商业化成功的可能性越大。

我们对研发费用的审计不能轻视。它就是一场综合性战役,它就是公司核心人员、核心能力的比拼。这里涉及销售、采购、资产、资金、外包、工程项目、合同管理、组织架构、信息安全等方方面面。

这是关键的审计要点,审计人员要从风险及指标角度出发看问题,可以量化和直观地告诉研发项目情况和经费投入情况,而且只要形成量化指标,审计人员就可以横向和纵向进行对比,就为审计人员指明了前进的目标。根据企业的规模和技术储备状况的了解,完成这样的目标,就是业务人员和审计项目的意义所在。

在任何审计项目开展前,我们需要针对我们所关注的问题判断风险所在和建立对应的预警指标。预警指标能量化风险,给我们以直观感受。比如一个研发项目往往主要面临论证、技术、进度管理、资金和系统环境风险等,其余如政策、法规和自然风险等。针对这些风险,我们可以联系多个部门数据一起看,建立诸如"新产品的销售完成率""新产品计划完成率""新产品市场投放成功率""顾客反馈问题解决率",就可以了解研发项目成功的真实情况。

项目开发的风险预警指标体系包括:

(1)范围情况。市场调研新技术客户需求新技术不明确定义,或通过查新,了解项目研究的状态。

(2)决策情况,是抓住时机还是时机延误。这就是立项阶段的问题,对公司的立项未建立设计评估和充分的市场信息调研,不真实的立项数据和条件参数被纳入立项决策中考虑,缺少立项终止条件设置。企业应当根据实际需要,结合研发计划,提出研究项目立项申请,开展可行性研究,编制可行性研究报告。企业可以组织独立于申请及立项审批之外的专业机构和人员进行评估论证,出具评审意见。审计需要资料:可行性研究报告、专家评审意见、政府立项批复文件、查新报告等。如果是过时的,早已在国外研究成功的技术项目,应停止立项,减少损失,通过其他渠道解决。

(3)论证阶段要了解创新度、资源投入过多或过少情况。研究项目应当按照规定的权限和程序进行审批,重大研究项目应当报经董事会或类似权力机构集体审议决策。审批过程中,应当重点关注研究项目促进企业发展的必要性、技术的先进性以及成果转化的可行性。审计所需资料:节点审批、审批要素、加班费清单。

(4)项目成本投入情况,包括时间长短、是否存在舞弊等现象。项目人员能力不足。设计人员能力不到位,设计存在缺陷,决策人员拖延审批时间,一个研发成员同时负责好几个不关联的项目,这些就是有问题的,这就属于资源未有效配置。未合理配备专业人员,严格落实岗位责任制,无法确保研究过程高效、可控。审计所需资料:岗位责任制、专业人员资格、人员配备情况。

(5)了解技术情况,是否太复杂、不成熟,设计是否科学,技术路线是否可行。

(6)设备情况,研发过程是否必须购买设备。支撑条件是否满足。

(7)公司系统运营情况,诸如公司新技术与客户沟通、供应商、分包商的运营能力及确认,研发项目采购定点及外包问题。

1)供应商定点:研发中使用的材料一般情况下是研发部门自行去开发寻找的,因此一般在试制、小试的时候,材料是由研发部去寻找,至于中试以及量产的材料一般都是采供部进行。这里容易出现研发绑架采购的情况,比如研发人员指定是某厂家的材料,并声称只有他家的材料产品才合格,其他家的产品都不行。企业研究项目委托外单位承担的,应当采用招标、协议等适当方式确定受托单位,签订外包合同,约定研究成果的产权归属、研究进度和质量标准等相关内容。审计所需资料:招标、外包合同等。

2)资质:审核企业与其他单位合作进行研究的,应当对合作单位进行尽职调查,签订书面合作研究合同,明确双方投资、分工、权利义务、研究成果产权归属等。审计所需资料:尽职调查、合作研究合同等。

(8)变更情况。当研发出现不可预测问题时公司或项目组的应对处理能力。

(9)研发项目的材料情况。在项目研发过程中,往往存在研发项目的管理问题。信息沟通不到位,是信息沟通不畅导致 BOM 未及时更新。BOM 表上面会注明物料编码、物料名称、规格、数量。有些公司管理不好,同一个物料有多个编码或者物料名称,研发领料和生产部门的物料混在一起,这样研发领料和生产领料就会出问题,继而导致生产出来的产品存在质量问题或核算研发费用不准确。另外,研发部门由于设计变更频繁,对 BOM 控制的版本不是很严格,产品出现质量问题或研发费用归集错误。

往往生产部门是根据系统中 BOM 表进行安排生产计划并从仓库领料,而研发部门或者计划只是以口头或者联络单来通知产品中某些物料需要更换或者使用替代材料,计划或者生产部门可能会因为查看不仔细,比如某某物料可能物料代码前面都一样,就最后一位不同,就容易导致信息不畅,结果产品出现问题,因为生产或者组装一件产品需要成千上万个物料。由于信息沟通不畅 BOM 未及时更新。

研发中的材料管理。如果是采购部负责研发材料采购的,一般研发部门在领用材料的时候,用的单据还是公司通用的领料单,只是在领料单上注明研发项目代码以及用途。当然有些公司还搞了研发专用领用章,以避免与生产领料混同,并对样品进行盘点了解样品保管的情况,关注研发样品被挪用情况。检查外协打样费用是否合理,市场调查外协打样的情况,比如下单又生产的是否可以不支付打样费等。

在研发的过程中,会遇到设计变更,导致领用的部分材料无法使用,则需要退还给仓库。有时出于成本考虑,部分物料会存在替代品。生产部门领料错误且产品质量存在问题;产品未经小试中试即投入生产,导致质量问题。审计所需资料:设计变更申请单、BOM 表、联络单、样品清单、打样费支付凭证。

(10)验证完成情况,包括合规性的检查和研究目标完成情况。企业是否跟踪检查研究项目进展情况,评估各阶段研究成果,提供足够的经费支持,确保项目按期、保质完成,有效规避研究失败风险。研发项目进度控制不力,延误产品上市机遇期。研发项目的控制主要是研发进度及效率的控制。有些项目一拖延就是几年,这样严重耽误了产品上市。就像衣服,过季后就要打折了,为赶进度增加人手和加班费用。单项决策、分节点审批时间过长延误整体研发时间。研发项目验收方面,审计人员检查项目进度情况,是否存在部分项目长期未结项的情况,分析其形成的原因,向销售人员了解目前市场上的产品销售情况,近两年销售的是原产品还是新开发的产品等情况。

企业是否建立和完善研究成果验收制度,组织专业人员对研究成果进行独立评审和验收。企业对于通过验收的研究成果,是否委托相关机构进行审查,确认是否申请专利或作为非专利技术、商业秘密等进行管理。企业对于需要申请专利的研究成果,是否及时办理有关专利申请手续。审计所需资料:长期未结项、评审验收、专利申请手续。

(11)成果情况,转化不足或保护不力,可能造成研究成果转化重大问题。研究成果保护不到位。研发中的资料需要严格保密。

1)有些公司的研发部门是禁止上网的,要上网也只能上内网,而且禁止拷贝数据,因此USB接口之类的都是封闭。研发资料的借阅需要授权,一般都是禁止将资料进行复制以及外带出公司。

2)研发资料的信息安全。这个就与信息系统审计一般安全审计相结合了。比如电脑的开机账户密码设置,离开时的锁屏设置,资料的接触控制;使用信息管控软件,只要是向外网或者U盘发资料就会变成乱码;研发资料的合理整理,电子化的文档是否已经进行分类便于筛选和搜索。

3)资料丢失且未归还。核对资料目录,是否存在资料外借且很久未归还的情况。

4)核心研究人员管理。建立制度、人员清单、离职移交程序、保密义务、竞业协议。审计所需资料:资料目录、资料借用申请单、制度、移交清单、信息安全制度、保密制度。

(12)研发项目的财务核算情况。检查技术图书资料费、资料翻译费是否有书面的资料,比如图纸;材料、燃料和动力费用中,材料与燃料是否有明确的领用说明,另外动力费是否有单独的电表在计算;检查研发用的设备费用是否一次性记录入研发经费;检查专门用于中间试验和产品试制的模具、工艺装备开发及制造费等费用是否单独归集。审计所需资料:会计凭证、预算完成情况、领料单。

11.8 出具审计报告

2020 年度研发经费投入奖补
专项审计报告

××普字〔2021〕第××号

××市科学技术局:

我们受贵局委托,对××能源集团有限公司(以下简称"××")2020 年度研发经费投入奖补项目申报资料及数据进行了专项审核。××对其提供资料的完整性、真实性和合规性负责。我们的责任是依据《中国注册会计师审计准则》《××市科学技术局关于 2020 年××市企业研发投入奖补资金的申报通知》《××市关于支持企业研发经费投入补助奖励办法(试行)的通知》(市科发〔2020〕87 号)、《研究与试验发展(R&D)投入统计规范(试行)》等文件,对××提供的资料进行专项审核并发表审核意见。在专项审核过程中,我们结合××的实际情况,实施了包括实地检查、复核企业申报资料、现场查阅会计资料及相关资料等我们认为必要的审核程序,现将审核结果报告如下:

一、企业基本情况

××系企业申报及研发经费核算审核结果

1. 经核查××市统计局填报系统，××已纳入××市统计局研发投入经费统计调查范围，本次申报（R&D）投入数 11 746.00 万元与市统计局填报系统数据 11 746.10 万元不一致，差异原因是统计局填报系统数据取整，为小数尾差造成。

2. 经审核，××建立了研发经费投入辅助账，且研发经费投入符合统计和财务管理要求，如实归集企业内部研发经费。××申请补助奖励企业的研发经费投入包含子公司××爆破器材股份有限公司和××能源科技有限公司研发经费投入。

二、R&D 研发经费投入审核结果

1. 经审核，××2020 年度研发经费投入项目共 525 个。

2. 2020 年研发经费投入申报 11 746.00 万元，其中：日常性支出 11 746.00 万元。审计认定 2020 年度研发经费投入 10 050.93 万元，其中：日常性支出 10 050.93 万元；其中：来源于政府资金 4 474.00 万元，企业资金 5 576.93 万元。

3. 经审计，××2020 年度营业收入申报数为 736 450.84 万元，审定数为 736 450.84 万元。2020 年度营业收入 736 450.84 万元，已经××会计师事务所（特殊普通合伙）审计出具"××字(2021)12061 号"审计报告确认。

××2020 年度营业收入 736 450.84 万元为能源集团 15 家单位的合并数据。此次申报的研发投入数为××科技有限公司、××股份有限公司和分公司××集团有限公司××公司三家数据。以上三家合并和汇总收入为 147 342.00 万元。

综上，××2020 年度研发经费投入奖补审定基数为 5 576.93 万元，2020 年度营业收入审定数为 736 450.84 万元。

三、本报告适用范围

本报告仅供 2020 年度研发经费投入奖补项目使用，不得用作其他用途。使用不当造成的后果，与执行本业务的注册会计师及本会计师事务所无关。

附件：

1. ××市支持企业研发投入资金审计意见表
2. R&D 经费内部支出审计明细表

××会计师事务所　　　　　　　　　　　　　中国注册会计师：

有限责任公司　　　　　　　　　　　　　　中国注册会计师：

2021 年 10 月 20 日

附件1：

××市支持企业研发投入审计意见表

会计事务所名称（公章）：×××会计师事务所有限公司

企业名称：××能源集团有限责任公司

金额单位：万元

R&D活动开展情况	企业2020年度R&D经费支出内容和项目	R&D项目（或课题）数量（个）	申报数	审减（增）数	审定数	审减（增）原因
		322	−203	525.00	核减××爆破器材股份有限公司单独申报项目6个，核增实际发生项目209个
R&D经费内部支出数（万元）	一、日常性支出（经常性支出）		11 746.00	1 695.07	10 050.93	
	1.人员人工费用		2 445.00	528.90	1 916.10	核减××爆破器材股份有限公司人工费528.90万元
	2.直接投入费用		6 720.00	593.70	6 126.30	核减××爆破器材股份有限公司直接投入费用593.7万元
	3.设计费用		25.00		25.00	
	4.装备调试费用与试验费用		377.00	0.50	376.50	核减××爆破器材股份有限公司装备调试费用0.5万元
	5.其他费用		2 179.00	571.97	1 607.03	核减××爆破器材股份有限公司其他费用106.9万元，核减××公司146.11万元，××分公司折旧318.96万元
	二、资产性支出（投资性支出）					
	1.当年形成用于研究开发的固定资产					
	2.当年新购入的用于研发的计算机软件、专利和专有技术支出					
	3.其他资产性支出					
	三、R&D经费内部支出合计		11 746.00	1 695.07	10,050.93	
	政府资金		4 474.00	4 474.00		
	企业资金		7 272.00	1 695.07	5 576.93	
	境外资金					
	其他资金					
企业2020年R&D经费投入补助基数			11 746.00	1 695.07	5 576.93	
企业2020年度营业收入			736 451.00		736 451.00	

附件2:

R&D经费内部支出审计明细表

公司名称：××能源集团有限公司　　2020年度　　单位：万元

研发项目名称/合计	一、日常性支出						二、资产性支出				三、R&D经费内部支出合计
	1.人员人工费用	2.直接投入费用	3.设计费用	4.装备调试费用与试验费用	5.其他费用	小计	1.当年形成用于研究开发的固定资产	2.当年新购入的用于研发计算机软件、专利和专有技术支出	3.其他资产性支出	小计	
合计	1 916.10	6 126.30	25.00	376.50	1 607.03	10 050.93					10 050.93
93-1060	0.63	0.13			0.01	0.77					0.77
93-1052	0.14	0.70		0.06	1.12	2.02					2.02
93-534	0.11	4.21			0.23	4.55					4.55
93-936	0.11	1.68			0.15	1.94					1.94
93-582	0.67			0.04	0.40	1.07					1.07
93-906	0.16	2.47		0.02	1.17	3.84					3.84
93-1065	0.82	0.54		0.02	0.02	1.40					1.40
93-344	1.27	8.17		0.03	3.22	12.69					12.69
工时统计系统	40.16	138.28		4.50	9.71	192.65					192.65
产供销一体化系统	155.98	552.05		36.82	46.81	791.66					791.66

企业（公章）：　　　　　　　　　　　　　　中介机构签字（公章）：

日　期：　　　　　　　　　　　　　　　　　日　期：

第 12 章 改进会计师事务所对中央(地方)财政资金和其他资金研发项目经费审计体系的建议

近年来,国家不断深化科研资金管理改革,围绕优化国家重点研发计划资金管理,相关部门相继出台了一系列改革举措,帮助会计师事务所审计人员加强对国家重点研发计划项目及其他项目资金的管理,帮助会计师事务所把握好政策,做好结题审计工作,促进科研经费合规、合理使用。本书针对前面调查分析材料,提出改进会计师事务所中央财政资金科研经费审计体系的建议。

12.1 建立健全对会计师事务所的审计监督机制

建立健全互相配套、互相制约的系统监督管理制度尤为关键。会计师事务所有效的内部控制制度是保障其经济受托责任履行的内在要求。一是要落实注册会计师项目责任制。完善会计师事务所自上而下的逐级授权制度的建设,按照目标管理方式,层层落实领导责任制和法人负责制,防止虚报告。二是把程序化管理作为制度建设的核心内容。通过制定相关的制度程序,使科研项目经费审计、使用、管理形成相互制约和相互监督的关系。三是明确专门部门归口管理,落实对事务所的审计监督,诚信制度政府落实到实处。落实项目监督审计督办制度,其核心是保障每项科研项目审计工作的运作都按照制度和程序执行。对不诚信会计师事务所的放行是对诚信单位的极大伤害。这种伤害,甚至是对科研活动的伤害,是人心的丧失。

12.2 强化"政府宏观指导＋主管部门日常监管＋内部审计监督＋社会机构审计"互相监督模式

借鉴美国、日本、英国的经费监管模式,研发机构均采取了"政府宏观指导＋主管部门日常监管＋内部审计监督＋社会机构"模式。以美国科研机构为例,其内部控制主要反映在机构内部监管组织建设和监督制度落实上。在组织设置方面,三家机构内部均设立了经费监督机构。对我国政府来说,应加强会计师事务所的监督检查,采用事后追踪、目标导向等方法,倒查会计师事务所的审计质量。四方单位互相监督,相互制约,有利于科技工作者科研活动开展和取得科研成果。

12.3 把提升我国的竞争力和创新活力作为科研经费审计工作基点

提高科学、技术、工程和数学领域的研究质量,保持科技创新,是我国维持经济长期竞争活力的关键。会计师事务所及财务专家应参与科研项目的概算和预算,以加强研发支出、增强我国竞争力为目标,政府主管部门应明确授权相关中介机构关注研发资金的分配和使用情况的审计咨询服务。落实对研发资金的监督责任,主管机关应定期对会计师事务所结题审计的项目进行再审计,要检查会计师事务所是否正确履行审计职责,要保证科研经费的合法、合规、有效使用。

12.4 加强过程管理和项目执行程序管理审计

结合目标实现后的科技成果,结合科技成果转化情况,重视对我国重点科研机构和重大关键项目的审计力度,关注研发部门的商品采购情况、劳务支付情况、科技成果检验情况,以保障科学研究和工程创新成果真实,关注其受益领域广泛的程度;还需根据合同约定检查后续应付未付资金支付情况;检查合同管理方面,是否存在支付不及时、监管不到位等问题;检查财务报告的质量,在财务报告鉴证环节,独立的注册会计师是否没能发现会计程序中的明显错误,导致生成的财务数据不准确;检查项目(课题)承担单位内部控制及执行情况。检查部门应与内部审计和外部审计充分沟通,保障财务报告数据的真实性、完整性。

12.5 提高管理理念,优化审计环境

政府主管部门应重视研发主体和会计师事务所审计外部环境等诸多环节,注重发现制约研发活动和审计活动体制性问题。对科研领域成果转化方面进行全方位的追踪审计,这是应用性科研成果检查最有效的方法。会计师事务所应从资金扶持、成果转化利用等方面提出建议,督促相关机构优化外部环境,保障研发活动有序健康发展。

12.6 配合管理部门从国家治理的高度选择项目视角开展审计

科研经费及其相关领域的重要特征是科学研究和技术研发关乎国家创新驱动发展战略能否按期实现,直接影响我国在全球竞争中的地位。因此,需要从持续提高我国全球竞争力的高度重视审计工作,并从大项目的角度选择审计切入点,合理配置审计资源。借鉴美国方

面的经验,2007年的《美国竞争法案》以及2010年的《美国竞争再授权法案》,是美国走向21世纪的创新经济道路的重要里程碑,据此,美国审计署高度重视这一领域的科研经费审计。从审计对象看,不但涵盖美国国家科学基金会、美国国家标准与技术研究院、美国能源部等承担科研项目管理的部门,而且涉及美国预算管理办公室与美国科技和技术政策办公室这两大联邦核心部门。对我国来说,应当以推动完善国家治理,促进国家竞争力提高为出发点,科学选择审计项目,做到立意宏观,人手微观,在查深、查透、查实过程中,找出科研经费管理过程的瓶颈,从而有效发挥审计在科研经费管理中的监督和保障作用。因此,科技项目是探索的过程,有时与一般的财务、审计理念不同,不论是在项目立项预算论证,还是项目结题审计方面,要遵循科研活动规律,突破旧有的财务和审计惯性思维,对项目主管部门开展绩效评价,要从国家治理的战略高度选择项目进行全方位和跟踪审计。

12.7　审计范围应覆盖各个研究主体

科研经费审计并非只关注科研院所。从美国审计署的实践看,从企业到学校,从美国国家科学基金会到美国财政部与美国科学和技术政策办公室,科研经费审计涉及不同主体、不同环节,被审计对象的层级也涵盖联邦政府运行的方方面面。因此,凡是涉及科研管理、科研经费使用的部门单位,都应纳入科研经费审计的覆盖范围。比如政府有关部门,产学研各研发主体等都应纳入审计范围;科技政策是否贯彻落实,科研经费分配、拨付机制是否科学,规模是否充足,拨付是否到位,成果转化是否及时,都是审计的内容重点。

12.8　加强对会计师事务所和审计人员的指导

基于与政府审计共同的审计目标和内容重点,政府主管部门应重视对公计师事务所和审计人员的业务指导。我们也应当落实国务院关于加强审计工作意见中有关审计的要求,重视对科研经费有关领域被审计单位审计部门的业务指导。审计人员不但要懂财务和审计知识,更要了解科研专业知识,尤其是了解科学家的研究内容。因为科研项目经费审计不仅仅是经费审计,它还建立在具体项目科研的基础之上,这样才能判断项目经费支出的相关性,又要在此基础上,才可判断支出的经济性。如果审计人员对技术一窍不通,就不能透彻理解项目内容,审计工作也不可能做到十分完美,达不到审计和技术的完美结合。另外,不能用基础理论研究套用示范性科研工程项目,因为基础性理论研究不需要耗用大量的材料费用等实体性物质材料,消耗的是科学家的脑力和精力,不同的领域不同的研究内容,其经费支出特点也不一样,不能千篇一律,照搬文件。

12.9 管理部门充分发挥内审和其他审计机构的互相监督作用

管理部门要加强对项目经费管理的过程性审计和监督,充分发挥内审和其他审计机构的作用。审计监督是最容易及早发现并及时纠正各种经费使用中问题的手段。项目主管部门、内部审计部门、社会审计机构不仅要做好本项目的职能工作,还要互相监督互相促进,该管的管好,不该管的服务好;通过经常性审计,前移监督关口,变事后监督为事前、事中监督和适时监督;要围绕项目经费资金流向、财务变动等情况,以预警防范为目标实施全过程的跟踪和监督,及时发现和反馈管理中的突出问题并进行纠正,一方面确保经费安全,另一方面高质量地促进科研活动的开展。

12.10 建立健全科研项目(课题)绩效考评体系和会计师事务所审计质量考评体系

把绩效评价作为评价体系的重要内容,通过绩效评价,设置合理科学的评价指标体系,使管理部门能够适时关注掌握所属单位的工作质量情况,工作进度与整体目标是否一致,经费管理使用是否存在偏差。调整激励机制,按照"考核评价与考核结果,与奖惩相挂钩"的原则,建立健全奖惩机制。同时,上级主管部门应根据审计结果报告的问题,对审计中发现的问题,区别不同性质,采取相应的查处措施,严格管理和教育,杜绝违规违纪现象的发生。严格的处理、处罚是一种有效的教育和强化管理的手段,有利于约束管钱管物及科研人员的经济行为,从源头上切断滋生违法违纪的经济基础。

会计师事务所项目(课题)审计质量考评体系,应该包括如下内容。

(1)项目(课题)概况,包括项目(课题)编号,项目(课题)名称,项目(课题)承担单位,项目(课题)结题审计会计师事务所。

(2)审计报告格式的规范性,包括审计报告为系统打印的正式版本,审计报告基本要素是否齐全,是否按照中国注册会计师协会颁布的《中国注册会计师职业准则》和《中央财政科技计划项目(课题)结题审计指引》框架出具报告。

(3)审计报告内容是否完整,包括应披露而未披露的事项;对比参考模板,报告内容无缺失;报告内容不完整,但不重大影响审计结论和审计质量,不会产生重大歧义;审计报告内容披露不完整,存在重大遗漏,对审计结论存在重大影响;审计报告附表和正文论述出现差异或错误,是否重大差异影响,对审计结论是否存在重大影响;审计报告中披露问题是否相互矛盾。

(4)审计基准日确定的准确性,包括审计基准日认定错误,或者项目中各课题审计基准日是否一致。

(5)分别单独核算认定准确性。中央(地方)财政资金和其他来源是否单独核算,认定错

第12章 改进会计师事务所对中央(地方)财政资金和其他资金研发项目经费审计体系的建议

误或正确。

(6)项目(课题)核算是否正确,是否采用零余额财政资金额度账户进行核算,审计报告是否存在或予以纠正进行了披露。

(7)审计报告附件的完整性。审计报告附件齐全,审计报告中的问题和披露事项支撑依据充分;审计报告附件部分缺失,审计报告中的问题和披露事项支撑依据不足;审计报告附件严重缺失,审计报告中的重要问题支撑依据不足,严重影响审计结论。

(8)审计报告问题披露的完整性。通过查看审计报告附件等相关资料,判断附件中存在的问题是否在审计报告中全面披露。例如:附件课题支出的明细账是否由单位的财务核算系统直接打印,财务核算系统核算的课题支出明细账与审计报告认定差异是否存在矛盾,明细账中不合理不规范的支出是否在审计报告中予以认定。完整,未发现明显异常;不完整,披露的问题存在遗漏;严重不完整,重要问题未披露。

(9)审计报告认定的所有准确性。披露的问题及支出数是否认定准确。

(10)审计报告披露的问题表述情况。问题描述清楚清晰具体;问题描述含糊或表述不清。

(11)技术专家存在的异议。其包括在验收或其他环节,技术专家对其重大支出存在异议的情况,审计报告未披露的情况;经费支出与技术研究路线和研究目标重大偏离未予充分披露的情况;经费支出与有重大技术事项调整是否利用了专家工作。

(12)其他需要说明的审计报告存在的重大事项。

根据以上评审,总体评价意见包括:

1)良好(报告文字表述清晰,所列事项客观、准确,不存在重大问题,审计报告较好);

2)一般(审计报告存在认定不准确、披露问题不完整等);

3)较差(审计报告存在问题认定不准确、存在重大错报现象、严重失实等情况)。

参 考 文 献

[1] 中国注册会计师协会.中国注册会计师执业准则[M].北京:经济科学出版社,2010.
[2] 姜桂兴,许婧.世界主要国家近10年科学与创新投入态势分析[J].世界科技研究与发展,2017,39(5):412-418.
[3] 王一鸣.新发展阶段我国科技创新的新路径[C].北京:2021搜狐财经峰会,2021.
[4] 中华人民共和国财政部.企业会计准则[M].合订本.北京:经济科学出版社,2019.
[5] 中华人民共和国财政部.企业会计准则应用指南[M].上海.立信会计出版社,2021.
[6] 曹锡锐.施工企业执行新会计准则讲解[M].北京:中国财政经济出版社,2007.
[7] 陈春霞,宋振水.研究与开发费用会计处理的国际比较[J].经济师,2006(7):128.
[8] 王怀民.软件开发范式的变革[J].中国计算机学会通讯,2022,18(2):29-31.
[9] 程如烟,许诺,蔡凯.中美研发经费投入对比研究[J].世界科技研究与发展,2018,40(5):444-453.

后 记

多年来,笔者一直从事科研经费审计、培训、咨询、检查和评审工作,包括中央财政资金的检查、个别省市财政资金的检查和评审工作,走遍了大江南北,对科研经费的管理和审计已烂熟于心。为了促进科学研究的发展,支持科研事业,我基于实际情况,侧重于科研经费方面,有的放矢,有感而发。加大国家和地方企事业单位科研经费投入,是我国的重大战略方针,是世界经济局势发展的需要,更是提高我国国际竞争力的迫切要求。本研究基于我国科研经费管理的现状和问题,主要包括以下几个方面。

第一,通过典型项目、典型行业科研项目的调研,日常审计、评审、检查、验收工作,我发现实际科研活动管理中,在各个部门需要填报的科研经费报表中,科研经费、科研费用、研发支出、技改投入等概念混淆,立项不规范,科研活动和技术改造不分,科研活动和生产经营未有明确区分,科研经费概念泛化严重,会计核算不规范,统计也不规范。各口径的研发费用和研发投入不一致,造成具体单位报告数据口径不一致,企业之间不可比,地区之间也不可比。例如:税务口径的研发费用内涵小于高新技术企业认定的研发费用内涵;统计口径的研发投入内涵大于高新技术企业认定的研发费用内涵。

第二,随着国家科技政策的不断优化,具有中国特色的科研活动和科研经费管理模式逐步形成完善的体系。"十一五"之前我国探索、了解和借鉴了发达国家好的做法,并吸收消化;"十二五"期间总结提高,完善创新,初具管理体系;"十三五"期间基本形成了具有中国特色和国际科研管理水平的管理体系。目前"十四五"期间,随着国际形势的变化,国家和地方科技管理部门陆陆续续出台了适应各种科研活动管理的政策,具有较强的时代特征,保护和拓展了研发活动。伴随着世界大国科技竞争日益激烈,科研活动纵深和横向不断拓展,各个领域的科研活动井喷式的涌现,有的空白领域正在攻关填补,管理能力的提高,包括审计能力的提高,已成为促进科研活动发展的强大助力。然而,个别地方和单位执行不适应新形势发展的需要,没有把科研活动作为单位的第一生产力重视,没有用科研活动引领企业的发展,没有形成完整的科研活动和科研管理体系,大体系和小体系不吻合,甚至有矛盾的地方。各企业应在国家大环境大体系下,形成适合本地区本企业的科研活动和科研管理体系。

第三,科研经费的资金来源是保证科研项目实施的必要条件。由于其他资金来源是"以支代筹",到底是实际支付还是从别的会计科目结转过来,审核时尤为重要。例如:建设工程公司就有其特殊性,如果建设工程公司总部技术研究中心开展项目研究,资金来源就比较明确,一般不纳入工程成本中,但对于项目部承担科研项目支付科研经费时,就应该特别关注;对于软件开发企业,受托项目往往是公司的主营业务,如果研发过程中核心知识产权不属于受托方而属于委托方,其发生的研发费用就不应计入"研发支出",而应计入"主营业务成本"。

第四,在实际操作层面,研发项目是研发经费的具体载体,但研发项目是自己单位立项,尤其是中小企业,其立项程序极不规范,立项中的经费预算、人员、技术路线、研究目标参差不齐,新颖性有待考证。由谁来考评科研项目的科学性?由谁来判断开展的项目是科研项目,其发生的经费应该不应该归集到研发项目经费中去?相关政府部门是否应该组织相关专家评审,确立项目立项是科研立项,具有科学性、新颖性、创新性?因此,应把科研活动和生产经营活动区分开来,应把科研活动和建设项目区分开来,应把科研活动和技术改造、生产线改扩项目区分开来,避免重复核算或虚假立项。

第五,后续科研成果应用缺乏有效的评价体系。"铁路警察,各管一段",项目(课题)验收结束后,后续工作谁来管理?谁来考评?科研经费的核算能否再计列?如何计列?目前是立项和后续评价脱节,没有有机地联系和整合起来,没有一体化管理。国家日益重视科研活动,科研投入不断加大,科研费用占GDP比例不断增加。与此同时,国家以及广大纳税人对于科研投入所取得的成效也日益关注,甚至社会上出现了质疑科研投入成效的声音。一直以来,对科研项目经费的认识存在以下几个问题:①对后期的绩效如何进行评价?真正体现经费投入绩效的方式是什么?真正能体现指标的是什么?有(由)哪些人评价?科研活动如何和科研经费有效地结合起来?②从应用科研活动角度考评,经费投入后期科研成果应用有无一种机制贯穿起来,有无有效的综合性方法体系来评价?③科研经费投入与其产生的经济效益和社会效益之间有没有形成一种反馈协调机制?提高政府公共投资效率,优化科研环境和提高科研成果应用,需要建立一个长效评价机制,衡量投资效果;需要通过对投入的科研经费的长效评价来反馈前期的立项决策。

第六,各个部门需要填报的科研经费报表范围边界不同,政策不同,这些政策能否相互借鉴?例如:统计研发投入中,其中日常性的费用统计是按照企业会计准则的会计核算进行还是按照税务机关加计扣除政策进行?对于资本化部分,购买的土地房屋、仪器设备、专利技术无形资产等,到底是用于生产经营还是科研活动?税务的加计扣除费用是否应该与财务、统计等报表相互勾稽?等等。

为深入研究研发经费会计核算、统计和绩效评价领域存在的问题,普及科研经费核算、归集相关知识,以科研项目检查、审计、评审、验收为契机,笔者开展了大量基础性、攻坚性、创新性研究工作,收集查阅了大量的资料和文件,参考了大量科技工作者的观点。可以说,本项目研究成果可以直接指导科研活动和科研经费核算的实践,具有重要的现实意义。

在编著过程中,笔者得到了各方面的悉心指导和鼎力支持。岳桦(北京)会计师事务所有限公司和陕西西秦金周会计师事务所有限责任公司的同人给予了指导和帮助。在此,表示诚挚的感谢!

笔者深知自己的水平有限,能力有限,尚不足以发现科研管理和科研经费管理的更好的方式方法,更没有发现科研单位最好的管理模式和机制,从研究分析编著第一步,走向实用借鉴还需要大家付出更艰辛的努力。本书难免存在不当之处,希望各位同人和读者不吝赐教。谨以此书与各位读者共勉。

陈晓明
2022年4月